用 mBot2
玩 AI 人工智慧
與 IoT 物聯網

使用 Scratch3.0 (mBlock 5)

王麗君　編著

版權聲明：
- SCRATCH 是 Scratch 公司的註冊商標。
- mBlock 是 Makeblock 公司的註冊商標。
- 本書所引述的圖片及網頁內容，純屬教學及介紹之用，著作權屬於法定原著作權享有人所有，絕無侵權之意，在此特別聲明，並表達深深的感謝。

檔案下載說明

為方便讀者學習,本書相關程式範例檔案請至本公司 MOSME 行動學習一點通網站(http://www.mosme.net),於首頁的關鍵字欄輸入本書相關字(例:書號、書名、作者)進行書籍搜尋,尋得該書後即可於 [學習資源] 頁籤下載使用。

序言

　　在全球自動化的浪潮下，以智能機器人取代傳統人力，執行人工智慧與物聯網相關功能已經蓬勃發展，從自駕車、智慧家庭聯網到人工智慧醫療系統等，皆與程式設計息息相關。本書《用 mBot2 玩 AI 人工智慧與 IoT 物聯網》以 mBot2 教育機器人搭配童芯派（CyberPi）的無線網路、麥克風、喇叭、多種感測器與全彩螢幕等裝置，讓 mBot2 徹底實踐人工智慧語音控制或物聯網等功能。

　　mBot2 教育機器人由童心制物（Makeblock）設計，將 MIT 的 Scratch 加上硬體設備，改編成 mBlock 程式語言，能夠以積木、Python 或 Arduino C 編輯程式，藉以驅動 Arduino 相關的感測器，讓學習者在動手實作時，能夠體驗機器人、程式設計與 Arduino 電子電路整合的學習經驗。

　　本書適合程式語言初學者或已學過程式語言，想要精進程式語言在生活中問題解決的學習者，以及對動手實作有興趣，想要創造智能生活或智能機器人的學習者。本書建構於 mBot2 智能機器人基本功能範例與 mBot2 應用在人工智慧與物聯網進階範例，循序漸進引導腦力激盪與創意，獻給對機器人及程式設計有興趣的您。

　　每當完成一章 mBot2 IQ 180 的創意任務時，請將您的創意想法寫在附錄中的 mBot2 教育機器人明星選拔賽，累積 mBot2 明星選拔八部曲認證獎章。比比看，誰的 mBot2 是最佳創意明星。現在就來開始體驗程式設計與機器人結合的創意學習經驗吧！

目錄

Chapter 1 認識 mBot2 教育機器人

1-1	mBot2 教育機器人簡介	2
1-2	mBot2 組裝方式	4
1-3	mBlock 5 程式語言簡介	4
1-4	我唱歌 mBot2 跟著應和	10
1-5	mBot2 競速賽車	13
	實力評量	17

Chapter 2 mBot2 歌唱大賽

2-1	mBot2 歌唱大賽專題規劃	20
2-2	喇叭：播放快樂頌	22
2-3	LED 燈條：閃爍彩虹 LED	27
2-4	即時執行 mBot2 歌唱大賽	31
2-5	上傳執行 mBot2 歌唱大賽	35
2-6	韌體更新	37
	實力評量	38

Chapter 3 mBot2 跳恰恰

3-1	mBot2 跳恰恰專題規劃	42
3-2	編碼馬達：鍵盤控制 mBot2 運動	44
3-3	即時執行 mBot2 跳恰恰	48
3-4	LED 燈條隨機點亮不同顏色	52
3-5	上傳執行 mBot2 跳恰恰	53
	實力評量	54

CHAPTER 4　mBot2 趨光車

4-1	mBot2 趨光車專題規劃	58
4-2	麥克風：音控 LED 亮度	60
4-3	光線感測器：光控馬達轉速	62
4-4	全彩螢幕：顯示資訊	65
4-5	控制程式執行流程與時間	68
4-6	即時執行 mBot2 趨光車	72
4-7	上傳執行 mBot2 趨光車	74
實力評量		75

CHAPTER 5　mBot2 智走車

5-1	mBot2 智走車專題規劃	78
5-2	超音波感測器：倒車雷達	79
5-3	按鈕與搖桿：直線競速	85
5-4	控制程式重複執行	88
5-5	即時執行 mBot2 智走車	89
5-6	上傳執行 mBot2 智走車	93
實力評量		94

CHAPTER 6　mBot2 智能循線

6-1	mBot2 智能循線專題規劃	98
6-2	四路顏色感測器：mBot2 辨黑白	100
6-3	四路顏色感測器判斷循線狀態	106
6-4	mBot2 自動循黑線前進	112
6-5	mBot2 閃爍氣氛燈	115
6-6	上傳執行 mBot2 智能循線	118
實力評量		119

目錄

Chapter 7 mBot2 智能辨色

- 7-1　mBot2 智能辨色專題規劃　　124
- 7-2　四路顏色感測器：mBot2 辨顏色　127
- 7-3　mBot2 辨色唱歌　　133
- 7-4　上傳執行 mBot2 智能辨色　　136
- 實力評量　　137

Chapter 8 mBot2 聽話機器人

- 8-1　mBot2 聽話機器人專題規劃　　140
- 8-2　無線網路：人工智慧辨識　　142
- 8-3　上傳執行 mBot2 聽話機器人　　148
- 實力評量　　151

Chapter 9 mBot2 播氣象

- 9-1　mBot2 播氣象專題規劃　　154
- 9-2　物聯網、天氣資訊與資料圖表　　156
- 9-3　上傳執行 mBot2 播氣象　　161
- 9-4　角色 Panda 同步播氣象　　163
- 9-5　物聯網寫入大數據　　164
- 9-6　下載與分析數據圖表　　168
- 實力評量　　170

Chapter 10 mBot2 碰碰車

10-1	mBot2 碰碰車遊戲規劃	174
10-2	搖桿、陀螺儀或加速度感測器	175
10-3	CyberPi 控制角色移動	180
10-4	mBot B 重複往左移動	187
10-5	mBot A 與 mBot B 碰碰車	188
10-6	遊戲特效	189
實力評量		192

附錄
一、習題參考解答	196
二、mBot2 教育機器人明星選拔賽	199
三、四路顏色感測：辨黑白	201
四、四路顏色感測：辨顏色	203

CHAPTER 1

認識 mBot2 教育機器人

本章將認識 mBot2 教育機器人與硬體組成元件、組裝 mBot2 教育機器人、下載並安裝 mBlock 5 程式語言，設計我唱歌 mBot2 跟著應和，再利用行動裝置遙控 mBot2 進行直線競速賽車。

本章節次

1-1　mBot2 教育機器人簡介
1-2　mBot2 組裝方式
1-3　mBlock 5 程式語言簡介
1-4　我唱歌 mBot2 跟著應和
1-5　mBot2 競速賽車

學習目標

1. 認識 mBot2 硬體組成元件。
2. 能夠下載並安裝 mBlock 5 程式。
3. 能夠利用連接 mBot2 設計程式。
4. 能夠利用手機遙控 mBot2。

1-1　mBot2 教育機器人簡介

　　mBot2 教育機器人由童心制物 (Makeblock) 設計，利用童芯派 (CyberPi) 主控板，以手機、平板或電腦，在 mBlock 5 設計程式控制 mBot2 金屬車身。童心制物團隊將美國麻省理工學院 (MIT) 的 Scratch 3 擴展為 mBlock 5 程式語言，讓學習者利用堆疊積木的方式輕鬆學習 mBot2 與人工智慧、物聯網等創新科技應用相關的互動程式設計。

一、mBot2 教育機器人硬體組成元件

　　mBot2 教育機器人硬體組成的元件包括：CyberPi 主控板、鋰電池擴展板、第二代超音波感測器、四路顏色感測器、編碼馬達與金屬車架，如圖 1 所示。

(a) 車身

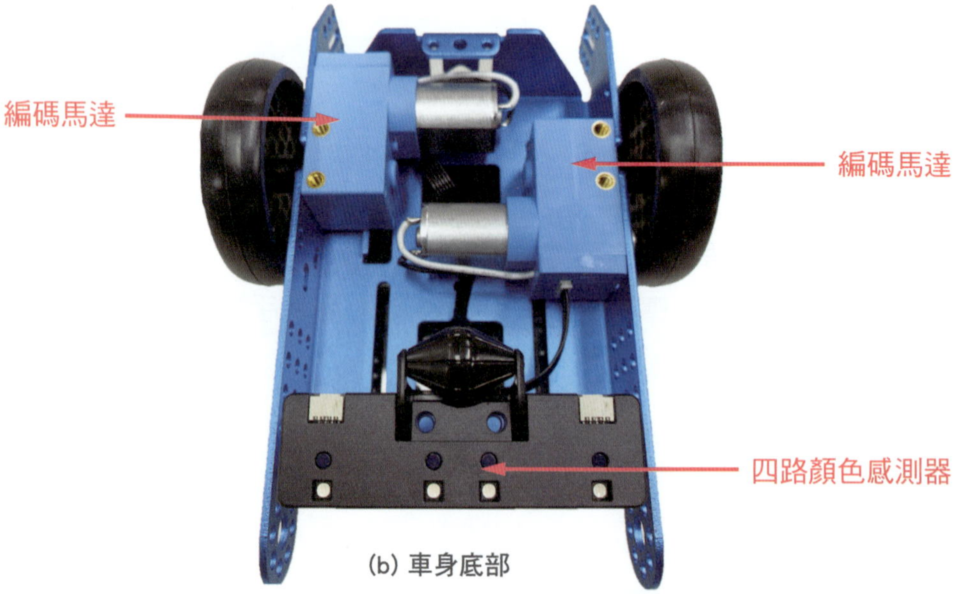

(b) 車身底部

▲圖 1　mBot2 教育機器人硬體組成元件

二、CyberPi 主控板

　　CyberPi 主控板包括：ESP32 微型處理器晶片（內建 Xtensa 32 位元雙核心處理器）、520K 板載記憶體 (on-board memory)、8M 快閃記憶體 (Flash memory)、藍牙 (Bluetooth) 與無線網路 (Wi-Fi)，是 mBot2 的心臟。將 mBlock 5 設計的程式上傳 CyberPi 或以即時連線的方式，讓 mBot2 執行人工智慧物聯網 (AIoT) 相關功能。CyberPi 更多組成元件包括：無線網路、藍牙、麥克風、搖桿、按鈕、喇叭、全彩螢幕、RGB LED 燈條與多種感測器等，如圖 2 所示。

▲圖 2　CyberPi 主控板組成元件

1-2　mBot2 組裝方式

mBot2 硬體組裝與接線方式如圖 3 所示：

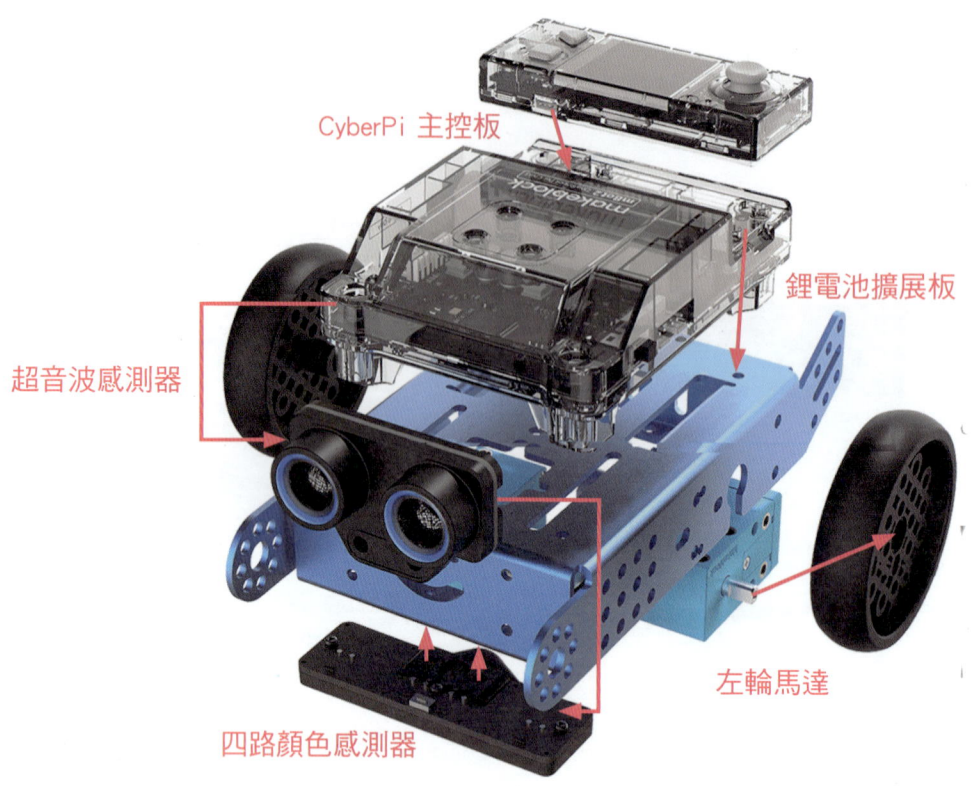

▲圖 3　mBot2 組裝與接線方式

1-3　mBlock 5 程式語言簡介

　　mBlock 5 程式語言改編自美國麻省理工學院媒體實驗室 (MIT Media Lab) 的 Scratch 3 程式，能夠以視覺化圖形積木或 Python 編輯程式。

一、安裝 mBlock 5 程式

　　mBlock 5 程式分為連線版與離線版。連線版利用 mBlock 官方網站的「在線編程」在網路連線狀態下編輯程式；離線版則是將 mBlock 5 下載到電腦安裝，在沒有網路連線狀態下編輯程式。

1 開啟瀏覽器，進到 mBlock 5 官方網站：https://mblock.makeblock.com/zh-cn/。

2 點選【下載】。

3 點選慧編程桌面端的【下載 Windows 版】，開始下載。

4 選擇下載的路徑，再按【存檔】。

5 下載完成，點擊檔案【V5.3.0.exe】開始安裝。

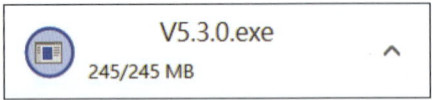

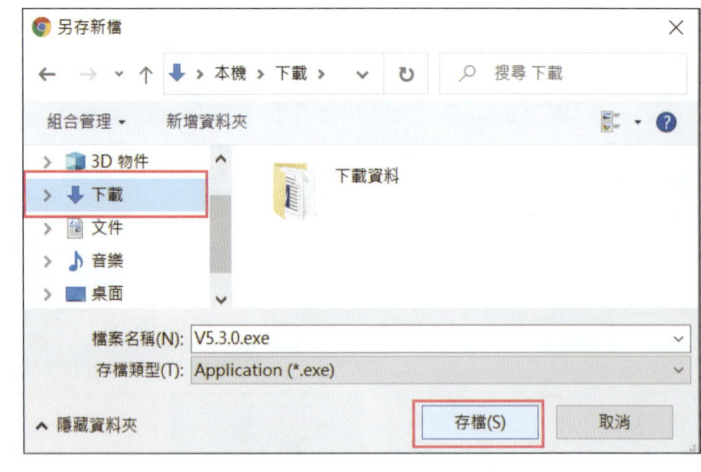

6 點選【繁體中文】，再按【確定】。

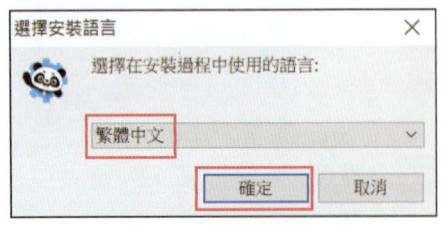

7 按 3 次【下一步】，確認「安裝路徑」、「開始功能表的資料夾」與「建立桌面圖示」，再按【安裝】，開始安裝。

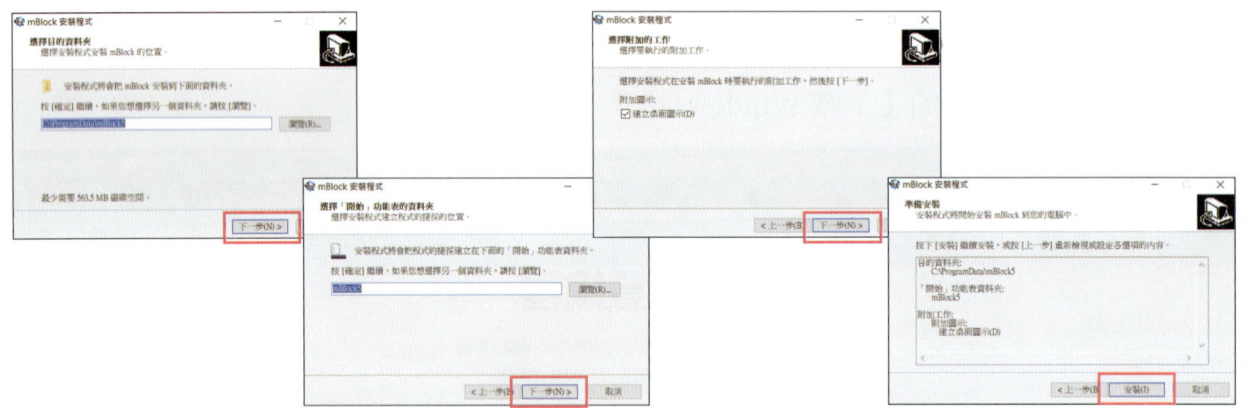

8 點按【INSTALL】安裝 mBot2 連接電腦的 USB 驅動程式。

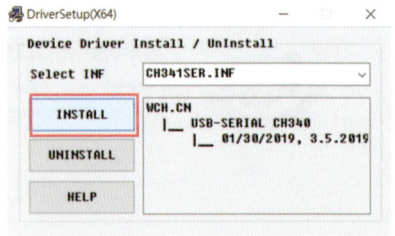

9 安裝完成，點按【完成】，自動開啟 mBlock 5 視窗。

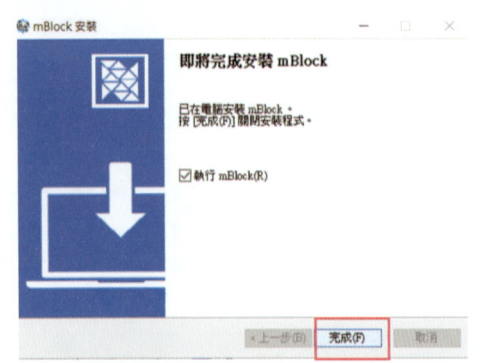 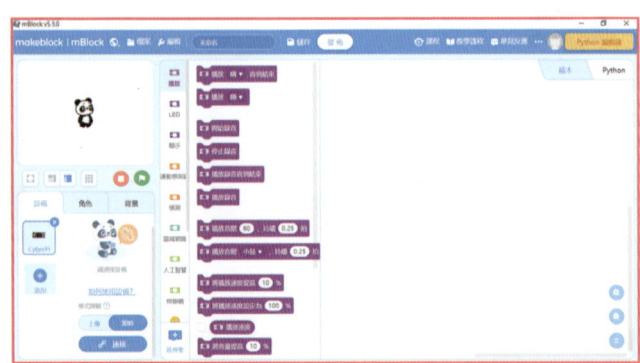

註：本書範例與操作畫面以 V5.3.0 版本為主。

二、mBlock 5 程式設計視窗

mBlock 5 程式視窗主要分成五個區域：Ⓐ 功能選單；Ⓑ 舞台；Ⓒ 設備、角色與背景；Ⓓ 積木；Ⓔ 程式。

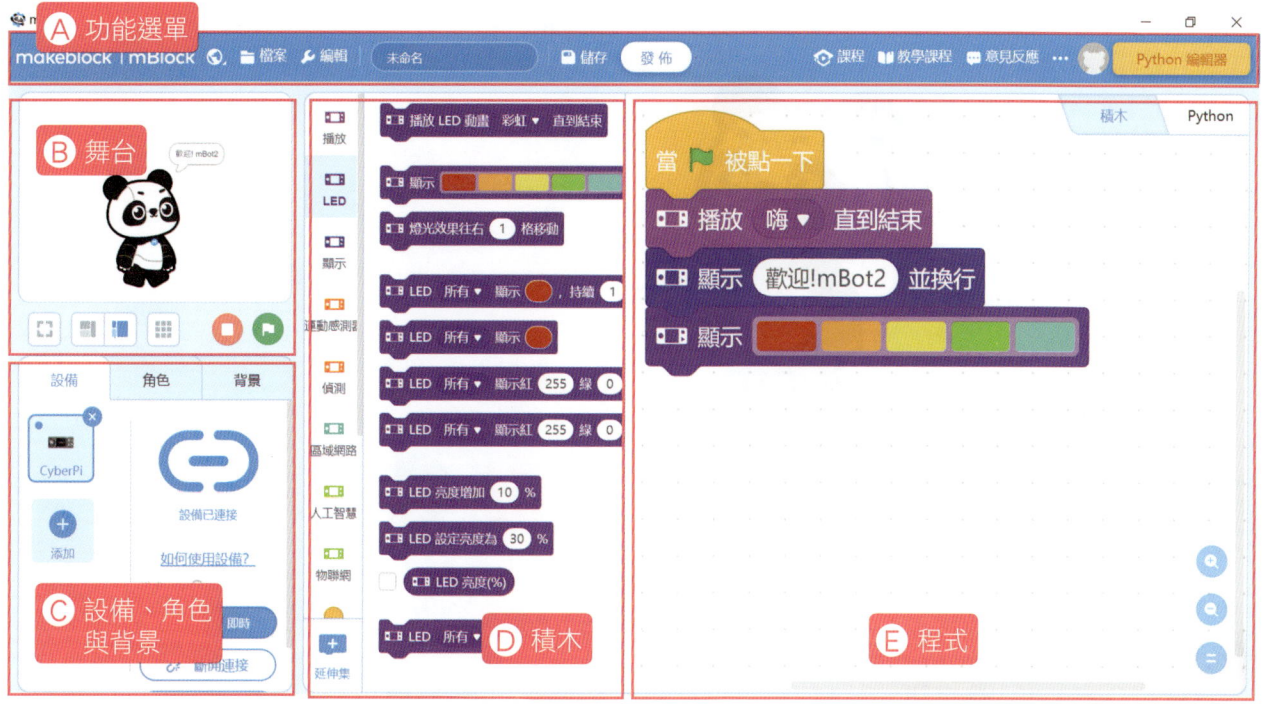

註：mBlock5 開啟預設的設備是「CyberPi」。

▲圖 4　mBlock 5 程式視窗

A. 功能選單

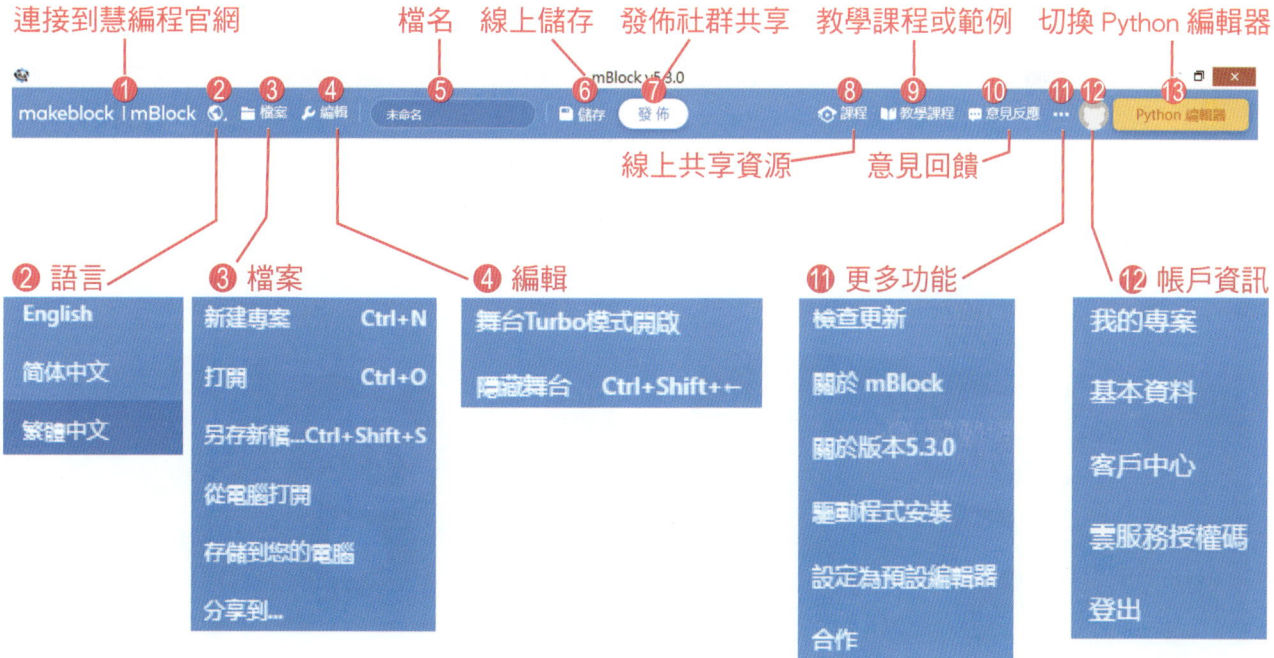

B. 舞台

舞台用來預覽程式執行結果，相關功能如下所述。

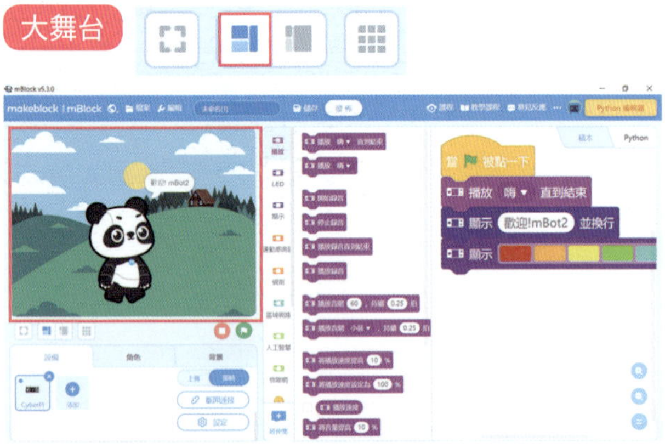

C. 設備、角色與背景

切換設備、角色與背景相關的功能、積木與程式編輯區。

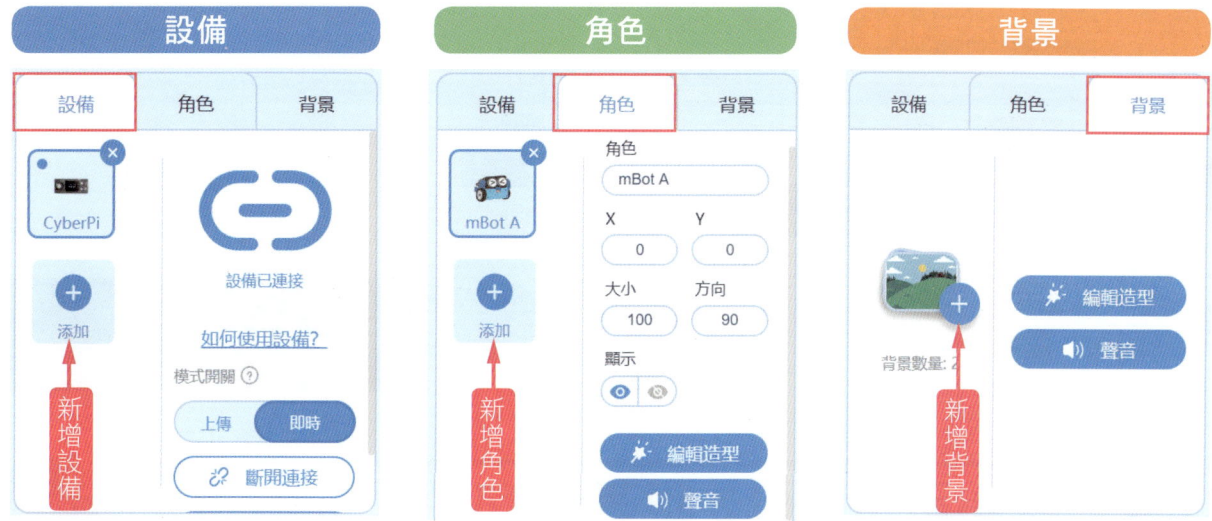

D. 積木

當設備、角色與背景切換時，積木程式隨著變換，程式的積木以顏色與形狀區分程式執行的功能。

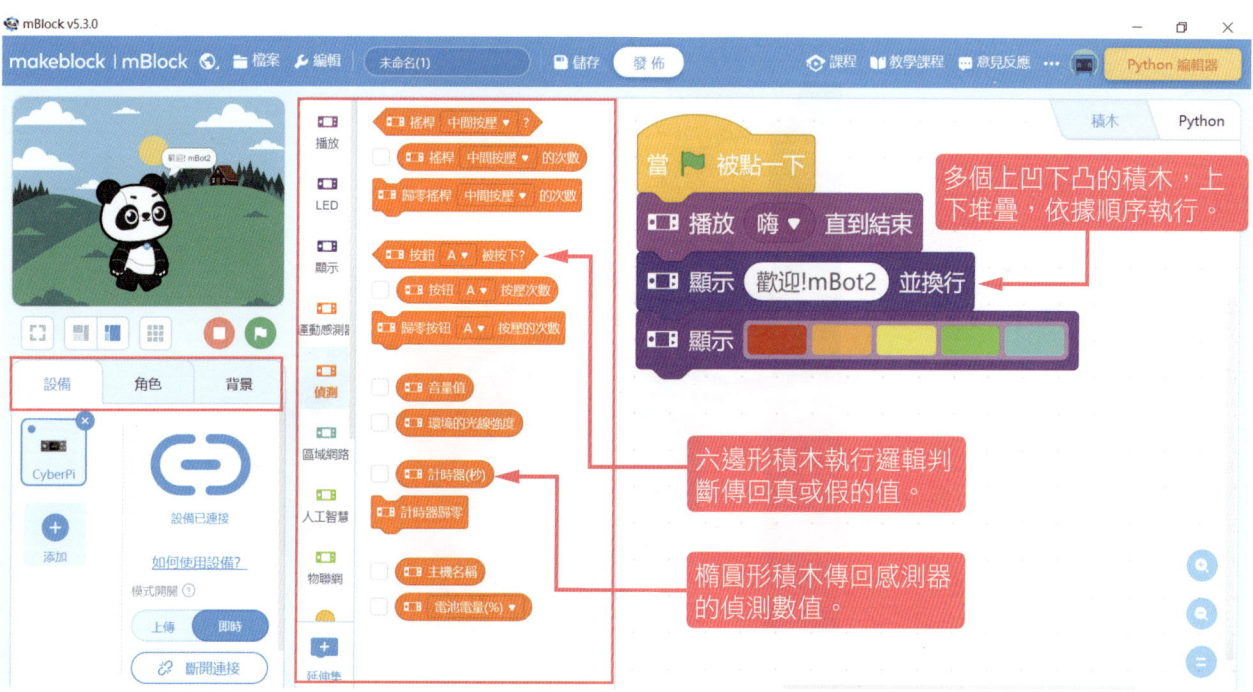

E. 程式

程式區能夠切換積木編輯器或 Python 編輯器。

積木編輯器

Python 編輯器

1-4　我唱歌 mBot2 跟著應和

mBot2 的 CyberPi 內建麥克風與喇叭，能夠錄音與播音，讓我們唱歌 mBot2 跟著唱。

一、mBot2 連接電腦

1 開啟電源，將 Type C 連接 CyberPi，USB 連接電腦，如圖 5 所示。

▲圖 5　mBot2 連接電腦

2 點選 連接 ，點擊【USB】連線，電腦顯示連接序列埠「COM4」，再按【連接】。

mBlock 5 概念說明　mBot2 與電腦連線方式分為「USB」與「藍牙」，如果使用藍牙連線電腦或行動裝置必須具備藍牙，並開啟藍牙。

二、按下按鈕開始錄音與播音

按下 CyberPi 的按鈕 A 開始錄音，按下按鈕 B 播放錄音。

1 按鈕與搖桿

CyberPi 內建按鈕 A、B 與搖桿，主要用來啟動執行程式，在 事件 類別積木中，相關功能如下。

功能	積木	說明
按鈕啟動	當按鈕 A 按下	當按下按鈕 A 或按鈕 B 時開始執行程式。
搖桿啟動	當搖桿 向上推↑	當搖桿向上推、向下推、向左推、向右推或中間按壓時開始執行程式。

2 錄音與播音

CyberPi 內建麥克風與喇叭，主要用來錄音與播音，在 播放 類別積木中，相關功能如下。

功能	積木	說明
錄音	1. 開始錄音　2. 停止錄音	1. 開始錄音。 2. 停止錄音。
播音	播放錄音	播放錄音。

三、我唱歌 mBot2 跟著應和

1 點選 事件 與 播放 ，拖曳下圖積木，當按下 CyberPi 按鈕 A，開始錄音、按下按鈕 B，停止錄音，當搖桿向上推時，播放錄音。

2 按下 CyberPi 按鈕 A，開始唱歌，唱完時，按下按鈕 B 停止錄音。再將搖桿向上推，檢查 CyberPi 是否播放錄音。

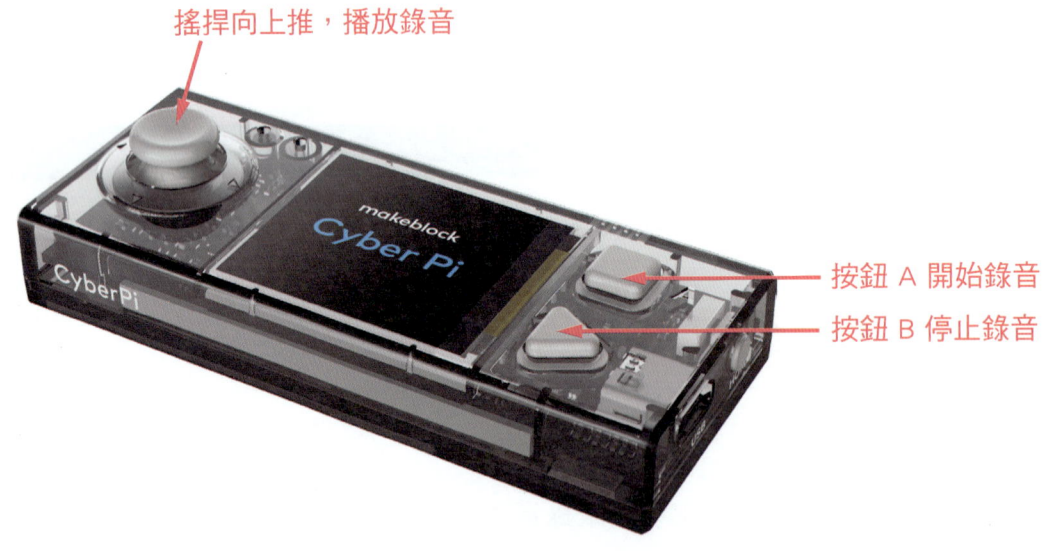

1-5　mBot2 競速賽車

　　以手機或平板等行動裝置遙控 mBot2 時，利用手機的藍牙與 CyberPi 的藍牙連線，再以 mBlock 5 設計程式，mBlock 5 程式設計視窗介面與電腦版相同。本節將以行動裝置控制 mBot2，進行直線競速賽車。

一、下載 mBlock APP

　　利用手機遙控 mBot2 之前，必須先到手機的 APP Store 或 Play 商店下載手機版 mBlock 程式。

1 開啟手機藍牙。

2 在手機 APP Store 輸入「mBlock」，點選 【下載】，下載完成後點選 【打開】。

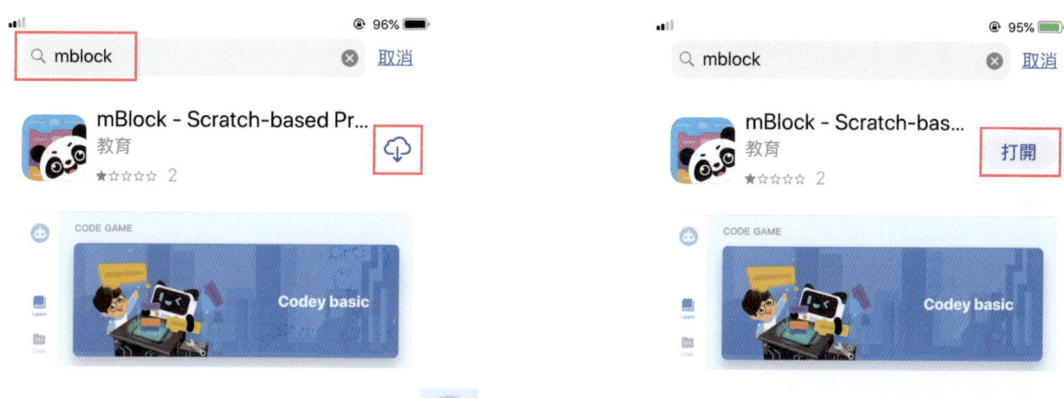

3 點選【編碼】編輯程式，再點按 ➕ 【新增】。

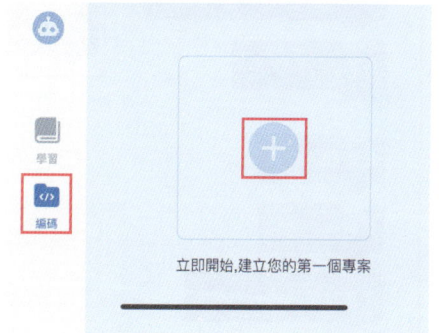

4 點選【更新】，選擇【CyberPi】，再按右上方的【✓】。

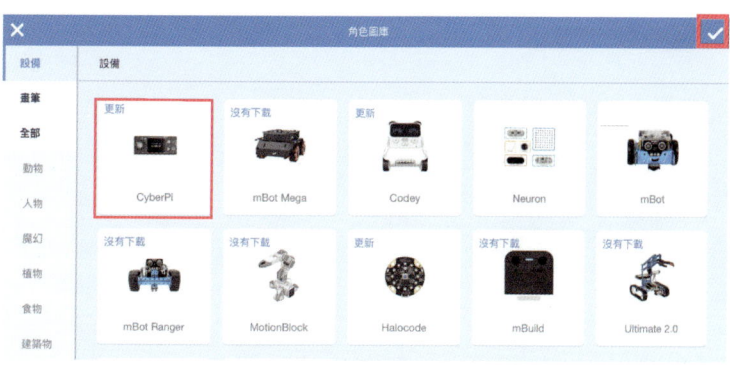

5 點選右上方紅色【藍牙】與【連接】、將手機靠近 mBot2。

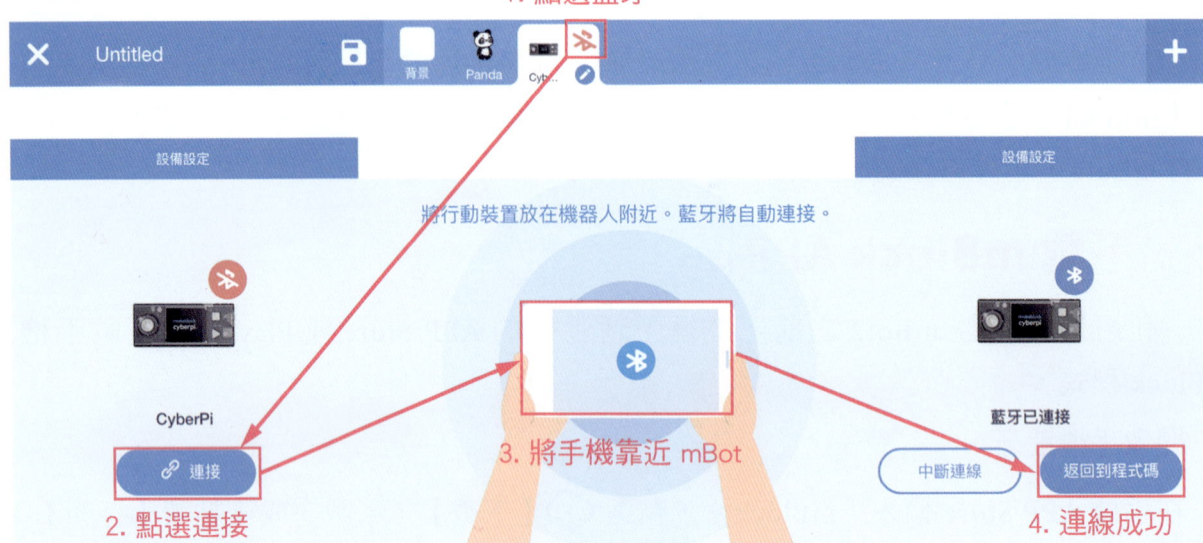

6 連線成功，點擊【返回到程式碼】開始編輯程式。

7 行動版 APP 與電腦版 mBlock 功能、視窗與操作方式相同，點擊 事件 與 播放，拖曳下圖積木，點擊 ▶，mBot2 播放好奇的音效。

【mBot2 操作提示】

1 手機開啟藍牙的方法：在手機按【設定 > 藍牙 > 開啟】，開啟手機藍牙。

2 以電腦或手機連接 mBot2，同一時間只能有一種連線方式 (USB 或藍牙擇一)，無法同時使用電腦 USB 連線與手機藍牙連線。

二、mBot2 競速賽車

三人一組，將 mBot2 放在起點線，當裁判鳴槍開始時，mBot2 往前直線競速，先抵達終點者獲勝。

1 將 mBot2 與手機或行動載具連線，並設定為【即時】模式。

2 點按【擴展】，點擊 mBot2 shield 的【下載】，再按【添加】，新增 mBot2 車架積木。

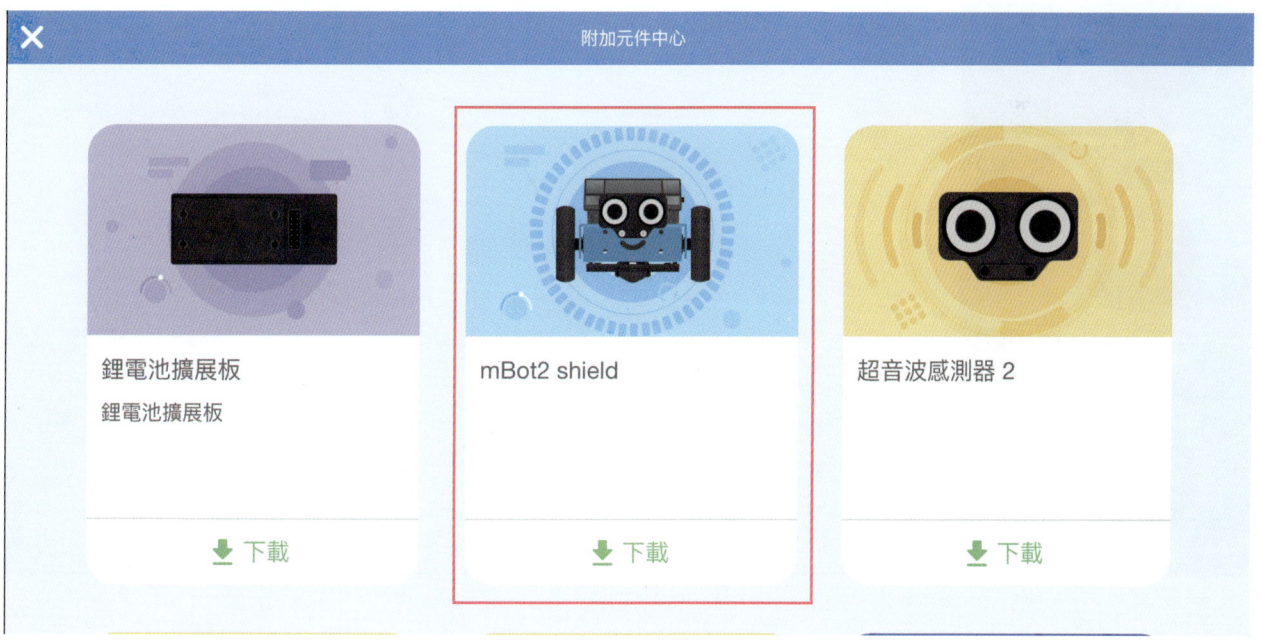

Chapter 1 認識 mBot2 教育機器人

3 點擊 **事件** 與 **mBot2 車架**，拖曳下圖積木，點擊 🚩 讓 mBot2 前進。比比看誰的 mBot2 先抵達終點。

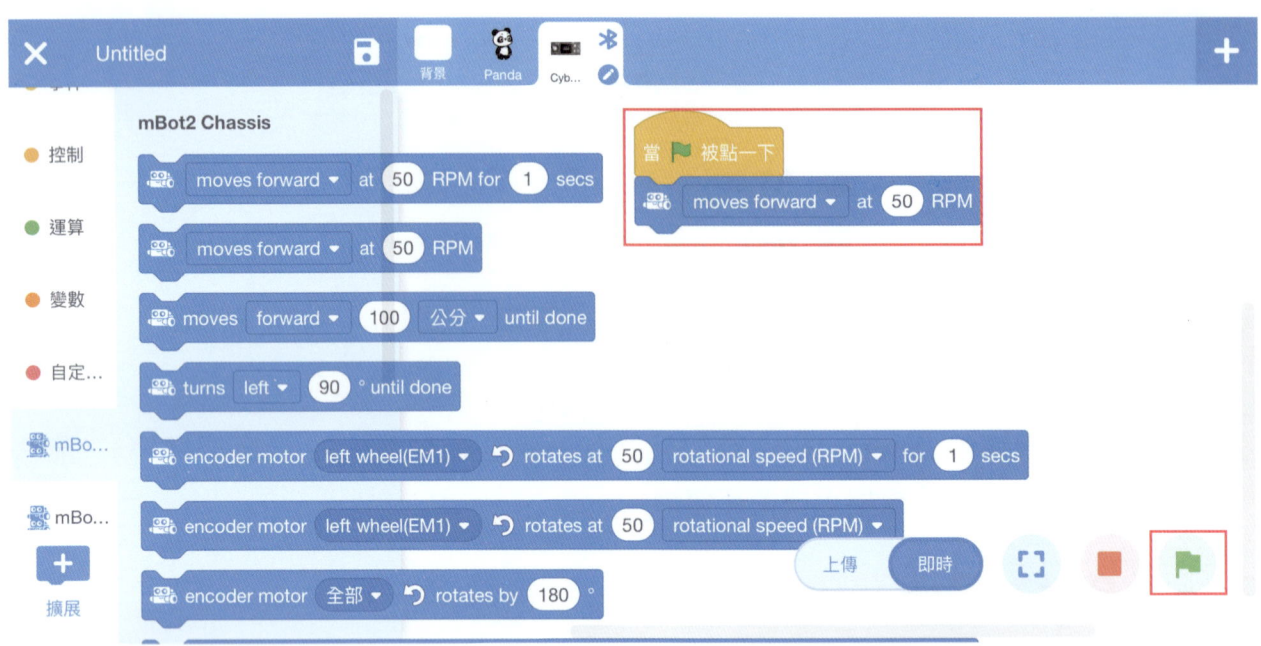

mBlock 5 概念說明 手機版 mBlock APP 尚未完全中文化，積木中 moves forward（前進）、moves backward（後退）、turn left（左轉）、turn right（右轉）、50 RPM 為馬達轉速 50（馬達轉速介於 0~100）。

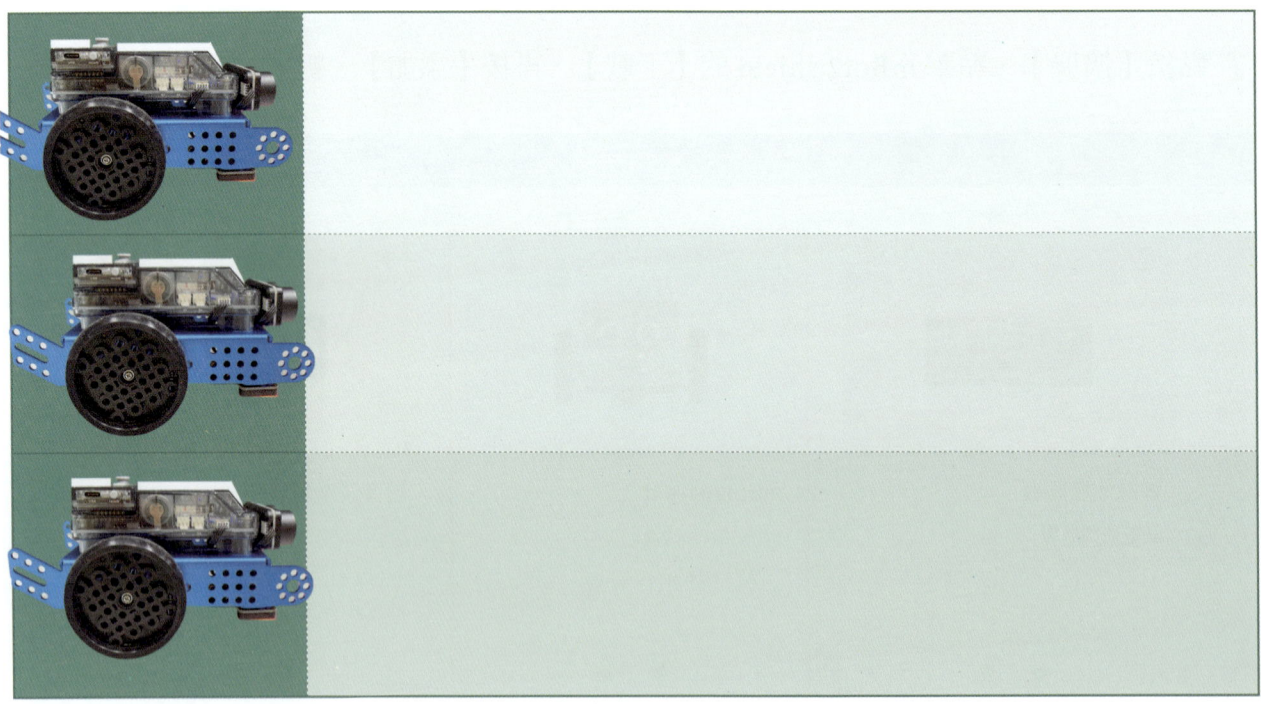

實力評量 1

一、單選題

(　　) 1. 下列關於 mBot2 的簡介，何者錯誤？
(A) 由 Makeblock 設計製造
(B) 無法使用手機或平板設計程式
(C) 以 mBlock 5 程式語言，設計程式控制 mBot2
(D) mBot2 連線方式分成 USB 與藍牙。

(　　) 2. 下列何者不屬於 mBot2 的硬體組成元件？
(A) CyberPi 主控板　　　　(B) 超音波感測器
(C) 四路顏色感測器　　　　(D) 溫溼度感測器。

(　　) 3. 下列關於 CyberPi 主控板相關功能的敘述，何者錯誤？
(A) 內建光線感測器　　　　(B) 內建 RGB LED 燈條
(C) 內建紅外線遙控器　　　(D) 內建喇叭。

(　　) 4. 下列關於圖一 CyberPi 組成元件的位置，何者正確？
(A) A 為搖桿　(B) B 為光線感測器　(C) C 為 RGB LED 燈條　(D) D 為按鈕 B。

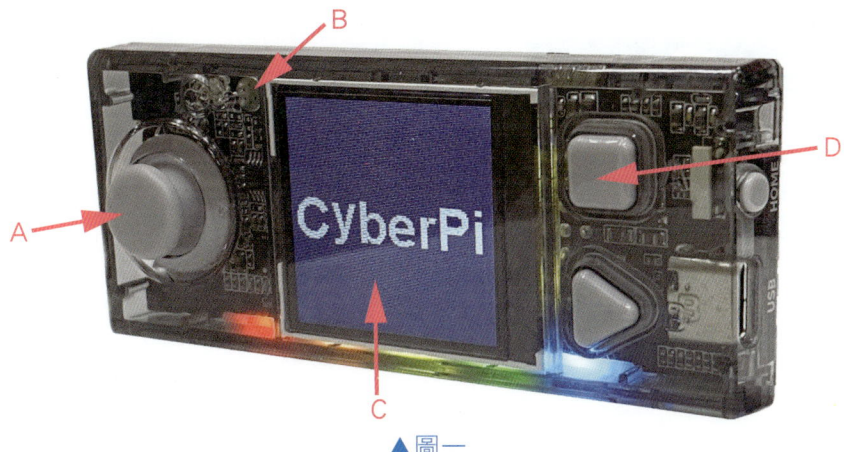
▲圖一

(　　) 5. 如果在 mBlock 5 中想要設計 mBot2 程式，應該使用下列哪一個選項？
(A) 角色　(B) 設備　(C) 背景　(D) 造型。

(　　) 6. 在 mBlock 5，如果想設計 mBot2 程式，除了「積木」編輯器，還能夠使用下列哪一種編輯器？
(A) Arduino C　　　　　　(B) JavaScript
(C) Python　　　　　　　(D) Scratch。

實力評量 ①

(　　) 7. 如果想讓 mBot2 播放聲音，會使用下列哪一個硬體元件？
　　　　(A) 喇叭　　　　　　　　(B) RGB LED 燈條
　　　　(C) 麥克風　　　　　　　(D) 藍牙。

(　　) 8. 如果想讓 mBot2 錄音，應該使用下列哪一個硬體元件？
　　　　(A) 喇叭　　　　　　　　(B) 循線感測器
　　　　(C) 顏色感測器　　　　　(D) 麥克風。

(　　) 9. 利用手機遙控 mBot2 時，以 CyberPi 主控板上的哪一個硬體元件進行連線？
　　　　(A) 搖桿　(B) 藍牙　(C) 按鈕　(D) 無線網路 (Wi-Fi)。

(　　)10. 如果想利用搖桿操控 mBot2，應該使用下列哪一個積木？

(A)

(B) 開始錄音

(C)  當按鈕 A 按下

(D)  前進 以 50 轉速 (RPM)

二、實作題

1. 請利用 USB 連接 mBot2 與電腦，讓 mBot2 前進、後退、左轉與右轉各 1 秒之後停止

2. 請利用手機連接 mBot2，讓 mBot2 前進、後退、左轉與右轉各 1 秒之後停止。

Chapter 2 mBot2 歌唱大賽

　　mBot2 明星選拔賽首部曲—機器人歌唱大賽,每個機器人都摩拳擦掌,練習渾厚的嗓音來參賽,現在趕快幫 mBot2 設計一首世界名曲參賽吧!

喇叭播放快樂頌

LED 移動燈流

本章節次

2-1　mBot2 歌唱大賽專題規劃
2-2　喇叭:播放快樂頌
2-3　LED 燈條:閃爍彩虹 LED
2-4　即時執行 mBot2 歌唱大賽
2-5　上傳執行 mBot2 歌唱大賽
2-6　韌體更新

學習目標

1. 理解 CyberPi 的蜂鳴器與 LED 燈條。
2. 能夠應用蜂鳴器播放音符。
3. 能夠控制 RGB LED 燈條開啟與關閉。
4. 能夠設計 LED 燈條的顏色變化。
5. 能夠理解 mBot2 即時與上傳模式的差異。

2-1　mBot2 歌唱大賽專題規劃

本章將利用 CyberPi 的按鈕、喇叭與 RGB LED 燈條，設計 mBot2 機器人歌唱大賽程式。當按下 CyberPi 的按鈕 A 時，播放快樂頌，同時每播放一段快樂頌歌曲，LED 燈條隨著變化。

創客題目編號：A005055

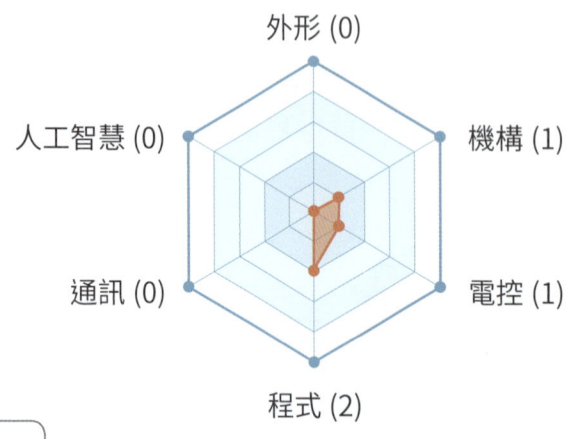

・創客指標・

外形	0
機構	1
電控	1
程式	2
通訊	0
人工智慧	0
創客總數	**4**

20 mins

一、mBot2 歌唱大賽元件規劃

mBot2 歌唱大賽將應用的元件包括：按鈕、喇叭與 RGB LED 燈條，每個元件在 mBot2 的位置與功能如圖 1、圖 2 所示。

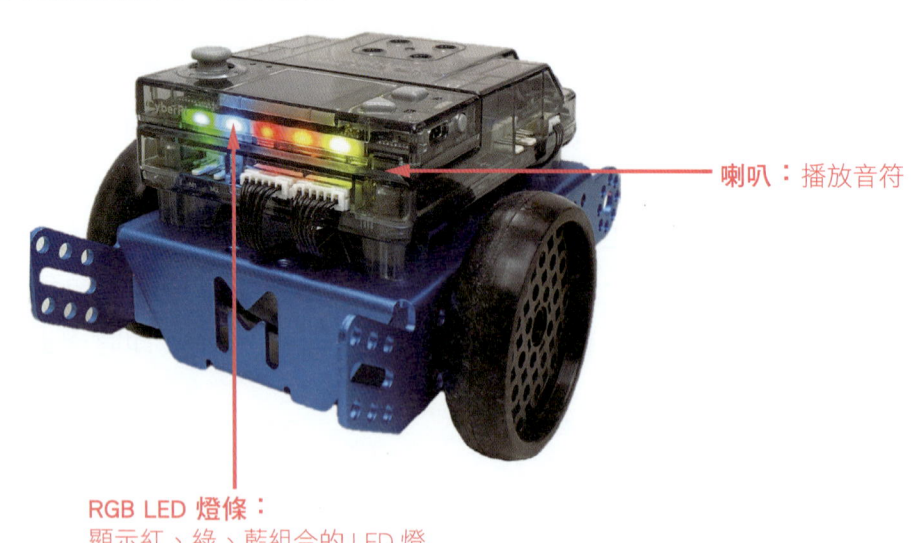

喇叭：播放音符

RGB LED 燈條：
顯示紅、綠、藍組合的 LED 燈

▲圖 1

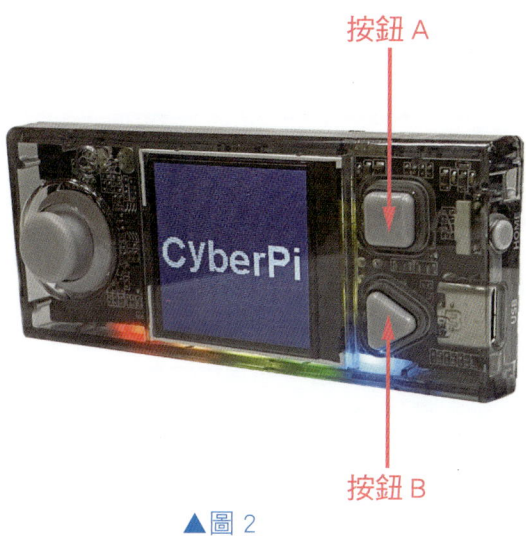

▲圖 2

二、mBot2 歌唱大賽執行流程

　　mBot2 歌唱大賽執行時，每播放一段快樂頌，LED 燈光效果就往右移動，全部執行流程如圖 3 所示。

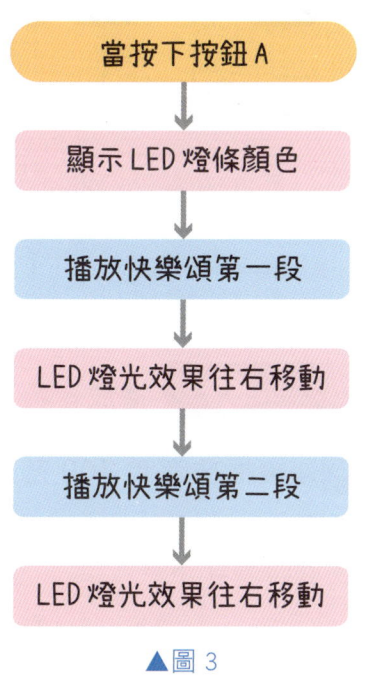

▲圖 3

2-2 喇叭：播放快樂頌

一、播放音階或音頻

播放積木功能主要用來驅動喇叭與麥克風，進行錄音或播放聲音，相關積木功能如下。

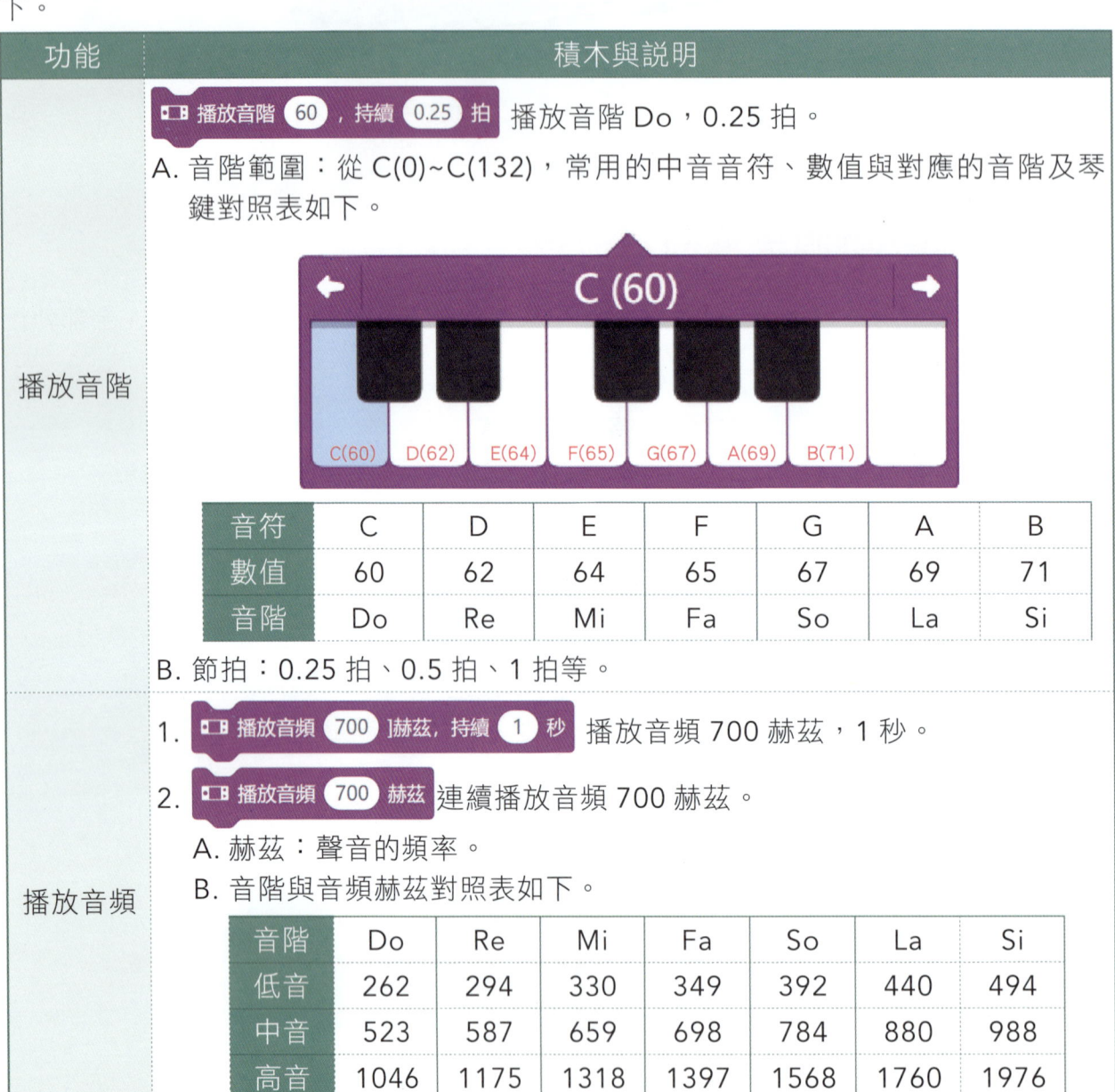

功能	積木與說明
播放音階	播放音階 60，持續 0.25 拍 播放音階 Do，0.25 拍。 A. 音階範圍：從 C(0)~C(132)，常用的中音音符、數值與對應的音階及琴鍵對照表如下。 C(60) 鍵盤圖：C(60) D(62) E(64) F(65) G(67) A(69) B(71) {音符 C D E F G A B / 數值 60 62 64 65 67 69 71 / 音階 Do Re Mi Fa So La Si} B. 節拍：0.25 拍、0.5 拍、1 拍等。
播放音頻	1. 播放音頻 700 赫茲，持續 1 秒 播放音頻 700 赫茲，1 秒。 2. 播放音頻 700 赫茲 連續播放音頻 700 赫茲。 A. 赫茲：聲音的頻率。 B. 音階與音頻赫茲對照表如下。 | 音階	Do	Re	Mi	Fa	So	La	Si
---	---	---	---	---	---	---	---
低音	262	294	330	349	392	440	494
中音	523	587	659	698	784	880	988
高音	1046	1175	1318	1397	1568	1760	1976	

實作範例　ch2-1　mBot2 喇叭播放音符

請設計讓 mBot2 喇叭播放音階或音頻。

1. 開啟 mBot2 電源，並連接電腦與 mBot2。

2. 在「設備」的 CyberPi，點按【連接 > COM 值 > 連接】，並選擇【即時】模式。

3. 點選 播放，拖曳 播放音頻 700 赫茲，持續 1 秒 ，輸入「587」，點擊積木聆聽喇叭播放哪一個音階？

   執行結果：播放音階 ＿＿＿＿＿＿

4. 點選 事件 與 播放，拖曳下圖積木，點擊積木，聆聽喇叭播放哪一首歌？

執行結果：＿＿＿＿＿＿＿

二、快樂頌音譜轉換成音階

將快樂頌的音譜轉換成音階的數值。

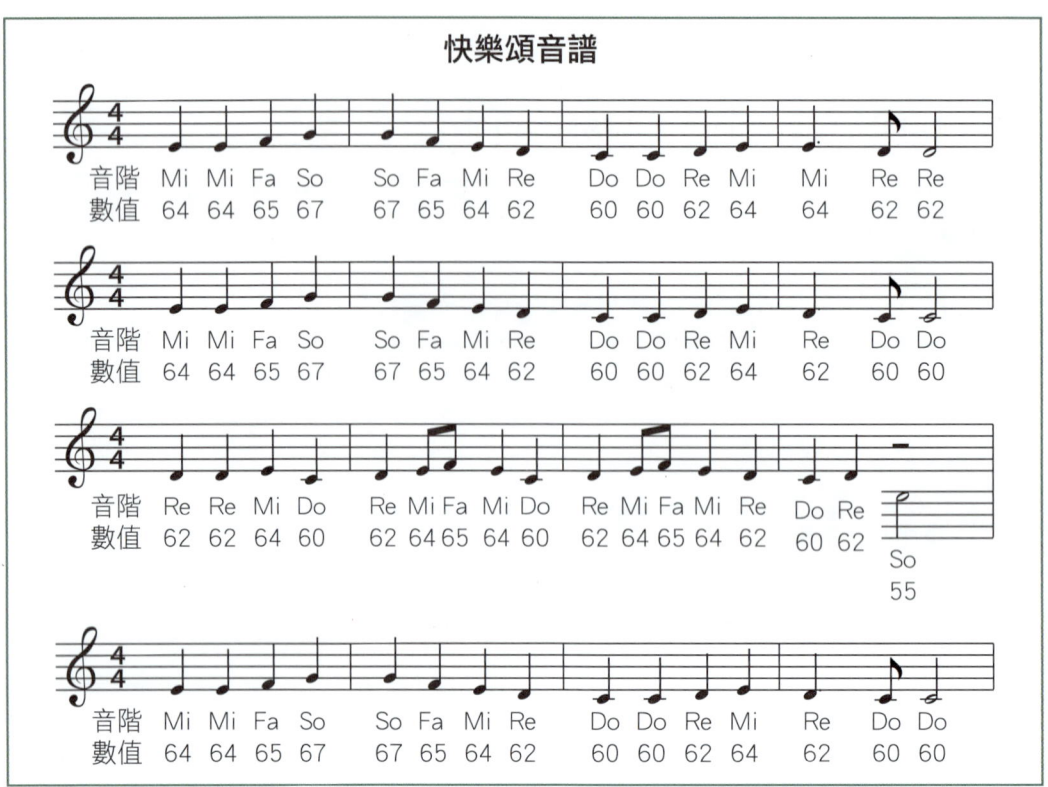

操作提示　第一段與第二段只有最後三個音符不同，其餘相同，第四段與第二段相同。

三、快樂頌程式設計

設計快樂頌音階數值程式，以 mBot2 的喇叭播放。

1. 按 **自定積木**，點選【新增積木指令】，輸入「第一段」，再按【確認】，定義快樂頌「第一段」積木。

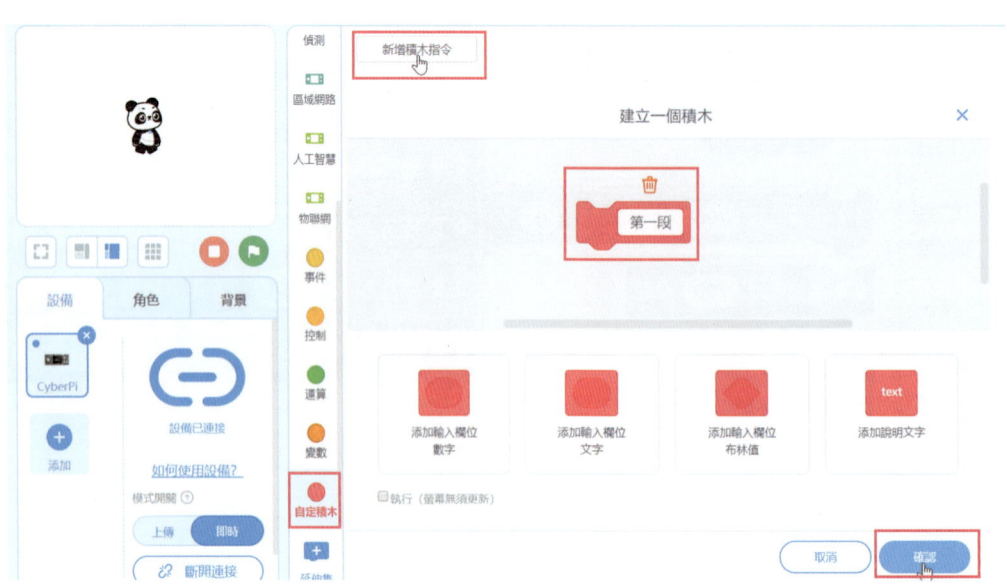

2 點選 播放，拖曳快樂頌定義的第一段積木如下圖。

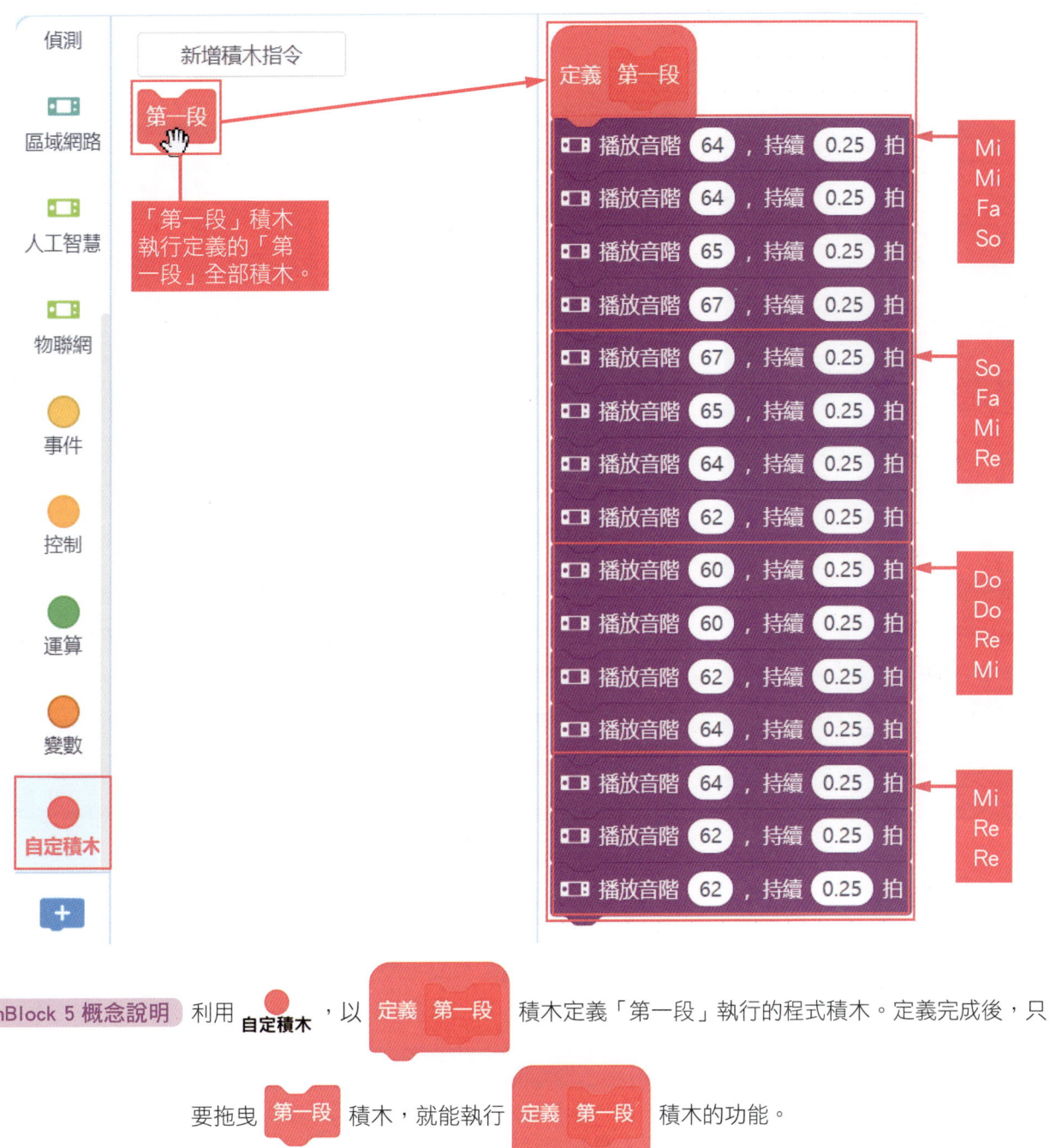

mBlock 5 概念說明　利用 自定積木，以 定義 第一段 積木定義「第一段」執行的程式積木。定義完成後，只要拖曳 第一段 積木，就能執行 定義 第一段 積木的功能。

3 重複上述步驟，定義【第二段】、【第三段】、【第四段】積木，並依據快樂頌音譜，拖曳下圖積木。

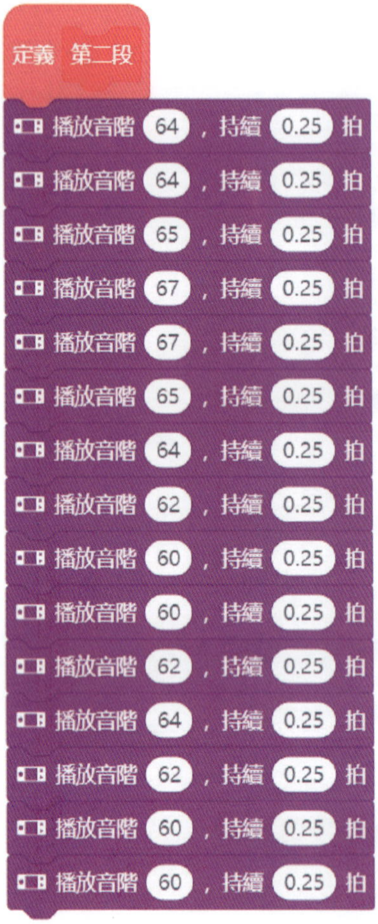
定義 第二段
播放音階 64 ，持續 0.25 拍
播放音階 64 ，持續 0.25 拍
播放音階 65 ，持續 0.25 拍
播放音階 67 ，持續 0.25 拍
播放音階 67 ，持續 0.25 拍
播放音階 65 ，持續 0.25 拍
播放音階 64 ，持續 0.25 拍
播放音階 62 ，持續 0.25 拍
播放音階 60 ，持續 0.25 拍
播放音階 60 ，持續 0.25 拍
播放音階 62 ，持續 0.25 拍
播放音階 64 ，持續 0.25 拍
播放音階 62 ，持續 0.25 拍
播放音階 60 ，持續 0.25 拍
播放音階 60 ，持續 0.25 拍

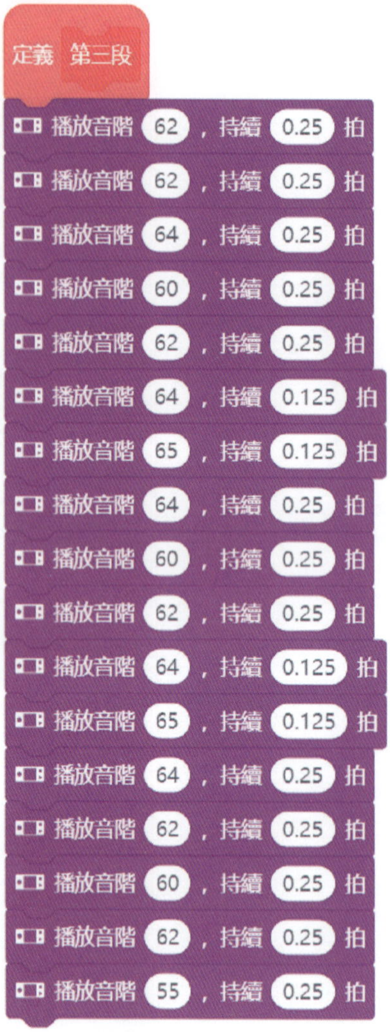
定義 第三段
播放音階 62 ，持續 0.25 拍
播放音階 62 ，持續 0.25 拍
播放音階 64 ，持續 0.25 拍
播放音階 60 ，持續 0.25 拍
播放音階 62 ，持續 0.25 拍
播放音階 64 ，持續 0.125 拍
播放音階 65 ，持續 0.125 拍
播放音階 64 ，持續 0.25 拍
播放音階 60 ，持續 0.25 拍
播放音階 62 ，持續 0.25 拍
播放音階 64 ，持續 0.125 拍
播放音階 65 ，持續 0.125 拍
播放音階 64 ，持續 0.25 拍
播放音階 62 ，持續 0.25 拍
播放音階 60 ，持續 0.25 拍
播放音階 62 ，持續 0.25 拍
播放音階 55 ，持續 0.25 拍

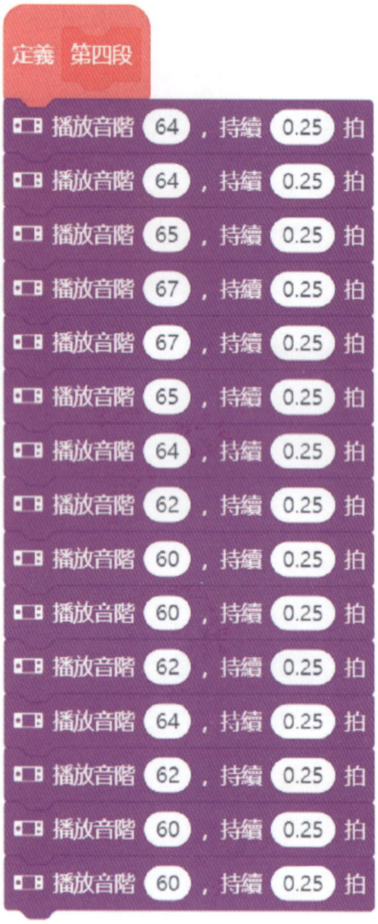
定義 第四段
播放音階 64 ，持續 0.25 拍
播放音階 64 ，持續 0.25 拍
播放音階 65 ，持續 0.25 拍
播放音階 67 ，持續 0.25 拍
播放音階 67 ，持續 0.25 拍
播放音階 65 ，持續 0.25 拍
播放音階 64 ，持續 0.25 拍
播放音階 62 ，持續 0.25 拍
播放音階 60 ，持續 0.25 拍
播放音階 60 ，持續 0.25 拍
播放音階 62 ，持續 0.25 拍
播放音階 64 ，持續 0.25 拍
播放音階 62 ，持續 0.25 拍
播放音階 60 ，持續 0.25 拍
播放音階 60 ，持續 0.25 拍

4 點選 事件 與 自定積木，拖曳下圖積木，點擊積木或 ，播放快樂頌。

mBlock v5.3.0
makeblock | mBlock
檔案
編輯
未命名
儲存
發佈
課程
偵測
區域網路
人工智慧
物聯網
新增積木指令
第一段
第二段
第三段
第四段
當 被點一下
第一段
第二段
第三段
第四段

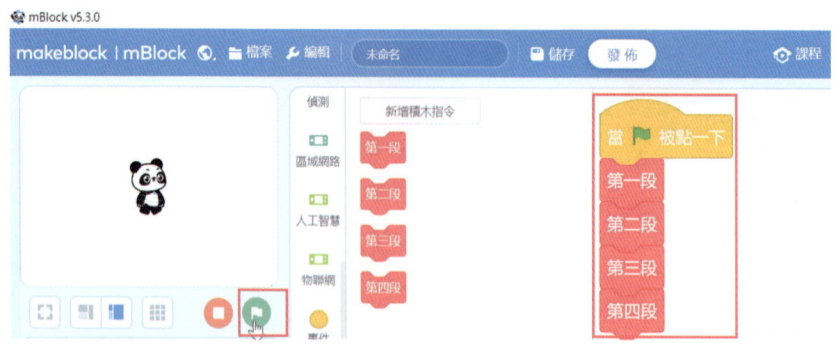

2-3　LED 燈條：閃爍彩虹 LED

　　mBot2 的 CyberPi 主板內建 LED 燈條，由 5 個 RGB LED 燈組成，分別提供紅（R）、綠（G）、藍（B）等不同顏色的 LED。在 LED 積木中分別設定 LED 開、關與顏色，相關積木功能如下。

功能	積木與說明
定時點亮	1. `LED 所有▼ 顯示 ●, 持續 1 秒` （下拉選項：所有、1、2、3、4、5） （顏色 97、飽和度 99、亮度 81） 設定 LED 亮燈的位置、顏色與時間，1 秒後自動關閉 LED。 2. `LED 所有▼ 顯示紅 255 綠 0 藍 0, 持續 1 秒` 設定 LED 亮燈的位置、顏色、亮度與時間，1 秒後自動關閉 LED。 位置：全部或 1~5。 LED 亮度：0~255，其中，0 為關閉，255 為最亮。

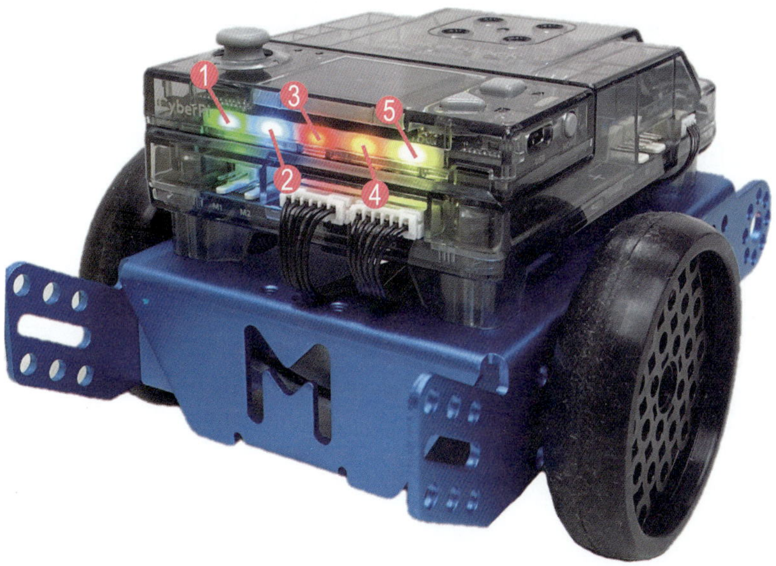

功能	積木與說明
連續點亮	1. 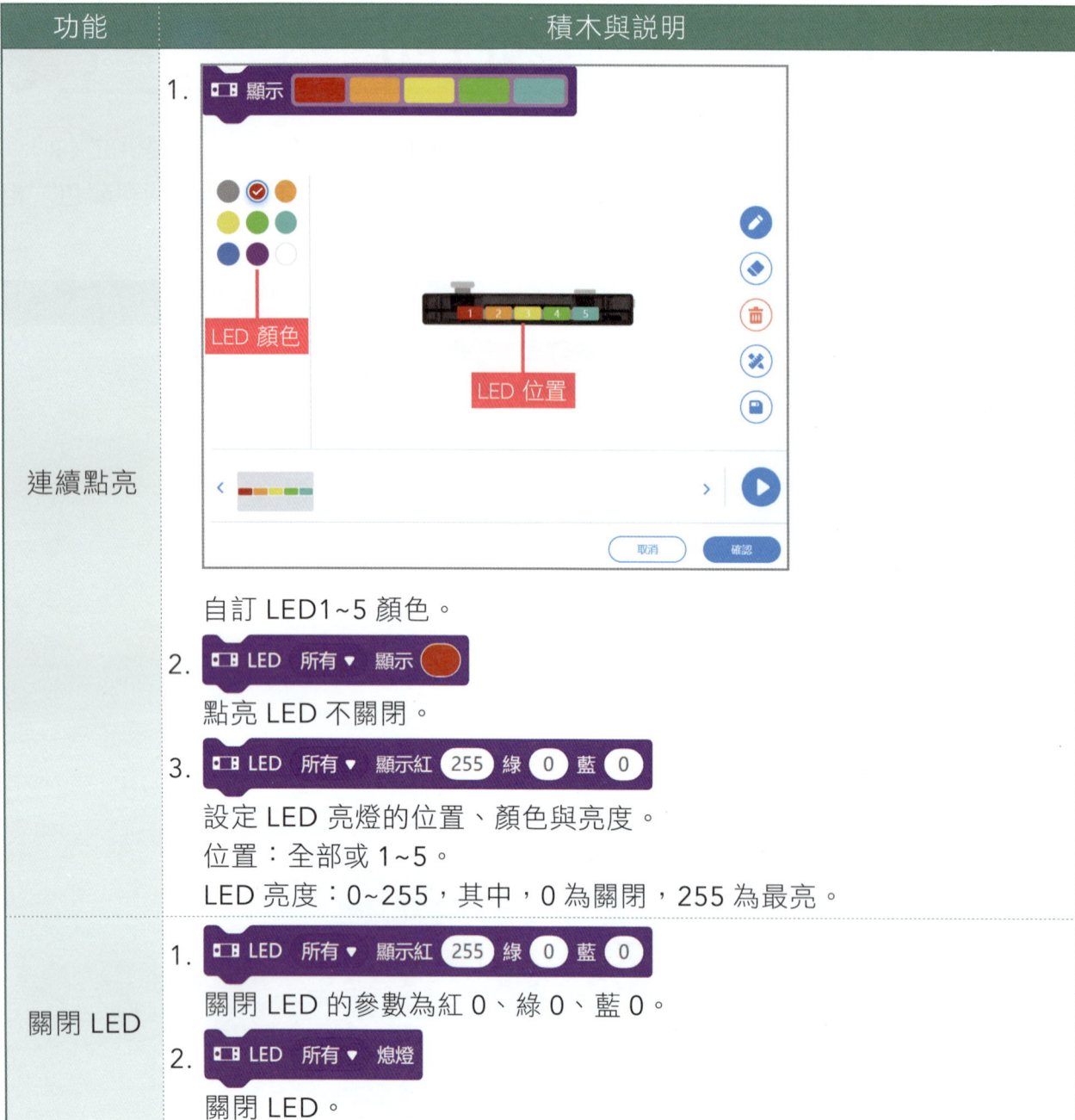　自訂 LED1~5 顏色。 2. 點亮 LED 不關閉。 3. 設定 LED 亮燈的位置、顏色與亮度。 位置：全部或 1~5。 LED 亮度：0~255，其中，0 為關閉，255 為最亮。
關閉 LED	1. 關閉 LED 的參數為紅 0、綠 0、藍 0。 2. 關閉 LED。

實作範例　ch2-2　mBot2 閃爍 LED 彩虹

請設計讓 mBot2 CyberPi 的 LED 燈條同時閃爍彩虹七彩顏色。

設定 LED 彩虹七種顏色的方法包括：設定顏色或設定 RGB 亮度的數值。

一、設定顏色

1 將 CyberPi 設定為【即時】模式，點選 LED ，點擊積木 `LED 所有▼ 顯示 ●，持續 1 秒` 的顏色，再拖曳顏色。

2 點按 事件 並重複步驟1，拖曳下圖紅、橙、黃、綠、藍、靛、紫七種顏色，當按下 CyberPi 的按鈕 A 時，LED 燈條的全部 LED 開始閃爍彩虹七彩顏色，各 1 秒後關閉 LED。

二、設定 RGB 亮度的數值

彩虹的七彩色紅、橙、黃、綠、藍、靛、紫，以 RGB 配色的數值如下：

顏色	紅	橙	黃	綠	藍	靛	紫
R（紅）	255	255	255	0	0	43	87
G（綠）	0	165	255	255	0	0	0
B（藍）	0	0	0	0	255	255	255

1 點選 LED ，在積木區設定下圖 LED 參數，。

2 按下 CyberPi 的按鈕 B 時，開始閃爍彩虹七彩顏色，各 1 秒後關閉 LED。

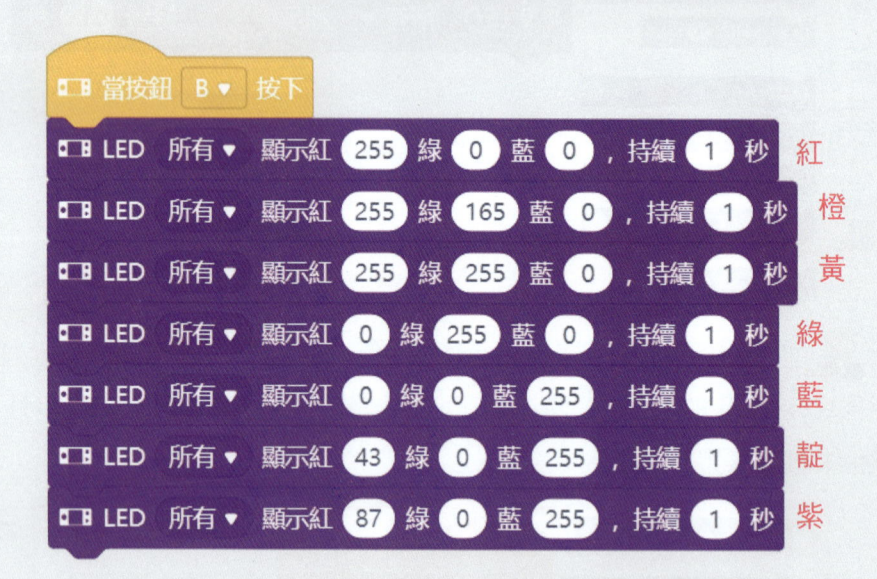

當按鈕 B 按下

LED 所有 顯示紅 255 綠 0 藍 0，持續 1 秒	紅
LED 所有 顯示紅 255 綠 165 藍 0，持續 1 秒	橙
LED 所有 顯示紅 255 綠 255 藍 0，持續 1 秒	黃
LED 所有 顯示紅 0 綠 255 藍 0，持續 1 秒	綠
LED 所有 顯示紅 0 綠 0 藍 255，持續 1 秒	藍
LED 所有 顯示紅 43 綠 0 藍 255，持續 1 秒	靛
LED 所有 顯示紅 87 綠 0 藍 255，持續 1 秒	紫

2-4　即時執行 mBot2 歌唱大賽

　　以即時模式執行 mBot2 機器人歌唱大賽程式，當按下 CyberPi 的按鈕 A 時，播放快樂頌，同時每播放一節快樂頌歌曲，LED 燈條的顏色往右移動 1 格。

1 將 CyberPi 設定為【即時】模式，點選 LED，拖曳下圖積木，先設定 LED 燈條顏色，每播放一節快樂頌，LED 燈往右移動 1 格。

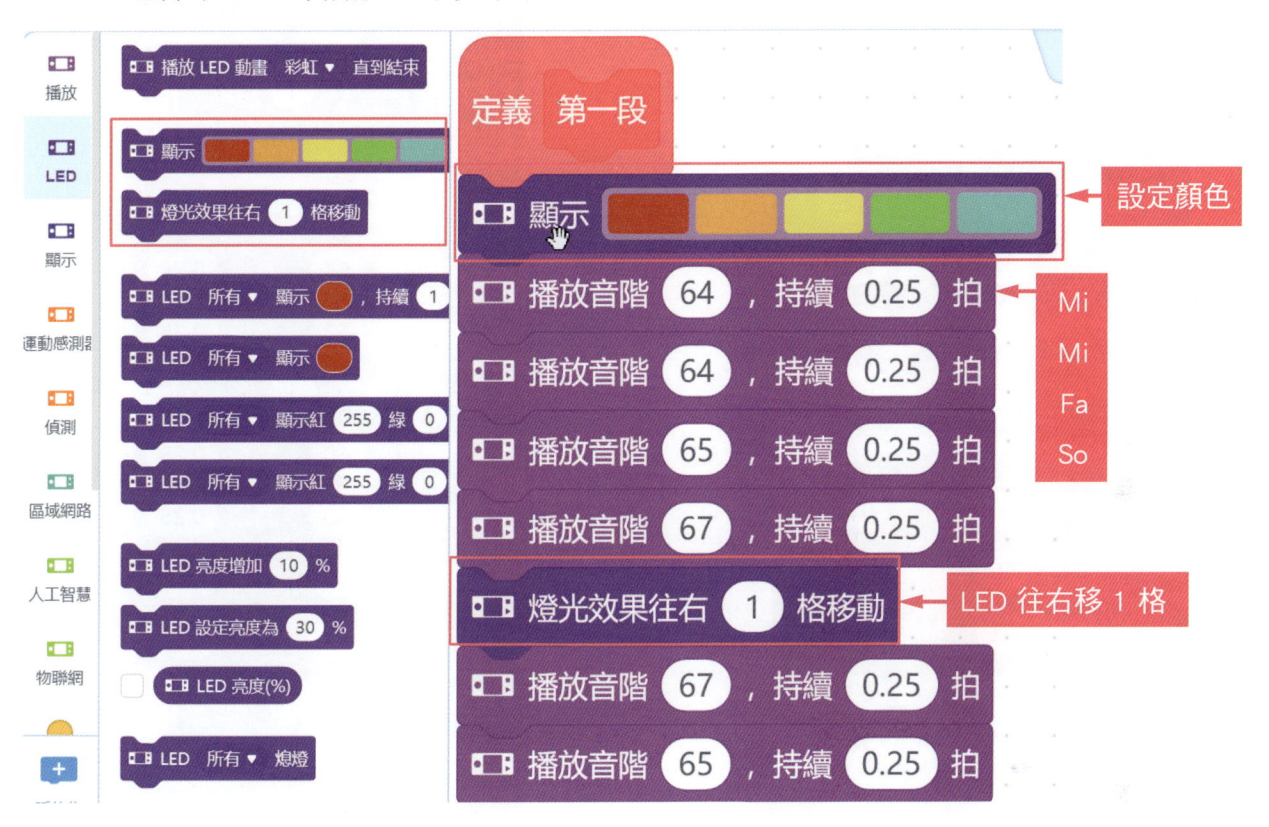

2 重複上述動作，每播放一節快樂頌，LED 燈光效果往右移動 1 格。

定義 第一段
- 顯示 🟥🟧🟨🟩🟦
- 播放音階 64，持續 0.25 拍
- 播放音階 64，持續 0.25 拍
- 播放音階 65，持續 0.25 拍
- 播放音階 67，持續 0.25 拍
- 燈光效果往右 1 格移動
- 播放音階 67，持續 0.25 拍
- 播放音階 65，持續 0.25 拍
- 播放音階 64，持續 0.25 拍
- 播放音階 62，持續 0.25 拍
- 燈光效果往右 1 格移動
- 播放音階 60，持續 0.25 拍
- 播放音階 60，持續 0.25 拍
- 播放音階 62，持續 0.25 拍
- 播放音階 64，持續 0.25 拍
- 燈光效果往右 1 格移動
- 播放音階 64，持續 0.25 拍
- 播放音階 62，持續 0.25 拍
- 播放音階 62，持續 0.25 拍
- 燈光效果往右 1 格移動

定義 第二段
- 播放音階 64，持續 0.25 拍
- 播放音階 64，持續 0.25 拍
- 播放音階 65，持續 0.25 拍
- 播放音階 67，持續 0.25 拍
- 燈光效果往右 1 格移動
- 播放音階 67，持續 0.25 拍
- 播放音階 65，持續 0.25 拍
- 播放音階 64，持續 0.25 拍
- 播放音階 62，持續 0.25 拍
- 燈光效果往右 1 格移動
- 播放音階 60，持續 0.25 拍
- 播放音階 60，持續 0.25 拍
- 播放音階 62，持續 0.25 拍
- 播放音階 64，持續 0.25 拍
- 燈光效果往右 1 格移動
- 播放音階 62，持續 0.25 拍
- 播放音階 60，持續 0.25 拍
- 播放音階 60，持續 0.25 拍
- 燈光效果往右 1 格移動

定義 第三段

- 播放音階 62 ，持續 0.25 拍
- 播放音階 62 ，持續 0.25 拍
- 播放音階 64 ，持續 0.25 拍
- 播放音階 60 ，持續 0.25 拍
- 燈光效果往右 1 格移動
- 播放音階 62 ，持續 0.25 拍
- 播放音階 64 ，持續 0.125 拍
- 播放音階 65 ，持續 0.125 拍
- 播放音階 64 ，持續 0.25 拍
- 播放音階 60 ，持續 0.25 拍
- 燈光效果往右 1 格移動
- 播放音階 62 ，持續 0.25 拍
- 播放音階 64 ，持續 0.125 拍
- 播放音階 65 ，持續 0.125 拍
- 播放音階 64 ，持續 0.25 拍
- 播放音階 62 ，持續 0.25 拍
- 燈光效果往右 1 格移動
- 播放音階 60 ，持續 0.25 拍
- 播放音階 62 ，持續 0.25 拍
- 播放音階 55 ，持續 0.25 拍
- 燈光效果往右 1 格移動

定義 第四段

- 播放音階 64 ，持續 0.25 拍
- 播放音階 64 ，持續 0.25 拍
- 播放音階 65 ，持續 0.25 拍
- 播放音階 67 ，持續 0.25 拍
- 燈光效果往右 1 格移動
- 播放音階 67 ，持續 0.25 拍
- 播放音階 65 ，持續 0.25 拍
- 播放音階 64 ，持續 0.25 拍
- 播放音階 62 ，持續 0.25 拍
- 燈光效果往右 1 格移動
- 播放音階 60 ，持續 0.25 拍
- 播放音階 60 ，持續 0.25 拍
- 播放音階 62 ，持續 0.25 拍
- 播放音階 64 ，持續 0.25 拍
- 燈光效果往右 1 格移動
- 播放音階 62 ，持續 0.25 拍
- 播放音階 60 ，持續 0.25 拍
- 播放音階 60 ，持續 0.25 拍
- 燈光效果往右 1 格移動

3 點選 事件，拖曳 當按鈕 A 按下 ，當按下 CyberPi 的按鈕 A 時，播放第一段、第二段與第三段快樂頌，播放結束時，關閉 LED。

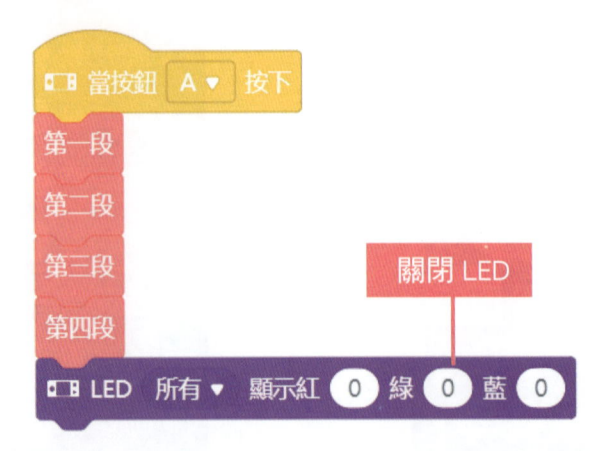

```
當按鈕 A 按下
第一段
第二段
第三段
第四段
LED 所有 顯示紅 0 綠 0 藍 0    ← 關閉 LED
```

4 按下 CyberPi 的按鈕 A，檢查每播放一節快樂頌，LED 燈光效果是否往右移動 1 格。

開始設定的 LED　　　　　　　　　　LED 往右移 1 格

2-5　上傳執行 mBot2 歌唱大賽

　　mBlock 5 程式設計時，以即時模式，測試程式執行是否正確。程式設計完成，開啟上傳模式，將程式上傳 CyberPi 主控板，之後只要開啟電源，mBot2 自動執行程式。

1 點擊 【上傳】，將 CyberPi 設定為上傳模式。

2 點擊 ，將程式上傳到 CyberPi 主控板，再斷開電腦與 mBot2 連線。開啟電源，按下 CyberPi 的按鈕 A，mBot2 自動播放快樂頌。

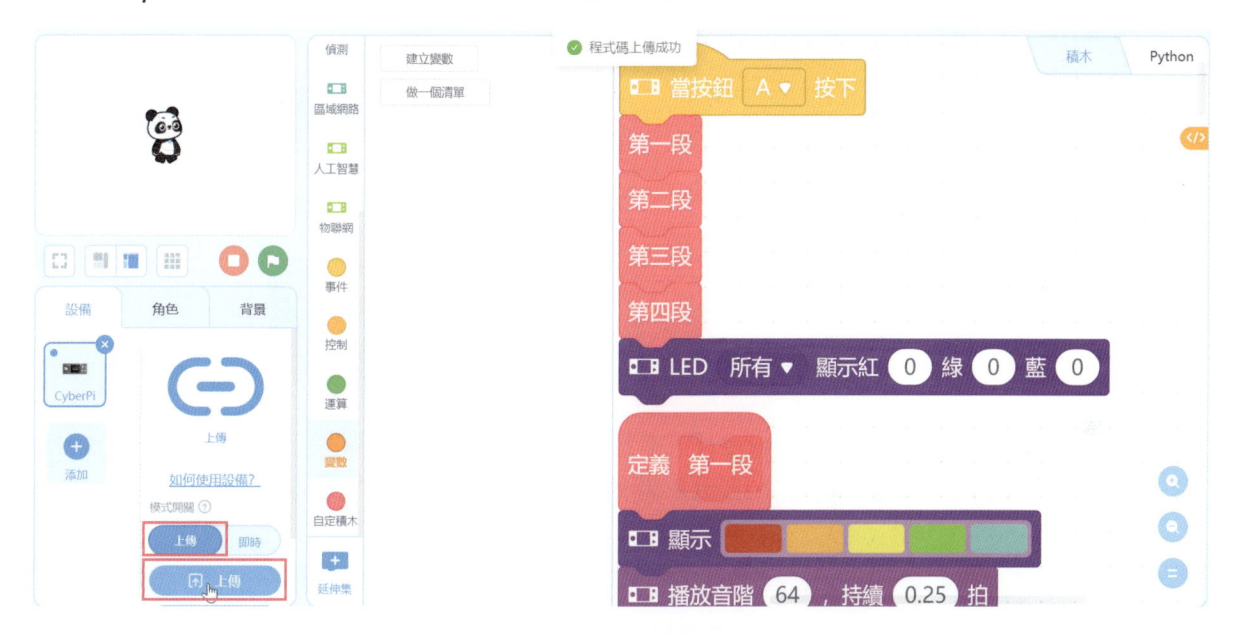

按下按鈕 A 開始播放

Chapter 2 mBot2 歌唱大賽

mBlock 5 概念說明 比較即時與上傳模式執行的差異。

即時模式

即時模式讓 mBot2 與電腦保持即時連線執行程式或傳遞感測器相關的即時資訊。

上傳模式

上傳模式需要將程式上傳到 CyberPi 主控板才能執行。上傳完成之後，斷開 mBot2 與電腦連線，只要開啟電源，mBot2 就能夠自動執行上傳的程式。

2-6　韌體更新

　　mBot2 出廠時在 CyberPi 內建程式，如果上傳程式之後，想要恢復原廠程式的方式有二種，分述如下。

一、mBot2 與電腦連線

　　將 mBot2 與電腦連線，並設定為【即時】模式。點擊【設定 > 韌體更新】，恢復原廠程式。

二、mBot2 與電腦未連線

　　mBot2 與電腦未連線狀態下，直接開啟 mBot2 電源，再按 CyberPi 的【首頁】按鍵，點擊【設定 > 系統更新】，以 CyberPi 的無線網路進行系統更新。

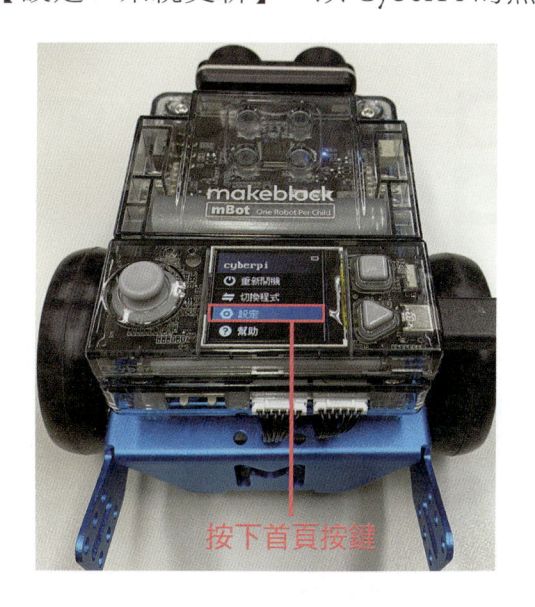

按下首頁按鍵

實力評量 ❷

一、單選題

(　　) 1. 圖一何者能夠讓 mBot 機器人播放聲音？
(A) A　(B) B　(C) C　(D) D。

▲圖一

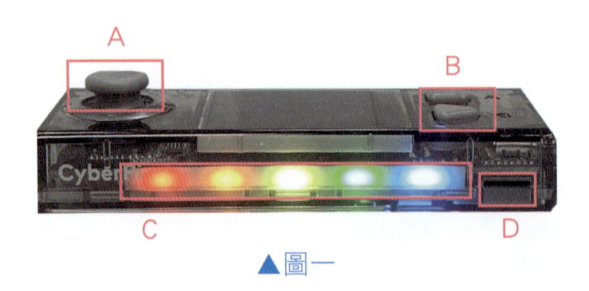

(　　) 2. 同上題圖一，如果想要讓 mBot2 閃爍 LED 燈，應該使用哪一個硬體元件？
(A) A　(B) B　(C) C　(D) D。

(　　) 3. 下列哪一類積木能夠用來設定 mBot2 的聲音？
(A) 顯示　(B) 播放　(C) LED　(D) mBot2 車架。

(　　) 4. 如果想要讓 mBot2 的喇叭播放聲音，應該使用下列哪一個積木？
(A) 前進 100 公分 直到結束
(B) LED 所有 顯示 紅
(C) 顯示 makeblock
(D) 播放音階 60，持續 0.25 拍。

(　　) 5. 如果想設計 mBot2 的 RGB LED 燈條點亮之後自動關閉，應該使用下列哪一個積木？
(A) LED 所有 顯示紅 255 綠 0 藍 0，持續 1 秒
(B) 顯示 🌈
(C) LED 所有 顯示紅 255 綠 0 藍 0
(D) LED 所有 顯示紅 255 綠 0 藍 0。

(　　) 6. 圖二 mBot2 的喇叭需要使用下哪一個琴鍵，才能播放音階「Re」？
(A) A　(B) B　(C) C　(D) D。

▲圖二

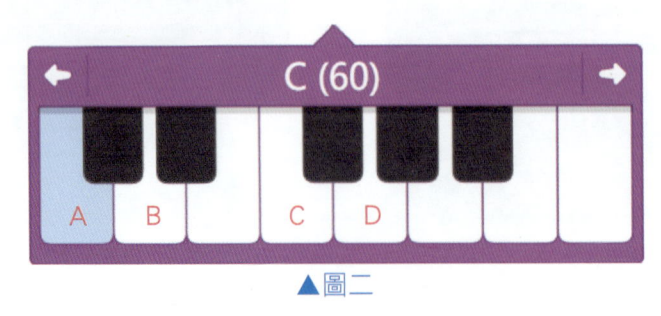

實力評量 ②

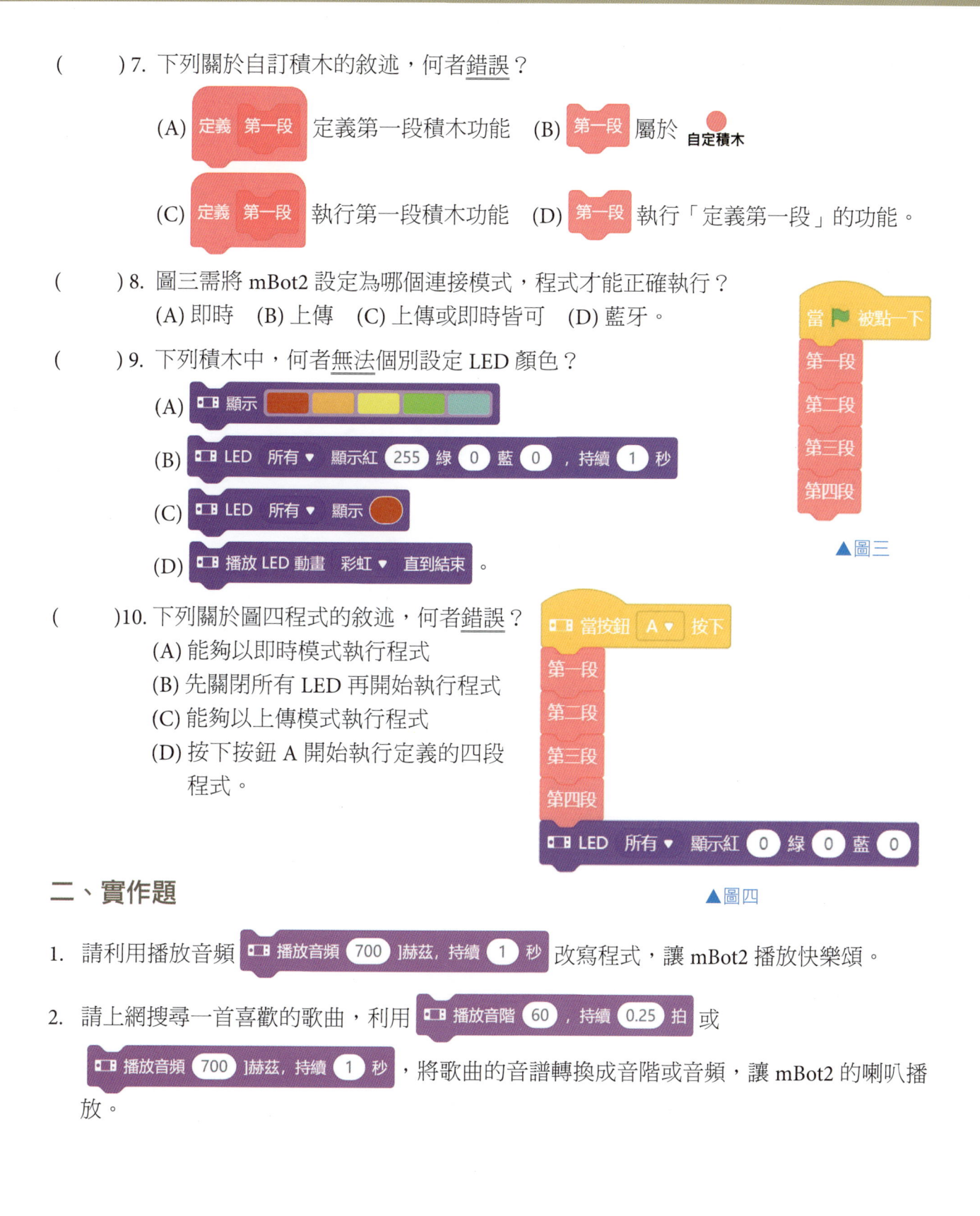

( ) 7. 下列關於自訂積木的敘述，何者錯誤？
   (A) [定義 第一段] 定義第一段積木功能
   (B) [第一段] 屬於 自定積木
   (C) [定義 第一段] 執行第一段積木功能
   (D) [第一段] 執行「定義第一段」的功能。

( ) 8. 圖三需將 mBot2 設定為哪個連接模式，程式才能正確執行？
   (A) 即時　(B) 上傳　(C) 上傳或即時皆可　(D) 藍牙。

( ) 9. 下列積木中，何者無法個別設定 LED 顏色？
   (A) [顯示 ▇▇▇▇▇]
   (B) [LED 所有▼ 顯示紅 255 綠 0 藍 0，持續 1 秒]
   (C) [LED 所有▼ 顯示 ●]
   (D) [播放 LED 動畫 彩虹▼ 直到結束]。

▲圖三

( )10. 下列關於圖四程式的敘述，何者錯誤？
   (A) 能夠以即時模式執行程式
   (B) 先關閉所有 LED 再開始執行程式
   (C) 能夠以上傳模式執行程式
   (D) 按下按鈕 A 開始執行定義的四段程式。

▲圖四

二、實作題

1. 請利用播放音頻 [播放音頻 700]赫茲，持續 1 秒 改寫程式，讓 mBot2 播放快樂頌。

2. 請上網搜尋一首喜歡的歌曲，利用 [播放音階 60，持續 0.25 拍] 或 [播放音頻 700]赫茲，持續 1 秒，將歌曲的音譜轉換成音階或音頻，讓 mBot2 的喇叭播放。

CHAPTER 3

mBot2 跳恰恰

　　mBot2 明星選拔賽第二部曲－機器人熱舞大賽，每個機器人都扭腰擺臀準備參加熱舞大賽。現在趕快幫 mBot2 編一首恰恰舞參賽。

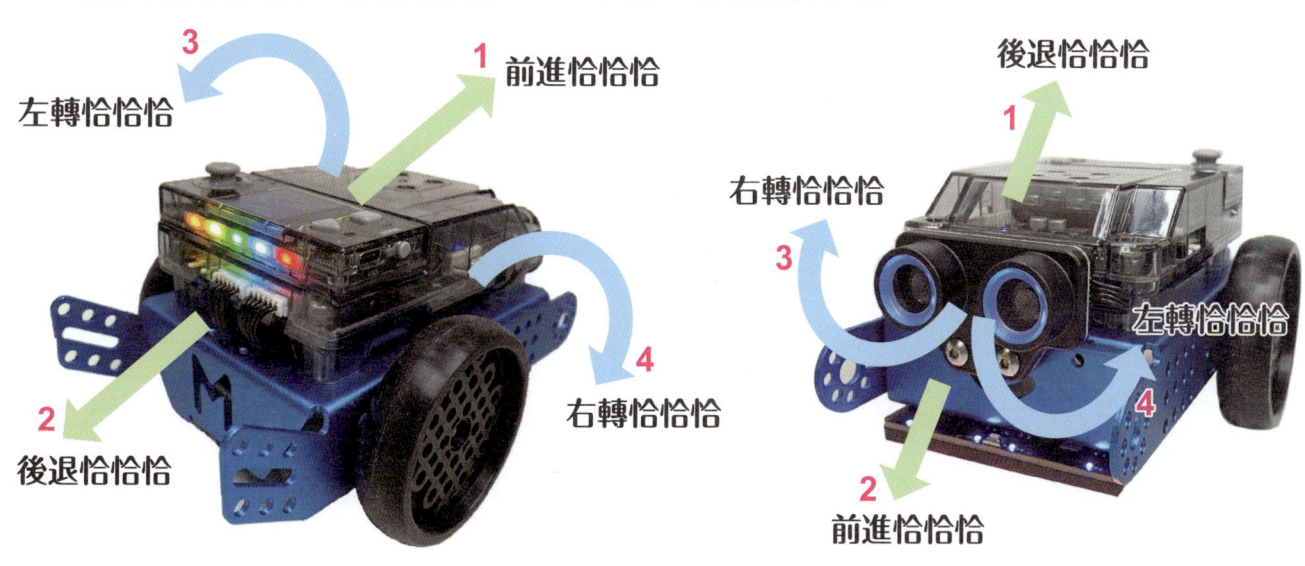

左轉恰恰恰　　前進恰恰恰　　後退恰恰恰
後退恰恰恰　　右轉恰恰恰　　右轉恰恰恰　　左轉恰恰恰
　　　　　　　　　　　　　　　　　　　　　前進恰恰恰

本章節次

3-1　mBot2 跳恰恰專題規劃
3-2　編碼馬達：鍵盤控制 mBot2 運動
3-3　即時執行 mBot2 跳恰恰
3-4　LED 燈條隨機點亮不同顏色
3-5　上傳執行 mBot2 跳恰恰

學習目標

1. 理解編碼馬達的運動原理。
2. 能夠應用編碼馬達設計 mBot2 運動。
3. 能夠應用 LED 積木設計 LED 燈條隨機點亮顏色。
4. 能夠設計兩台 mBot2 一起跳恰恰。

3-1　mBot2 跳恰恰專題規劃

本章將利用 CyberPi 的按鈕、RGB LED 燈條與 mBot2 的編碼馬達，設計 mBot2 跳舞程式。當按下 CyberPi 的按鈕 A 時，mBot2 開始跳恰恰舞，同時 LED 燈條的每一個 LED 隨機點亮不同的顏色。

創客題目編號：A005056

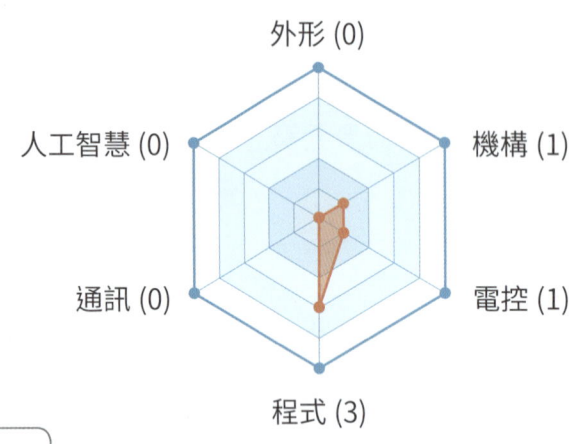

外形 (0)
機構 (1)
電控 (1)
程式 (3)
通訊 (0)
人工智慧 (0)

· 創客指標 ·

外形	0
機構	1
電控	1
程式	3
通訊	0
人工智慧	0
創客總數	5

20 mins

一、mBot2 跳恰恰元件規劃

mBot2 跳恰恰應用的元件包括：按鈕、RGB LED 燈條、左編碼馬達與右編碼馬達，每個元件在 mBot2 的位置與功能如圖 1、圖 2 所示。

RGB LED 燈條：
隨機點亮不同顏色

按鈕A：
按下按鈕開始跳恰恰

▲圖 1

左編碼馬達：
前進、後退、左
轉與右轉運動

右編碼馬達：
前進、後退、左
轉與右轉運動

▲圖 2

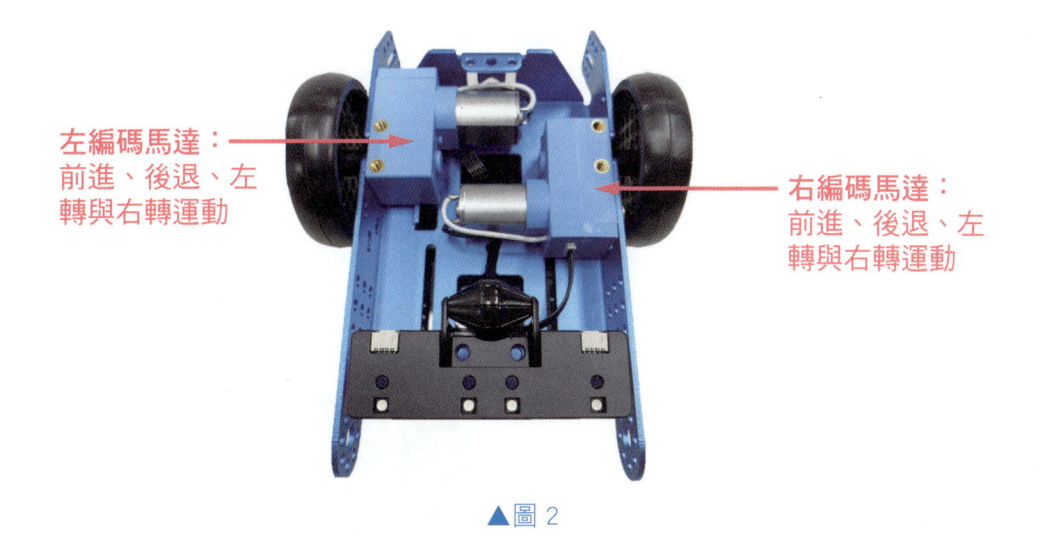

二、mBot2 跳恰恰執行流程

　　mBot2 跳恰恰的舞步包括四個步驟：
(1) 前進恰恰恰
(2) 後退恰恰恰
(3) 左轉恰恰恰
(4) 右轉恰恰恰

　　同時，LED 隨機點亮不同顏色，全部執行流程如圖 3。

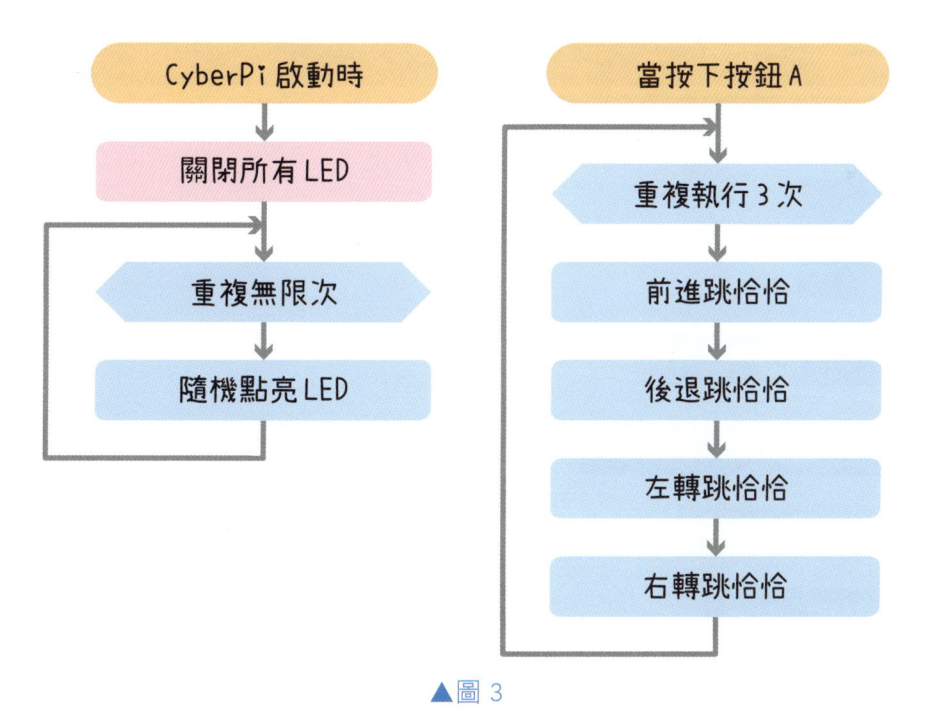

CyberPi 啟動時
↓
關閉所有 LED
↓
重複無限次
↓
隨機點亮 LED

當按下按鈕 A
↓
重複執行 3 次
↓
前進跳恰恰
↓
後退跳恰恰
↓
左轉跳恰恰
↓
右轉跳恰恰

▲圖 3

3-2　編碼馬達：鍵盤控制 mBot2 運動

　　mBot2 左右兩側各有一個編碼馬達，左側編碼馬達連接 EM1、右側編碼馬達連接 EM2，編碼馬達連接左右兩側輪子，讓 mBot2 能夠前進、後退、左轉或右轉。

　　在 mBot2 車架 積木中，與編碼馬達相關積木的主要功能如下。

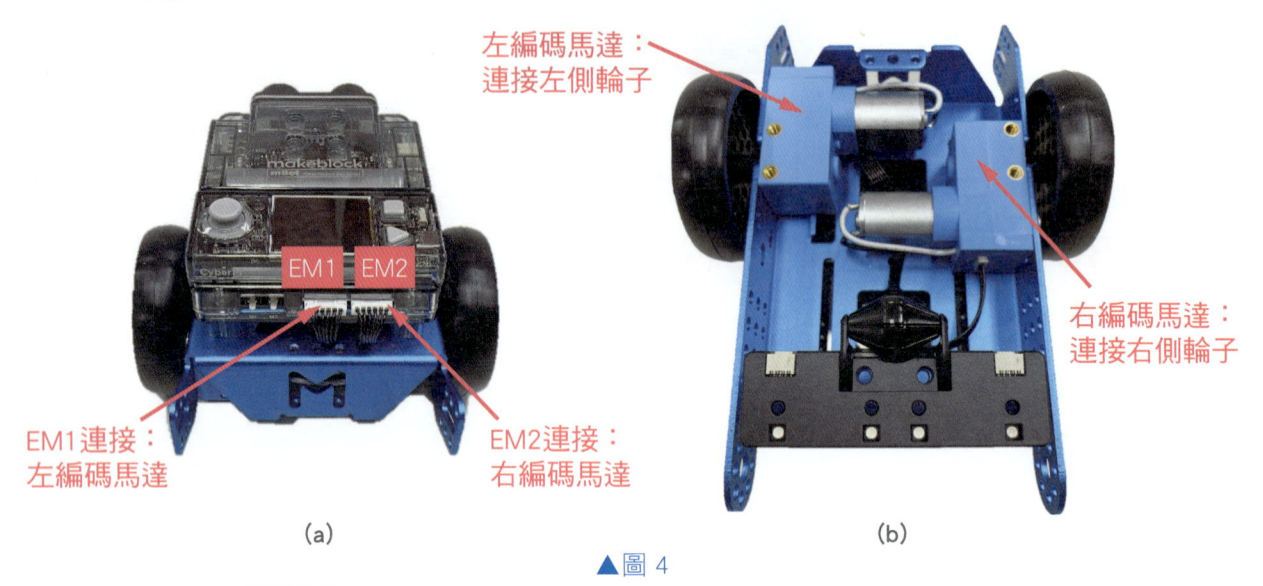

左編碼馬達：連接左側輪子

右編碼馬達：連接右側輪子

EM1　EM2

EM1連接：左編碼馬達

EM2連接：右編碼馬達

(a)　　　　　　　　　(b)

▲圖 4

一、mBot 運動

功能	積木	說明
定時	前進 ▼ 以 50 轉速 (RPM), 持續 1 秒 ✓ 前進 　後退 　左轉 　右轉	以 50 轉速前進、後退、左轉、右轉，1 秒後停止。
重複	前進 ▼ 以 50 轉速 (RPM)	以 50 轉速重複前進、後退、左轉或右轉，不停止。
直行	前進 ▼ 100 公分 ▼ 直到結束	前進（或後退）100 公分後停止。
旋轉	左轉 ▼ 90 °直到結束	旋轉（左轉或右轉）固定角度後停止。
停止	停止編碼馬達 全部 ▼	停止編碼馬達運轉。

註：轉速範圍從 -200 ～ 200，正數代表編碼馬達往右轉（順時鐘方向旋轉）；負數代表編碼馬達往左轉（逆時鐘方向旋轉）。

二、以左側或右側輪子設定 mBot2 運動

左側輪子編碼馬達　　　　　右側輪子編碼馬達

前進	1.	`編碼馬達 EM1 轉動以 50 轉速(RPM), 編碼馬達 EM2 轉動以 -50 轉速(RPM)` mBot2 以 50 轉速前進，轉速範圍從 -200~200 RPM。
	2.	`編碼馬達 EM1 轉動以 50 %動力, 編碼馬達 EM2 轉動以 -50 %動力` mBot2 以 50% 動力前進，動力範圍從 -100%~100%。
左轉	1.	`編碼馬達 右側輪子(EM2) 轉動以 -50 馬達轉速(RPM), 持續 1 秒` 左側輪子不動、右側輪子轉動，mBot2 左轉，1 秒後停止。
	2.	`編碼馬達 右側輪子(EM2) 轉動以 -50 馬達轉速(RPM)` 左側輪子不動、右側輪子轉動，mBot2 連續左轉，不停止。
	3.	`編碼馬達 EM1 轉動以 -50 轉速(RPM), 編碼馬達 EM2 轉動以 -50 轉速(RPM)` mBot2 以 50 轉速左轉，轉速範圍從 -200~0 RPM。
	4.	`編碼馬達 EM1 轉動以 -50 %動力, 編碼馬達 EM2 轉動以 -50 %動力` mBot2 以 -50% 動力左轉，動力範圍從 -100%~0。
右轉	1.	`編碼馬達 左側輪子(EM1) 轉動以 50 馬達轉速(RPM), 持續 1 秒` 左側輪子轉動、右側輪子不動，mBot2 右轉，1 秒後停止。
	2.	`編碼馬達 左側輪子(EM1) 轉動以 50 馬達轉速(RPM)` 左側輪子轉動、右側輪子不動，mBot2 連續右轉，不停止。
	3.	`編碼馬達 EM1 轉動以 50 轉速(RPM), 編碼馬達 EM2 轉動以 50 轉速(RPM)` mBot2 以 50 轉速右轉，轉速範圍從 0~200 RPM。
	4.	`編碼馬達 EM1 轉動以 50 %動力, 編碼馬達 EM2 轉動以 50 %動力` mBot2 以 50% 動力右轉，動力範圍從 0~100%。
後退	1.	`編碼馬達 EM1 轉動以 -50 轉速(RPM), 編碼馬達 EM2 轉動以 50 轉速(RPM)` mBot2 以 50 轉速後退，轉速範圍從 -200~200 RPM。
	2.	`編碼馬達 EM1 轉動以 -50 %動力, 編碼馬達 EM2 轉動以 50 %動力` mBot2 以 50% 動力後退，動力範圍從 -100%~100%。

註：mBot2 運動積木是連線官網下載最新版，若程式積木執行結果前進與後退或左轉與右轉相反時，請更改參數的正、負值設定即可。

實作範例 ch3-1 鍵盤控制 mBot2 運動

請利用鍵盤的上、下、左、右按鍵，控制 mBot2 前進、後退、左轉與右轉。

1 在「設備」的 CyberPi，點按【連接 > COM 值 > 連接】，並選擇【即時】模式。

2 點選 延伸集，點擊【下載更新】，再按【添加】新增 mBot2 車架。

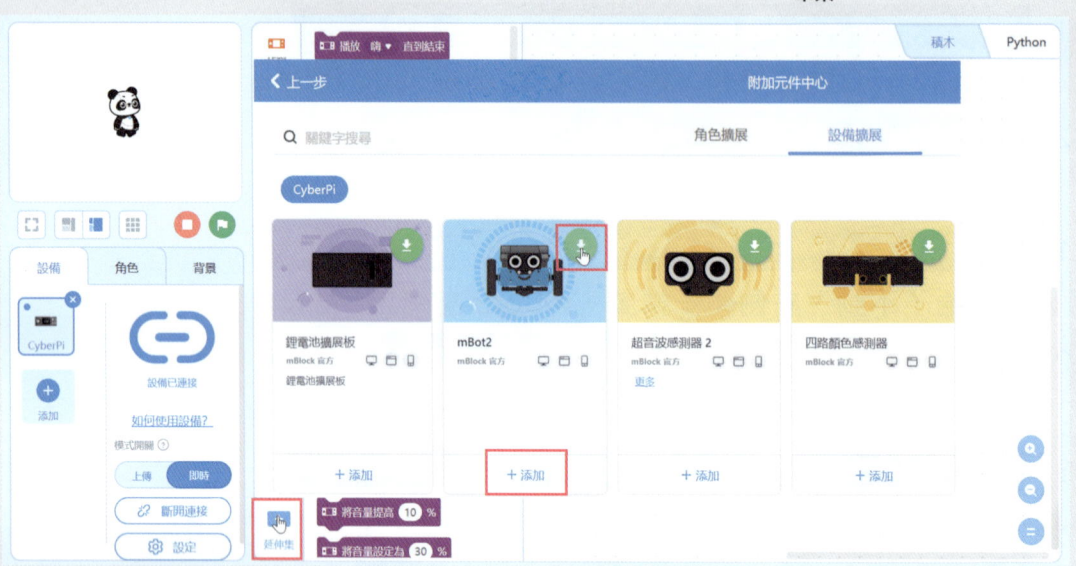

3 點選 事件，拖曳 5 個 當 空白鍵 鍵被按下，分別點選【空白鍵】、【上移鍵】、【下移鍵】、【左移鍵】、【右移鍵】。

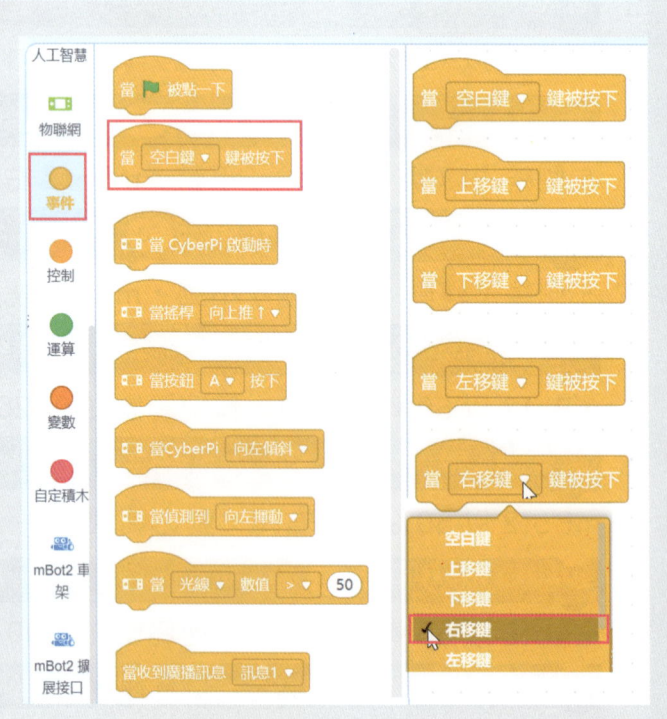

4 點選 mBot2 車架，拖曳 停止編碼馬達 全部▼ ，到 當 空白鍵▼ 鍵被按下 下方，當按下空白鍵時，mBot2 停止。

5 再拖曳 4 個 編碼馬達 EM1 轉動以 50 轉速(RPM), 編碼馬達 EM2 轉動以 50 轉速(RPM)，分別設定【前進】、【後退】、【左轉】、【右轉】的參數，如下圖。

6 按下鍵盤的↑、↓、←、→，檢查 mBot2 是否前進、後退、左轉與右轉，按下空白鍵，mBot2 停止。

3-3　即時執行 mBot2 跳恰恰

以即時模式執行 mBot2 跳恰恰程式，當按下 CyberPi 的按鈕 A 時，mBot2 重複執行 3 次前進恰恰恰、後退恰恰恰、左轉恰恰恰與右轉恰恰恰。

1 將 CyberPi 設定為【即時】模式。

2 按 自定積木，點選【新增積木指令】，輸入「前進恰恰恰」，再按下【確認】，定義【前進恰恰恰】積木。

3 點選 mBot2 車架，拖曳下圖積木，定義「前進恰恰恰」的舞步，分別為「前進」、「後退」、「前進」、「前進」、「前進」。

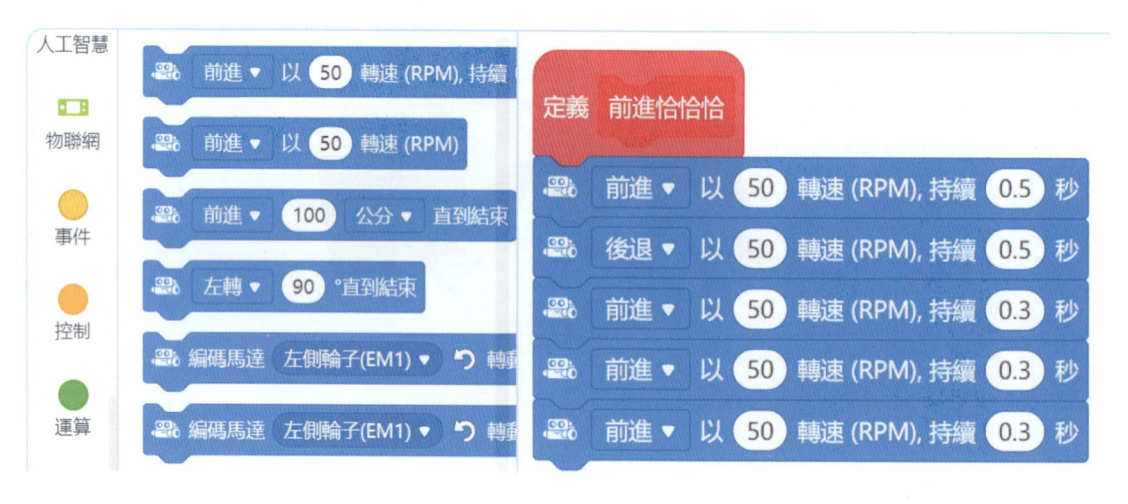

3-3 即時執行 mBot2 跳恰恰

4 點擊積木，mBot2 前進、後退，再前進 3 次，如下圖。

前進
2
3   前進
後退
1
前進
4
前進
5

5 按 控制，拖曳 等待 1 秒 到前進與後退積木的下方，控制 mBot2 的運動節奏。

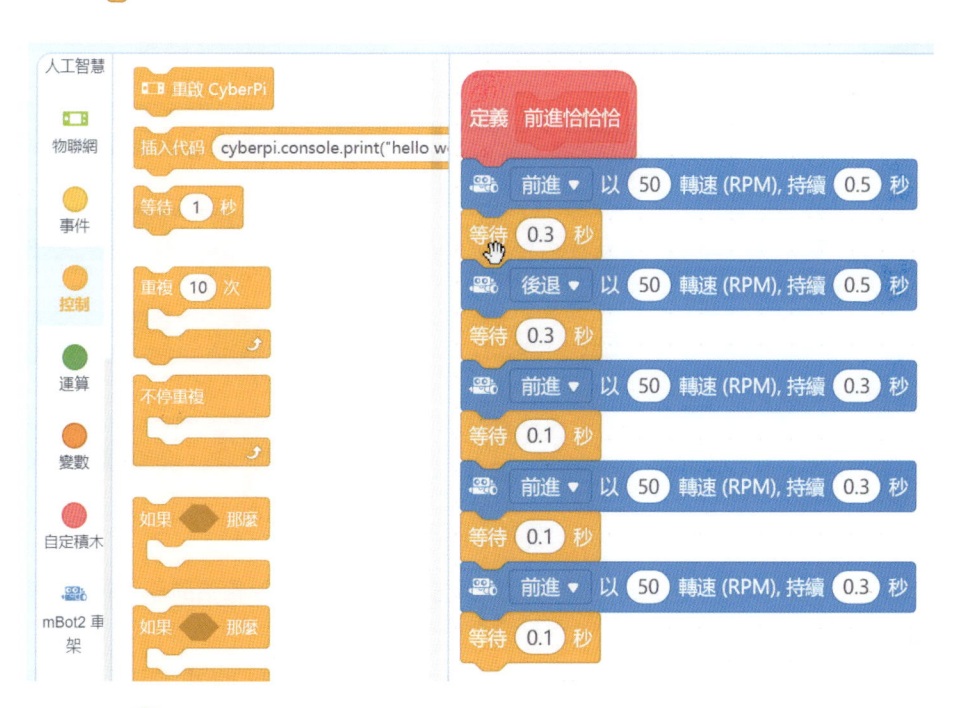

mBot2 概念說明 利用 控制 的 等待 1 秒 控制 mBot2 程式執行時，暫停 1 秒等待，讓 mBot2 連續前進 3 次的移動節奏為恰恰恰，避免連續前進。

6. 重複上述步驟，按 自定積木，點選【新增積木指令】，輸入「後退恰恰恰」，再按【確認】，定義【後退恰恰恰】積木。

7. 點選 mBot2車架 與 事件，拖曳下圖積木，定義【後退恰恰恰】的舞步，分別為後退、前進、後退、後退、後退，如下圖。

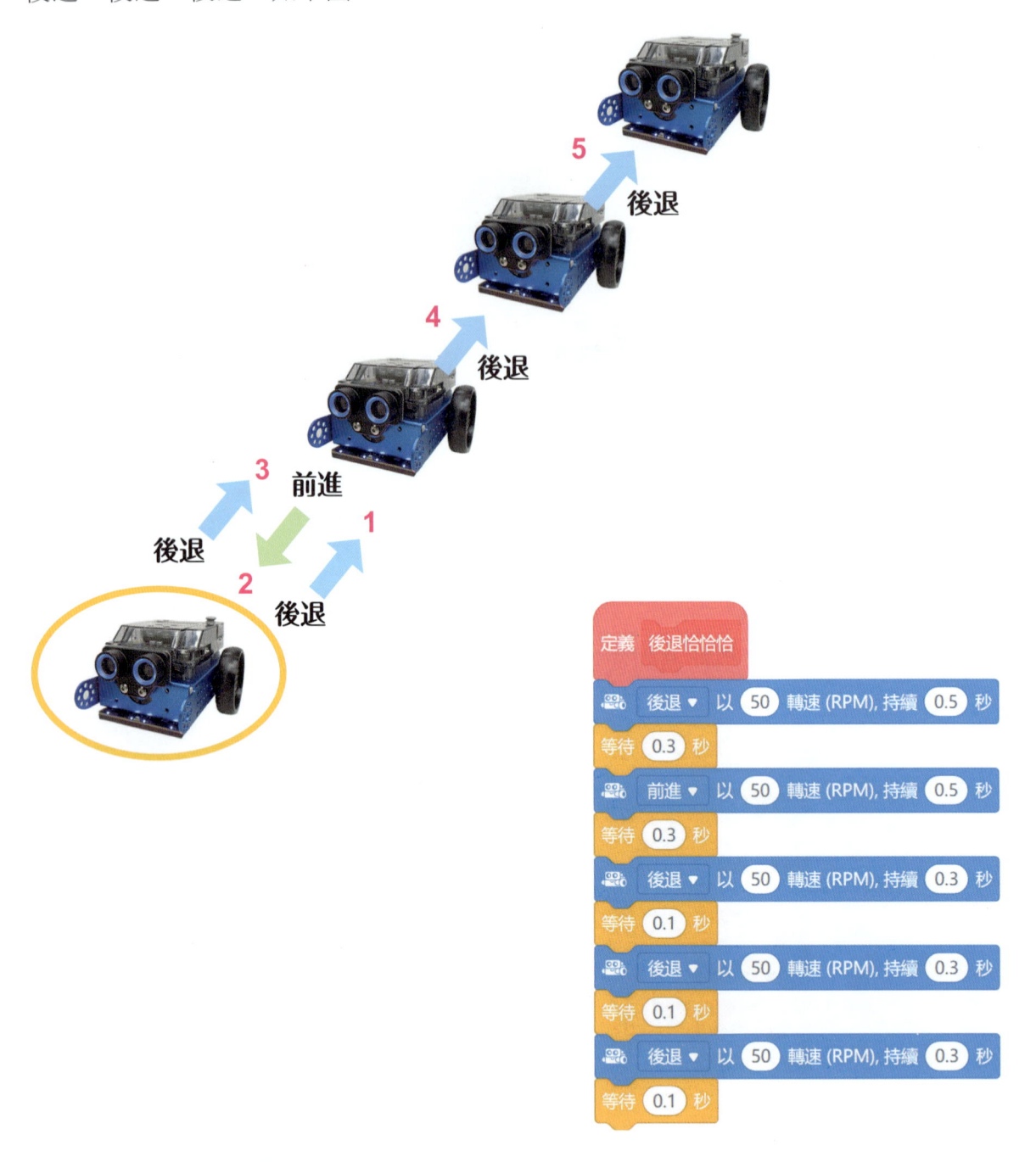

定義 後退恰恰恰
後退▼ 以 50 轉速 (RPM), 持續 0.5 秒
等待 0.3 秒
前進▼ 以 50 轉速 (RPM), 持續 0.5 秒
等待 0.3 秒
後退▼ 以 50 轉速 (RPM), 持續 0.3 秒
等待 0.1 秒
後退▼ 以 50 轉速 (RPM), 持續 0.3 秒
等待 0.1 秒
後退▼ 以 50 轉速 (RPM), 持續 0.3 秒
等待 0.1 秒

mBot2 概念說明　前進恰恰恰之後，mBot2 已經運動到前方，因此，後退恰恰恰先執行後退、前進再後退 3 次恰恰恰，回到原來的位置。

8. 點擊積木檢查 mBot2 是否後退、前進，再後退 3 次，回到原來舞步的位置。

9 重複上述步驟，點選 自定積木、與 mBot2車架 與 事件，定義【左轉恰恰恰】與【右轉恰恰恰】積木，如下圖。

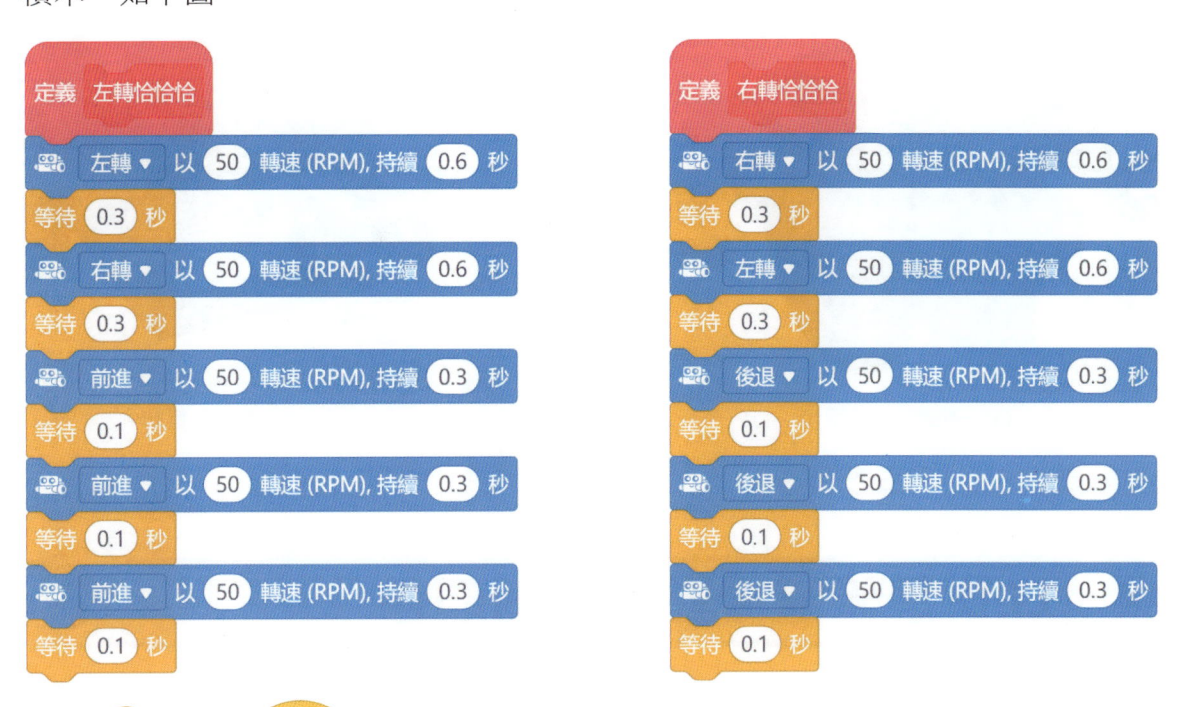

定義 左轉恰恰恰
- 左轉 以 50 轉速(RPM), 持續 0.6 秒
- 等待 0.3 秒
- 右轉 以 50 轉速(RPM), 持續 0.6 秒
- 等待 0.3 秒
- 前進 以 50 轉速(RPM), 持續 0.3 秒
- 等待 0.1 秒
- 前進 以 50 轉速(RPM), 持續 0.3 秒
- 等待 0.1 秒
- 前進 以 50 轉速(RPM), 持續 0.3 秒
- 等待 0.1 秒

定義 右轉恰恰恰
- 右轉 以 50 轉速(RPM), 持續 0.6 秒
- 等待 0.3 秒
- 左轉 以 50 轉速(RPM), 持續 0.6 秒
- 等待 0.3 秒
- 後退 以 50 轉速(RPM), 持續 0.3 秒
- 等待 0.1 秒
- 後退 以 50 轉速(RPM), 持續 0.3 秒
- 等待 0.1 秒
- 後退 以 50 轉速(RPM), 持續 0.3 秒
- 等待 0.1 秒

10 點選 事件，拖曳 當按鈕 A 按下，當按下 CyberPi 的按鈕 A 時，重複執行三次前進恰恰恰、後退恰恰恰、左轉恰恰恰、右轉恰恰恰。

11 兩台 mBot2 一組，A 車前進時，B 車先後退，A 車左轉時，B 車右轉，以此類推。B 車的恰恰舞步程式如下圖。

當按鈕 A 按下 （mBot2 A車 舞步）
重複 3 次
- 前進恰恰恰
- 等待 0.3 秒
- 後退恰恰恰
- 等待 0.3 秒
- 左轉恰恰恰
- 等待 0.3 秒
- 右轉恰恰恰
- 等待 0.4 秒

當按鈕 B 按下 （mBot2 B車 舞步）
重複 3 次
- 後退恰恰恰
- 等待 0.3 秒
- 前進恰恰恰
- 等待 0.3 秒
- 右轉恰恰恰
- 等待 0.3 秒
- 左轉恰恰恰
- 等待 0.4 秒

Chapter 3 mBot2 跳恰恰

(a) mBot2 A 車舞步

(b) mBot2 B 車舞步

▲圖 5　mBot2 A 車與 B 車一起跳恰恰舞步順序

3-4　LED 燈條隨機點亮不同顏色

當 mBot2 開始跳恰恰舞時，LED 燈條的每一個 LED 隨機點亮不同的顏色。

1 點按 事件 與 LED，拖曳下圖積木，當 CyberPi 啟動時，先關閉所有 LED 燈。

2 點按 控制、LED 與 運算，拖曳 `LED 所有 顯示紅 255 綠 0 藍 0` 與下圖積木，設定 1~5 顆 LED 隨機點亮，並且顏色為 0~255 隨機。

3 點擊積木，檢查 mBot2 的 1~5 顆 LED 是否隨機點亮，同時每一顆的亮度與顏色也是隨機。

3-5　上傳執行 mBot2 跳恰恰

　　mBlock 5 程式設計時，以即時模式，測試程式執行是否正確。程式設計完成，開啟上傳模式，將程式上傳 CyberPi 主控板，以後只要開啟電源，按下按鈕 mBot2 開始執行跳恰恰程式。

1 點擊 【上傳】，設定為上傳模式。

2 點擊 上傳 ，將程式上傳到 CyberPi 主控板，再斷開電腦與 mBot2 連線。開啟電源、按下按鈕，mBot2 開始執行跳恰恰程式。

3 兩台 mBot2 一組，A 車按下按鈕 A，B 車按下按鈕 B，檢查 A 車與 B 車是否前進、後退、左轉、右轉開始跳恰恰，並點亮 LED 燈條。

按下按鈕開始
跳恰恰恰

實力評量 3

一、單選題

(　　) 1. 如果想設計扭腰擺臀的 mBot2，需要下列哪一個元件，讓 mBot 移動？
(A) 編碼馬達　(B) 按鈕　(C) 搖桿　(D) 加速度感測器。

(　　) 2. 如果想要設計按壓搖桿，mBot2 開始跳舞，應該使用圖一中哪個元件？
(A) A　(B) B　(C) C　(D) D。

▲圖一

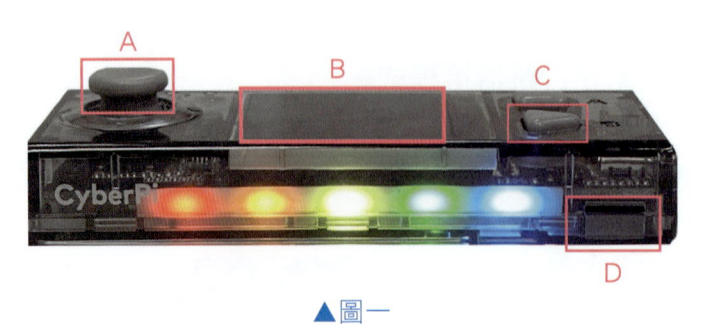

(　　) 3. 下列哪一類積木能夠用來設定 mBot2 前進或後退？
(A) 顯示　(B) 播放　(C) LED　(D) mBot2 車架。

(　　) 4. 如果想要讓 mBot2 的前進固定時間之後自動停止，應該使用下列哪一個積木？
(A) 前進 以 50 轉速(RPM), 持續 1 秒
(B) 前進 以 50 轉速(RPM)
(C) 左轉 90°直到結束
(D) 編碼馬達 EM1 轉動以 50 %動力, 編碼馬達 EM2 轉動以 -50 %動力。

(　　) 5. 如果想設計讓 mBot2 重複前進不停止，應該使用下列哪一個積木？
(A) 編碼馬達 右側輪子(EM2) 轉動以 50 馬達轉速(RPM), 持續 1 秒
(B) 前進 以 50 轉速(RPM)
(C) 停止編碼馬達 全部
(D) 前進 100 公分 直到結束。

(　　) 6. 如果想要控制程式的執行時間，讓 mBot2 在跳恰恰時更有節奏，應該使用下列哪一個積木？
(A) 前進 以 50 轉速(RPM)
(B) 顯示
(C) 等待 1 秒
(D) 不停重複

實力評量 3

(　　) 7. 關於圖二程式的敘述，何者錯誤？
(A) 當 CyberPi 啟動時，先關閉所有 LED
(B) 隨機點亮 LED 的位置
(C) LED 點亮隨機的顏色
(D) 點亮的顏色由紅、橙、黃、綠、藍、靛、紫七種顏色所組成。

▲圖二

(　　) 8. 如果想要設計隨機點亮 LED，應該使用下列哪一類積木，設計隨機取數？
(A) LED　(B) 運算　(C) 控制　(D) 事件

(　　) 9. 關於圖三程式的敘述，何者錯誤？
(A) 前進恰恰恰屬於自訂積木
(B) 當 CyberPi 啟動時開始執行
(C) 即時或上傳模式皆能執行程式
(D) 重複執行三次後停止。

(　　)10. 下列哪一個程式無法讓 mBot2 前進？
(A) 編碼馬達 EM1 轉動以 -50 轉速(RPM)，編碼馬達 EM2 轉動以 -50 轉速(RPM)
(B) 編碼馬達 EM1 轉動以 50 轉速(RPM)，編碼馬達 EM2 轉動以 -50 轉速(RPM)
(C) 編碼馬達 EM1 轉動以 50 %動力，編碼馬達 EM2 轉動以 -50 %動力
(D) 前進 以 50 轉速(RPM)。

▲圖三

二、實作題

1. 請利用 編碼馬達 EM1 轉動以 50 轉速(RPM)，編碼馬達 EM2 轉動以 -50 轉速(RPM) 積木，以左編碼馬達與右編碼馬達分別設定 mBot2 前進、後退、左轉、右轉改寫程式，讓 mBot2 跳恰恰。

2. 請上網搜尋一首喜歡的歌曲，利用 mBot2 車架 設計舞步讓 mBot2 隨著歌曲起舞。

CHAPTER 4

mBot2 趨光車

mBot2 明星選拔賽第三部曲—機器人技能大賽，每個機器人都準備十八般武藝準備參賽技能大賽。現在趕快幫 mBot2 設計一項特殊技能參賽。

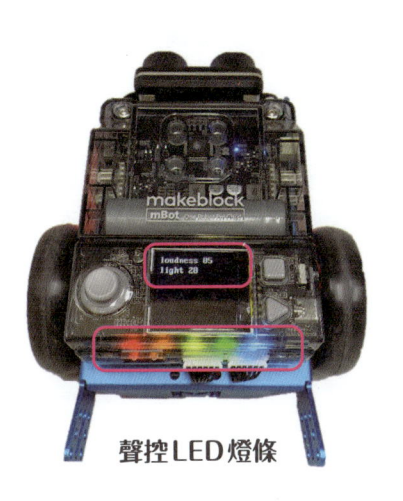

聲控LED燈條

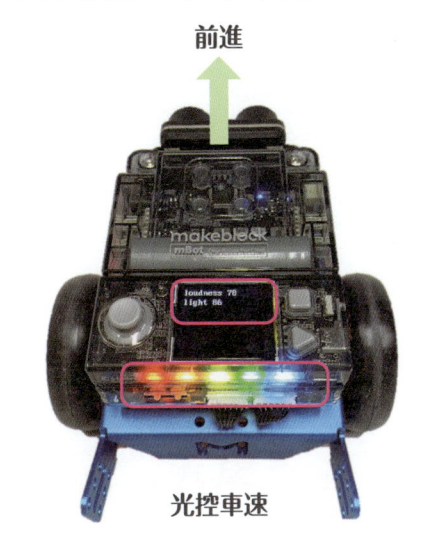

光控車速

本章節次

4-1　mBot2 趨光車專題規劃
4-2　麥克風：音控 LED 亮度
4-3　光線感測器：光控馬達轉速
4-4　全彩螢幕：顯示資訊
4-5　控制程式執行流程與時間
4-6　即時執行 mBot2 趨光車
4-7　上傳執行 mBot2 趨光車

學習目標

1. 理解 CyberPi 麥克風與光線感測器的功能。
2. 理解 CyberPi 全彩螢幕顯示的方式。
3. 能夠應用麥克風音量控制播放聲音。
4. 能夠應用光線感測器控制 mBot 運動。
5. 能夠應用麥克風音量控制 LED 亮度。

4-1　mBot2 趨光車專題規劃

本章將利用 CyberPi 的光線感測器與麥克風，設計 mBot2 趨光車。當 CyberPi 啟動時，全彩螢幕重複顯示 mBot2 機器人所處環境的音量值與光線值，並依據音量值顯示 LED 亮度。當音量值大於 30 時，mBot2 播放耶！並依據光線值調整編碼馬達前進的轉速，光線值愈強，前進速度愈快。

創客題目編號：A005057

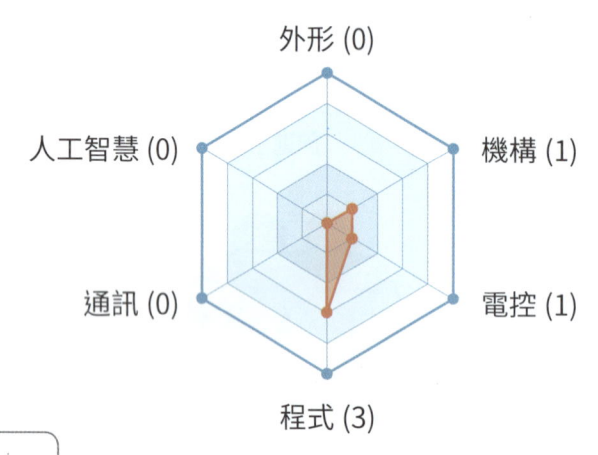

創客指標	
外形	0
機構	1
電控	1
程式	3
通訊	0
人工智慧	0
創客總數	5

15 mins

一、mBot2 趨光車元件規劃

mBot2 趨光車將應用的元件包括：光線感測器、麥克風、全彩螢幕、RGB LED 燈條與編碼馬達，每個元件在 mBot2 的位置與功能如圖 1、圖 2 所示。

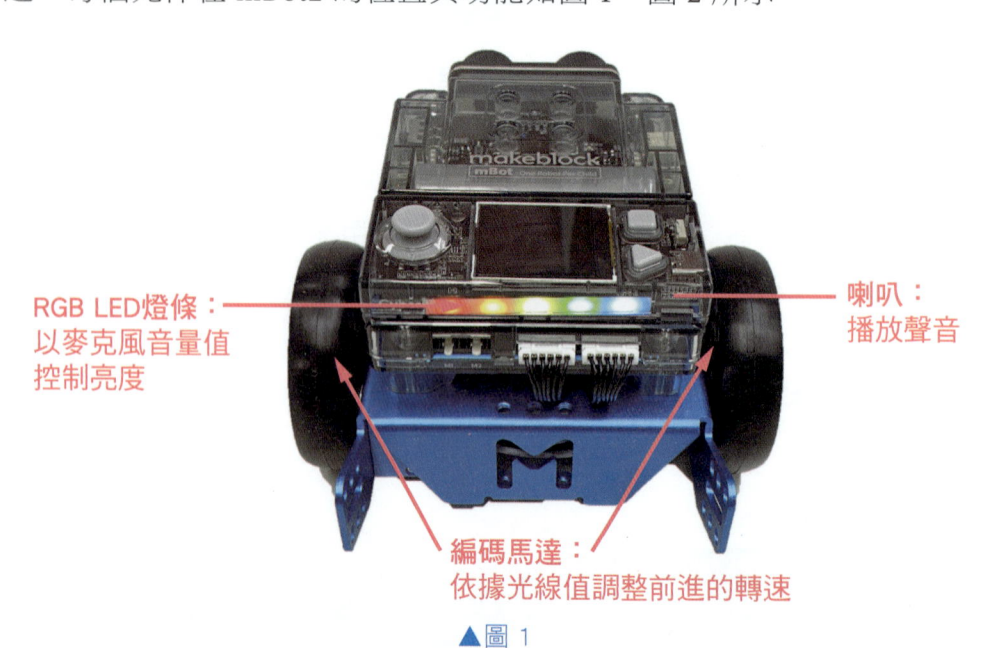

RGB LED燈條：以麥克風音量值控制亮度

喇叭：播放聲音

編碼馬達：依據光線值調整前進的轉速

▲圖 1

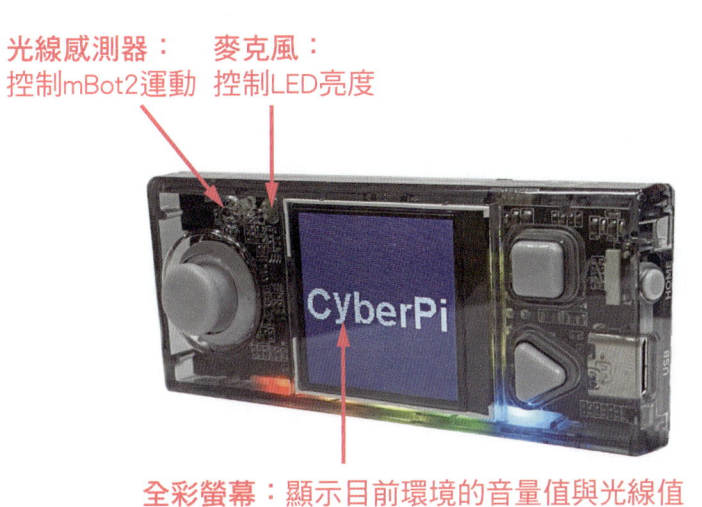

光線感測器：
控制mBot2運動

麥克風：
控制LED亮度

全彩螢幕：顯示目前環境的音量值與光線值

▲圖 2

二、mBot2 趨光車執行流程

mBot2 趨光車執行流程如圖 3。

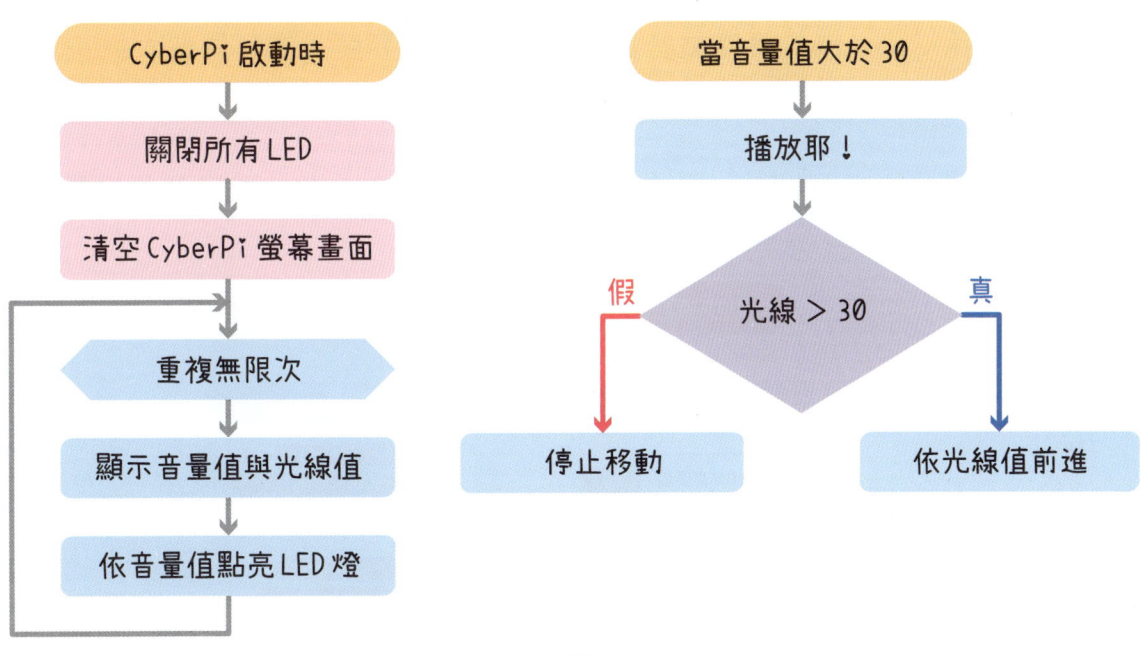

CyberPi 啟動時
↓
關閉所有 LED
↓
清空 CyberPi 螢幕畫面
↓
重複無限次
↓
顯示音量值與光線值
↓
依音量值點亮 LED 燈

當音量值大於 30
↓
播放耶！
↓
光線 > 30
　假 → 停止移動
　真 → 依光線值前進

▲圖 3

4-2　麥克風：音控 LED 亮度

CyberPi 內建麥克風，主要用來偵測音量值，相關積木功能如下。

功能	積木	說明
傳回音量值	音量值	在 偵測 類別積木中，左圖積木用來傳回 CyberPi 麥克風的音量值，音量值範圍從 0 ～ 100。
音量啟動	當 聲音▼ 數值▼ > ▼ 50	在 事件 類別積木中，左圖積木當音量值大於 50 時，開始執行程式。

實作範例　ch4-1 音控 LED 燈亮度

請設計利用 CyberPi 的麥克風音量控制 LED 燈的亮度。當音量愈大聲時，LED 燈的亮度愈亮、音量愈小聲時，LED 燈的亮度愈暗。

1. 在「設備」的 CyberPi，點按【連接 > COM 值 > 連接】，並選擇【即時】模式。

2. 點選 偵測，勾選 ☑ 音量值，檢查舞台顯示的音量值為何？

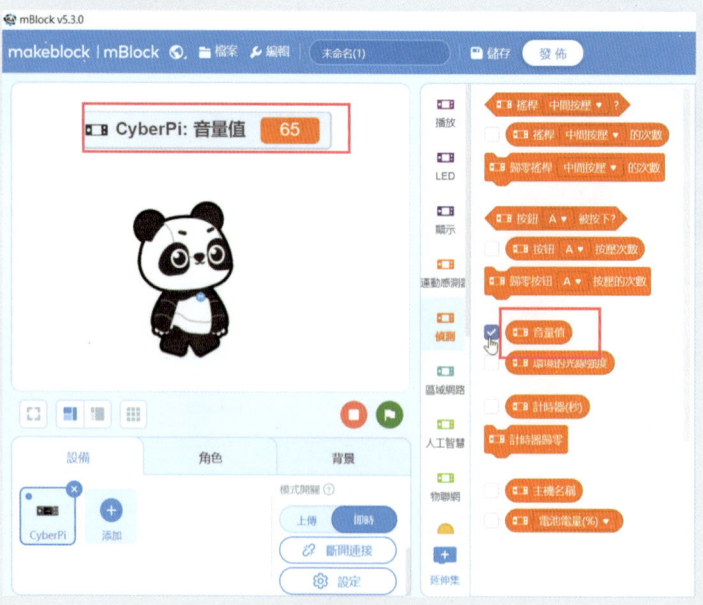

執行結果：＿＿＿＿＿＿

【操作提示】在【即時】模式才能夠顯示即時的音量值。

4-2 麥克風：音控 LED 亮度

3 點選 事件、控制 與 LED，拖曳下圖積木，點亮 LED 燈。

4 按 運算 與 偵測，拖曳下圖積木，將紅、綠、藍參數值設定為「音量值乘以 2.5」。

5 點擊積木，在麥克風上方拍手或發出聲音，檢查 LED 燈是否隨著麥克風音量值改變亮度。

mBlock 5 概念說明

1. 在 運算 積木中，能夠計算數學相關的運算。

+	−	*	/
加	減	乘	除

2. 麥克風的音量值介於 0～100 之間；LED 燈的亮度範圍介於 0～255 之間。因此，將音量值乘以 2.5，讓 LED 的亮度介於 0～255 之間，如右圖所示。

4-3　光線感測器：光控馬達轉速

CyberPi 內建光線感測器，主要用來偵測環境的光線值，相關積木功能如下。

功能	積木	說明
傳回光線值	環境的光線強度	在【偵測】類別積木中，左圖積木用來傳回 CyberPi 光線感測器的光線強度。光線強度範圍從 0～100。
光線啟動	當 光線 數值 > 50	在【事件】類別積木中，左圖積木當光線值大於 50 時，開始執行程式。

實作範例　ch4-2 光控馬達轉速

請設計利用 CyberPi 的光線感測器控制 mBot2 編碼馬達的轉速。當光線愈亮時，編碼馬達轉速愈大，mBot2 前進的速度愈快，光線愈暗，編碼馬達轉速愈小，mBot2 前進的速度愈慢。

1. 在「設備」的 CyberPi，點按【連接 > COM 值 > 連接】，並選擇【即時】模式。

2. 點選 延伸集，點擊【下載更新】，再按【添加】新增 mBot2 車架。

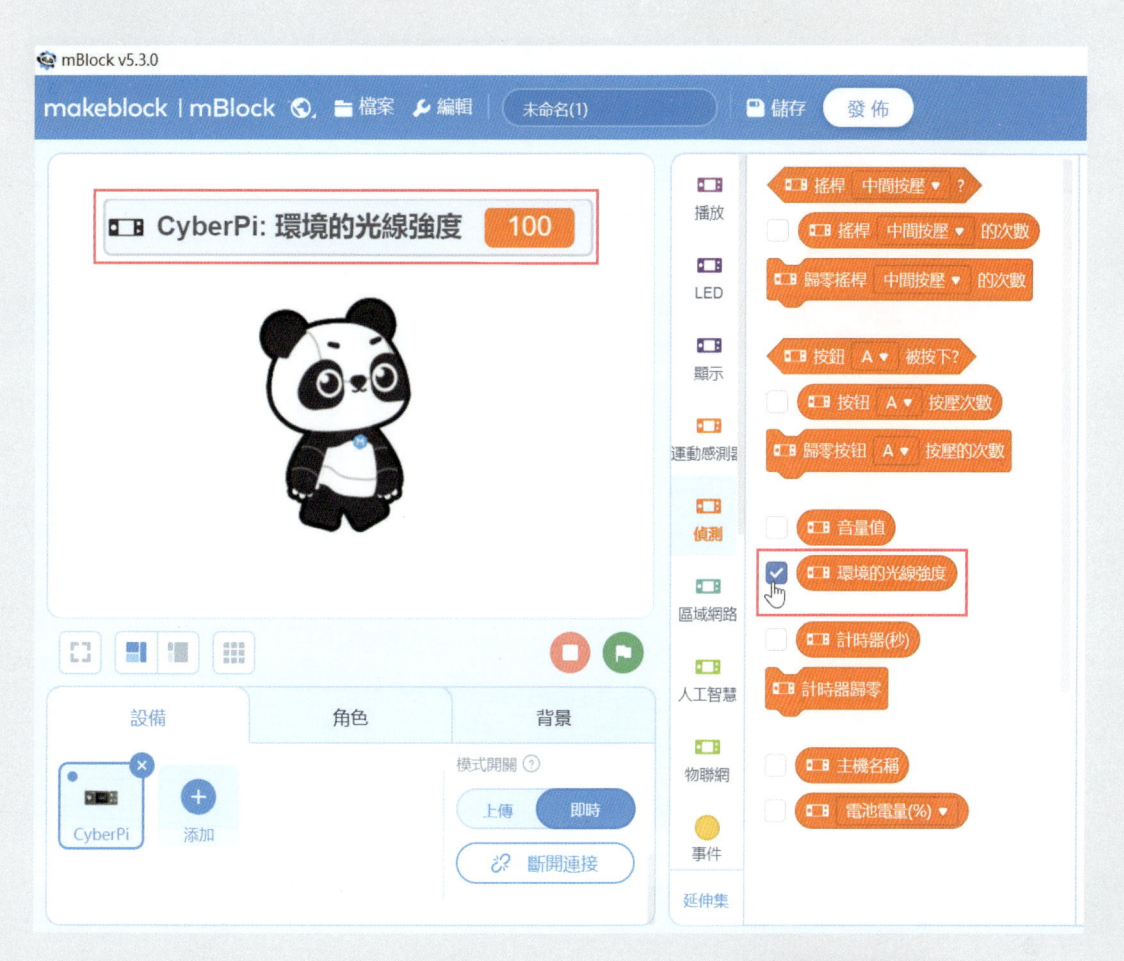

3. 點選 偵測，勾選 ☑ 環境的光線強度，檢查舞台顯示的光線強度為何？

   執行結果：＿＿＿＿＿＿＿＿

4. 遮住光線感測器，檢查舞台顯示的光線強度為何？

   執行結果：＿＿＿＿＿＿＿＿

5. 點選 事件 與 mBot2 車架，拖曳下圖積木，當光線值大於 50，mBot2 前進。

   [積木：當 光線 數值 > 50 / 編碼馬達 EM1 轉動以 50 轉速(RPM), 編碼馬達 EM2 轉動以 -50 轉速(RPM)]

6. 按 運算 與 偵測，拖曳下圖積木，將光線值設定為編碼馬達的轉速。

   [積木：當 光線 數值 > 50 / 編碼馬達 EM1 轉動以 環境的光線強度 轉速(RPM), 編碼馬達 EM2 轉動以 環境的光線強度 * -1 轉速(RPM)]

7. 點擊積木，遮住光線感測器或將 mBot2 放在明亮處，檢查當光線值大於 50 時，mBot2 馬達是否隨著光線的明亮而改變前進的速度。

---

mBlock 5 概念說明

1. 在 mBot2 車架 積木中，mBot2 重複前進，不停止的積木包括下列：

   A. [積木：編碼馬達 EM1 轉動以 50 轉速(RPM), 編碼馬達 EM2 轉動以 -50 轉速(RPM)]

   mBot2 以 50 轉速前進，轉速範圍從 -200 ～ 200。

   B. [積木：編碼馬達 EM1 轉動以 50 %動力, 編碼馬達 EM2 轉動以 -50 %動力]

   mBot2 以 50% 動力前進，動力範圍從 -100% ～ 100%。

   C. [積木：前進 以 50 轉速 (RPM)]

   以 50% 轉速重複前進。

2. 光線值介於 0 ～ 100 之間；編碼馬達的轉速或動力範圍介於 -200 ～ 200 或 -100% ～ 100%。但是 EM2 右編碼馬達必須為負數，因此，將 EM2 光線值乘以 -1。

   [積木：環境的光線強度 * -1]

4-4 全彩螢幕：顯示資訊

　　CyberPi 內建全彩螢幕主要用來顯示文字、數字或折線圖，在 [顯示] 類別積木中相關的功能如下。

功能	積木	說明
顯示	1. 顯示 makeblock 並換行 2. 顯示 makeblock	1. 顯示文字或數字並跳下一行。 2. 在同一行顯示文字或數字。
尺寸	設定顯示尺寸 小▼ ✓ 小 　 中 　 大 　 超級大	設定螢幕顯示尺寸。
顏色	1. 設定畫筆顏色 ◯ 2. 設定畫筆顏色，紅 255 綠 255 藍 255	1. 設定螢幕顯示的顏色。 2. 設定螢幕顯示的顏色，顏色由紅色、綠色與藍色參數組合而成，參數值範圍從 0～255。
清除	清空畫面	清除螢幕。

實作範例 ch4-3 全彩螢幕顯示偵測值

請設計利用 CyberPi 的全彩螢幕顯示感測器的偵測值。

1 在「設備」的 CyberPi，點按【連接 > COM 值 > 連接】，並選擇【即時】模式。

2 點選 偵測，勾選 ☑ 音量值，檢查舞台顯示的音量值為何？再勾選 ☑ 環境的光線強度，檢查舞台顯示的音量值為何？

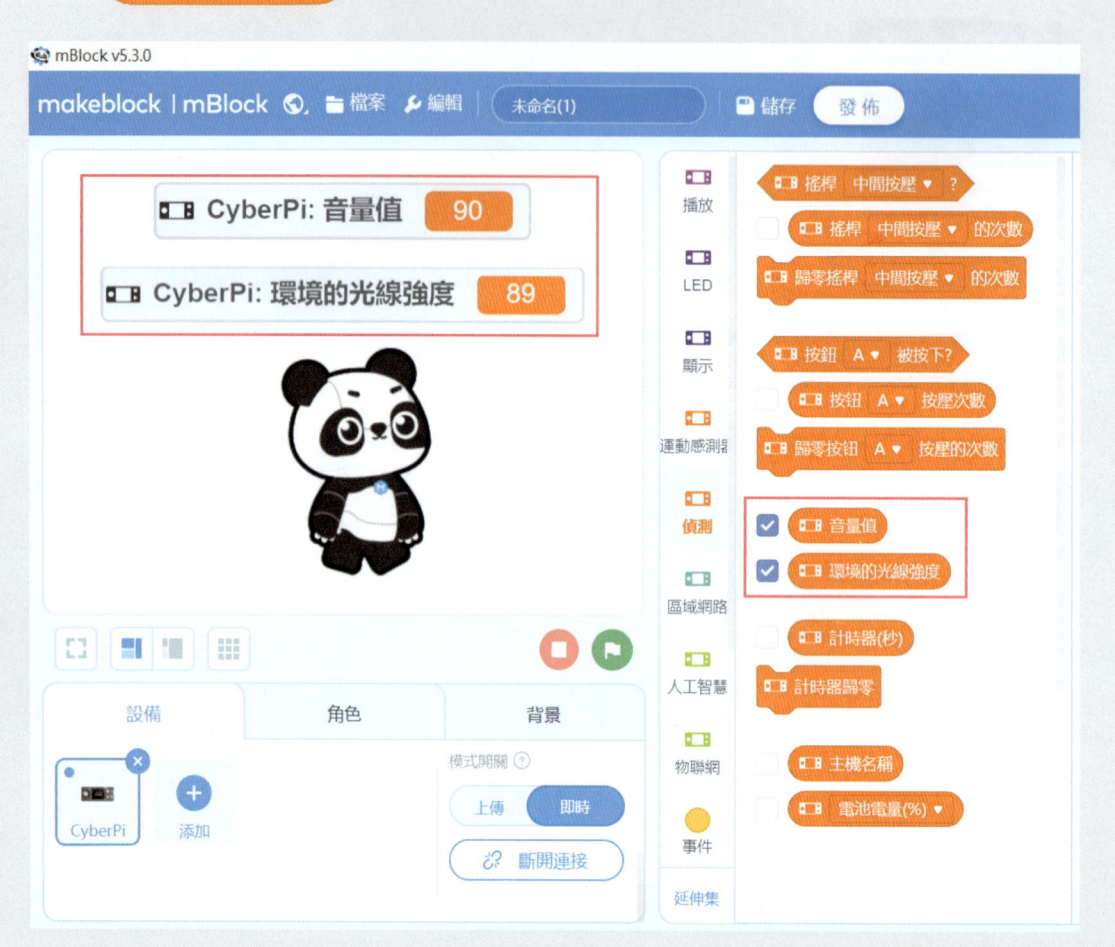

執行結果：＿＿＿＿＿＿＿

3 點選 事件、顯示，拖曳下圖 清空畫面 與 2 個 顯示 makeblock 並換行，分別輸入「Hello!」與「I am mBot2」，換行顯示文字。

4 按下 CyberPi 的按鈕 A，檢查螢幕是否顯示兩行【Hello!】與【I am mBot2】。

5 點選 事件、控制、偵測 與 顯示，拖曳下圖積木，讓螢幕重複顯示音量 (loudness) 與光線 (light) 感測值與文字。

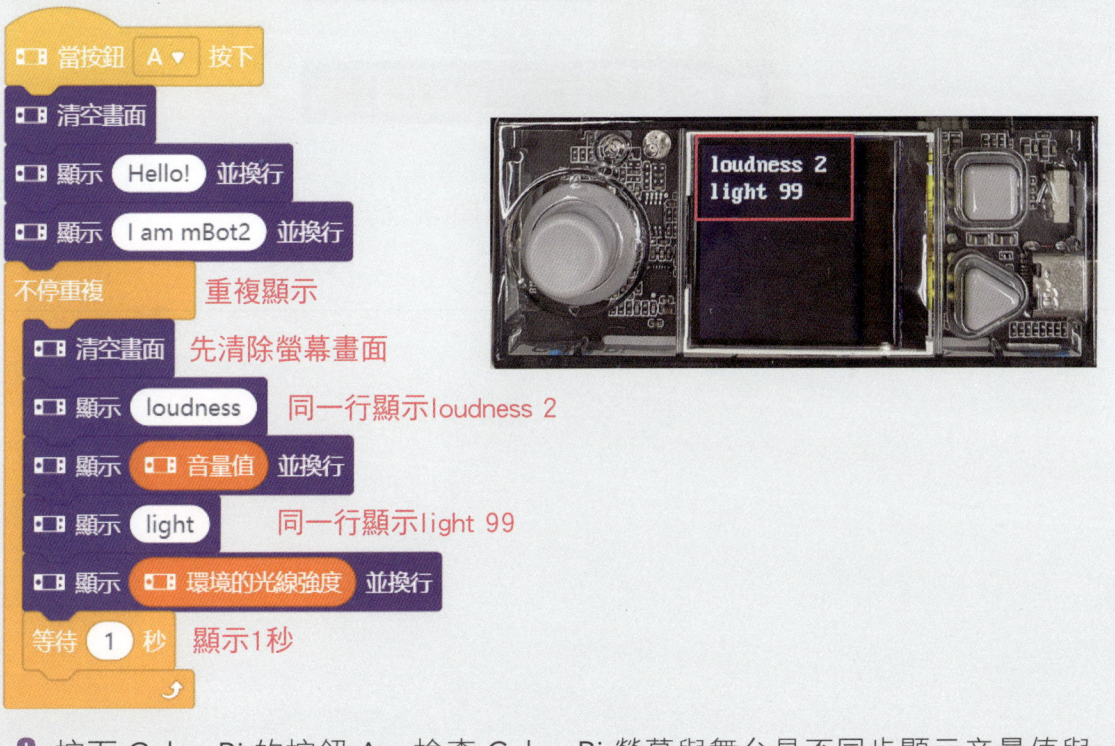

重複顯示
先清除螢幕畫面
同一行顯示 loudness 2
同一行顯示 light 99
顯示 1 秒

6 按下 CyberPi 的按鈕 A，檢查 CyberPi 螢幕與舞台是否同步顯示音量值與光線值。

4-5　控制程式執行流程與時間

在 **控制** 類別積木中，能夠控制程式的執行時間或依據條件判斷結果決定執行流程。

一、控制程式執行時間

「等待 1 秒」積木能夠控制程式執行的時間。

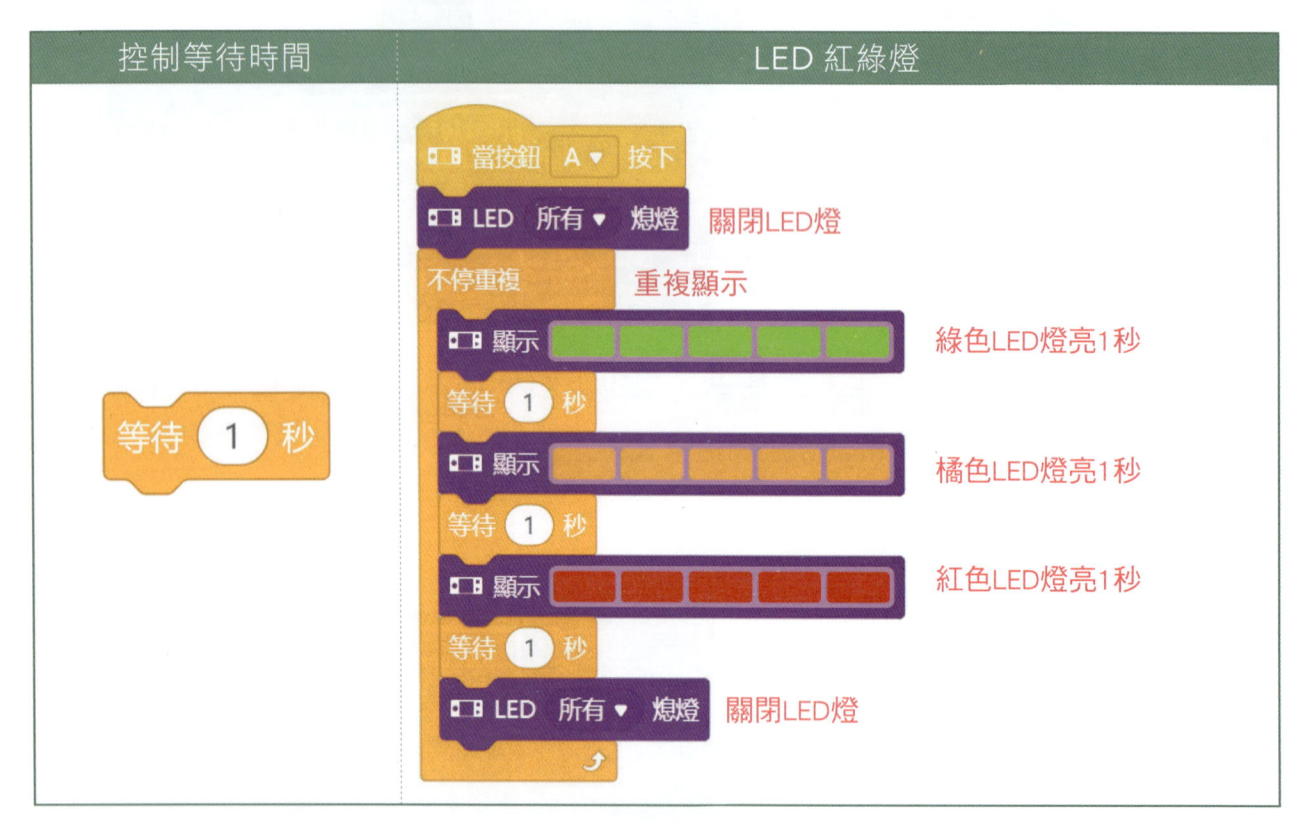

控制等待時間	LED 紅綠燈
等待 1 秒	當按鈕 A 按下 LED 所有 熄燈　關閉LED燈 不停重複　重複顯示 　顯示 ▇▇▇▇▇（綠）　綠色LED燈亮1秒 　等待 1 秒 　顯示 ▇▇▇▇▇（橘）　橘色LED燈亮1秒 　等待 1 秒 　顯示 ▇▇▇▇▇（紅）　紅色LED燈亮1秒 　等待 1 秒 LED 所有 熄燈　關閉LED燈

二、條件控制程式執行

「等待直到」積木能夠控制程式一直等待，直到條件為「真」，才繼續執行下一個積木。

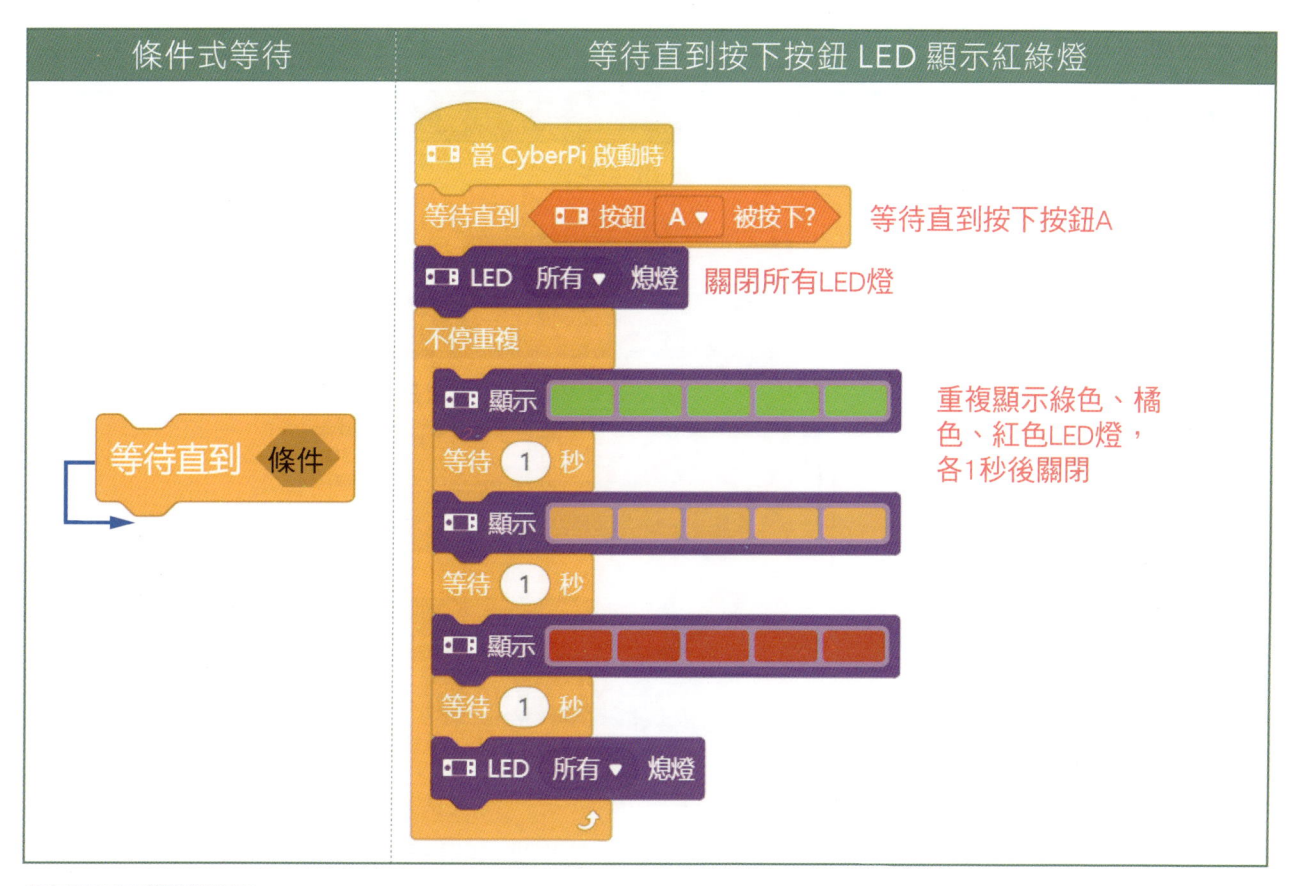

條件式等待	等待直到按下按鈕 LED 顯示紅綠燈
等待直到 條件	當 CyberPi 啟動時 等待直到 按鈕 A▼ 被按下？　→ 等待直到按下按鈕A LED 所有▼ 熄燈　→ 關閉所有LED燈 不停重複 　顯示 綠色 　等待 1 秒 　顯示 橘色　→ 重複顯示綠色、橘色、紅色LED燈，各1秒後關閉 　等待 1 秒 　顯示 紅色 　等待 1 秒 　LED 所有▼ 熄燈

mBlock 5 概念說明 如果沒有按下按鈕，程式會一直等待，不會點亮 LED 燈。

三、控制程式執行流程

「如果 - 那麼」與「如果 - 那麼 - 否則」依據條件判斷結果決定執行流程。

1. 如果 - 那麼

「如果 - 那麼」依據條件判斷的結果為「真」，才執行那麼內層程式。

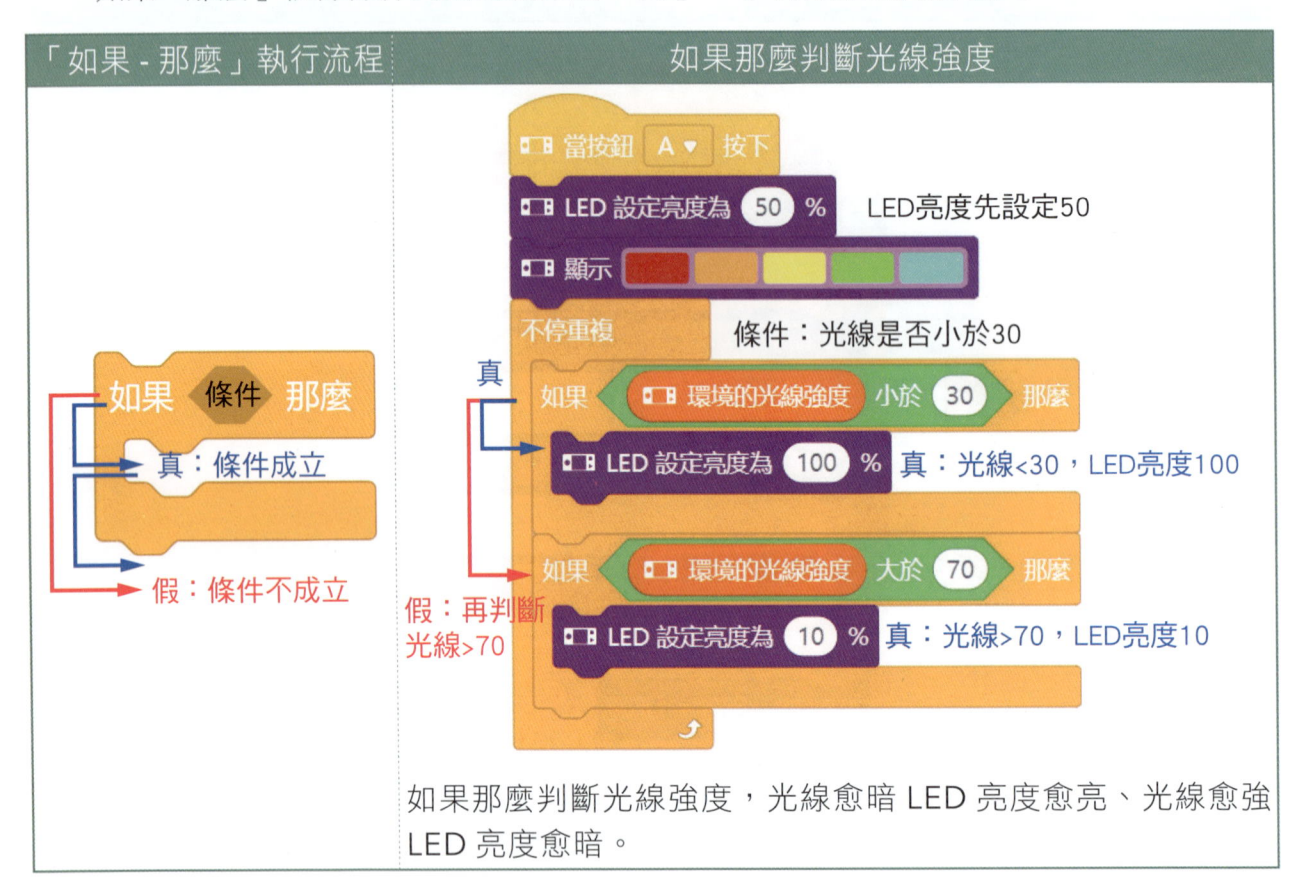

「如果 - 那麼」執行流程	如果那麼判斷光線強度

LED亮度先設定50

條件：光線是否小於30

真：光線<30，LED亮度100

真：光線>70，LED亮度10

真：條件成立

假：條件不成立

假：再判斷光線>70

如果那麼判斷光線強度，光線愈暗 LED 亮度愈亮、光線愈強 LED 亮度愈暗。

2. 如果 - 那麼 - 否則

「如果 - 那麼 - 否則」依據條件判斷的結果的「真」與「假」分別執行不同的流程。條件為「真」執行那麼的內層、條件為「假」執行否則的內層。

「如果 - 那麼 - 否則」執行流程	如果那麼否則判斷光線強度
如果 條件 那麼 　真：條件成立 否則 　假：條件不成立	當按鈕 A 按下 LED 設定亮度為 50 %　　LED亮度先設定50 顯示 ■■■■■ 不停重複 　條件：光線強度是否小於30 　如果 環境的光線強度 小於 30 那麼 　　LED 設定亮度為 100 %　真：光線<30，LED亮度100 　否則 　　LED 設定亮度為 10 %　假：光線≥30，LED亮度10

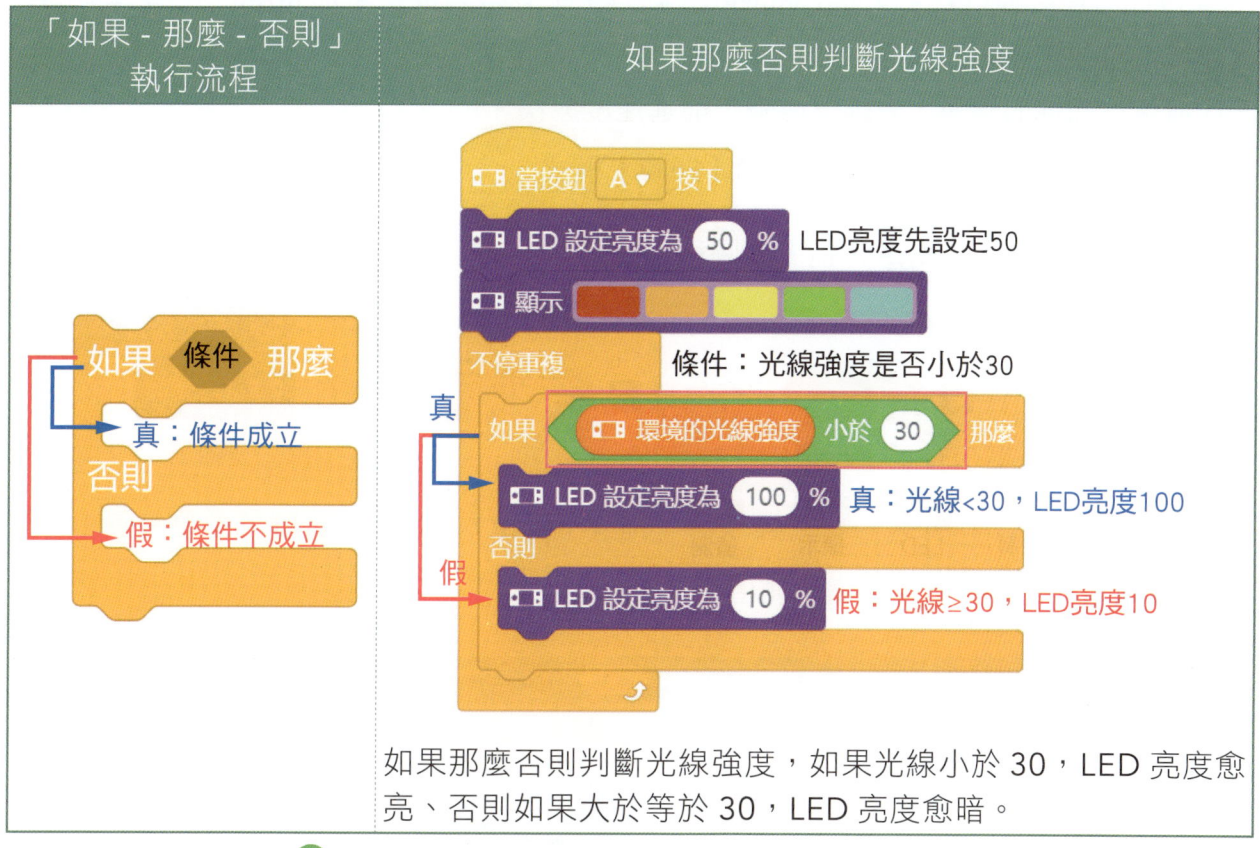

如果那麼否則判斷光線強度，如果光線小於 30，LED 亮度愈亮、否則如果大於等於 30，LED 亮度愈暗。

mBlock 5 概念說明 在 ● 運算 積木中，能夠判斷兩個運算式之間的關係運算，判斷結果包括：true（真）；false（假）。

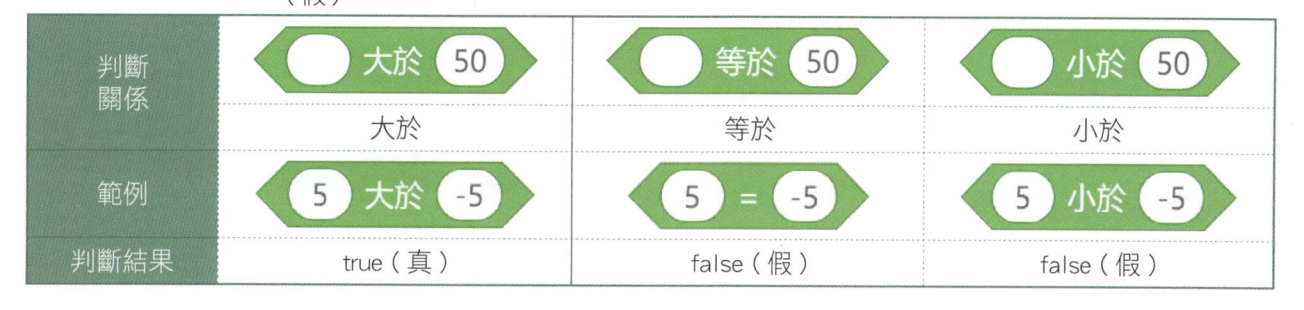

判斷關係	◯ 大於 50	◯ 等於 50	◯ 小於 50
	大於	等於	小於
範例	5 大於 -5	5 = -5	5 小於 -5
判斷結果	true（真）	false（假）	false（假）

4-6　即時執行 mBot2 趨光車

　　以即時模式執行程式，當 CyberPi 啟動時，全彩螢幕重複顯示 mBot2 所處環境的音量值與光線值，並依據音量值顯示 LED 亮度。當音量值大於 30 時，mBot2 播放耶！並依光線值調整前進的轉速，光線值愈強，前進速度愈快。

1 將 CyberPi 設定為【即時】模式。

2 點選 事件、LED 與 顯示，拖曳右圖積木，當 CyberPi 啟動時，mBot 關閉 LED 並清空螢幕。

3 點選 偵測，勾選 ☑ 音量值，再勾選 ☑ 環境的光線強度，檢查舞台是否顯示音量值與環境光線強度。

4 點選 事件、控制、LED、顯示 與 偵測，拖曳下圖積木，讓 CyberPi 的螢幕每隔 1 秒顯示音量值與光線值的文字與感測值。

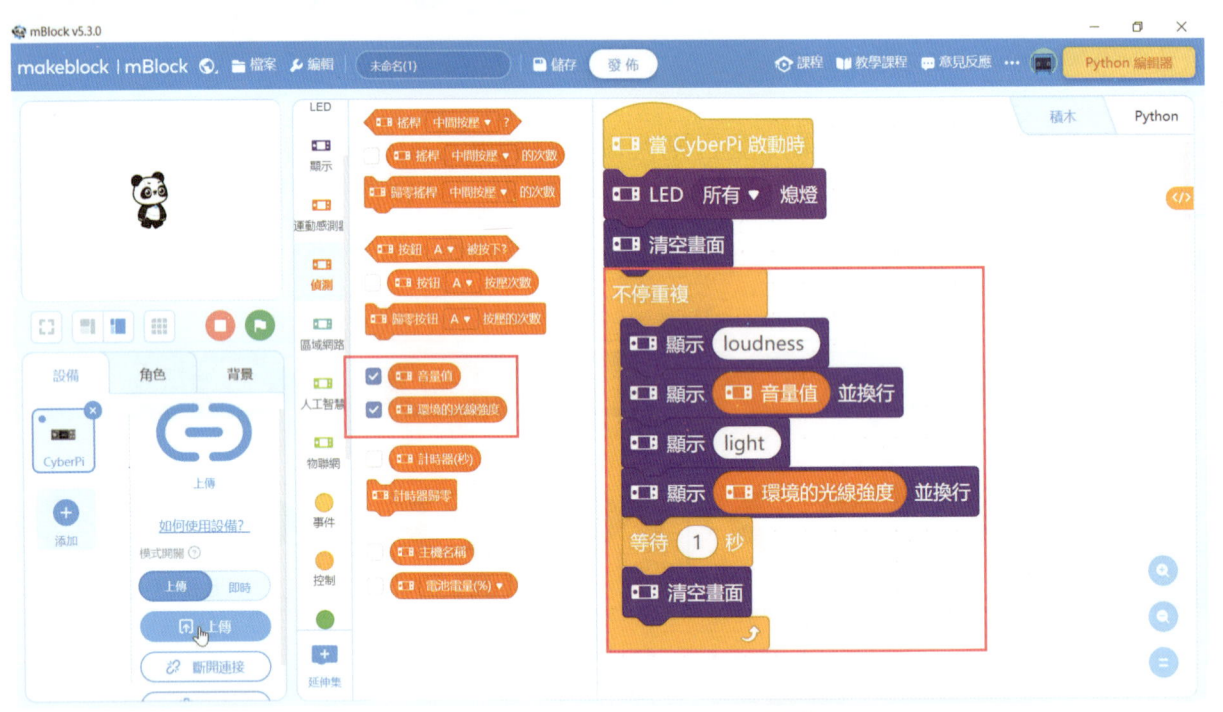

5 點選 LED 與 偵測，拖曳右圖積木，依據音量值點亮 LED 亮度。

6 點擊積木，檢查是否音量愈大聲，LED 燈愈亮；完全靜音時，LED 關閉。

7 點選 事件、播放、控制、運算、偵測 與 mBot2車架，拖曳下圖積木，當聲音大於 30 時，播放耶！如果光線也大於 30，mBot2 前進；否則 mBot2 停止移動。

```
當 聲音▼ 數值▼ > 30
  播放 耶!▼ 直到結束
不停重複
  如果 環境的光線強度 大於 30 那麼
    編碼馬達 EM1 ↻ 轉動以 環境的光線強度 轉速(RPM), 編碼馬達 EM2 ↻ 轉動以 環境的光線強度 * -1 轉速(RPM)
  否則
    停止編碼馬達 全部▼
```

8 點擊積木，檢查螢幕是否重複顯示 mBot2 所處環境的音量值與光線值，並依據音量值顯示 LED 亮度。當音量值大於 30 時，mBot2 播放耶！並依光線值調整前進的轉速，光線值愈強，前進速度愈快。

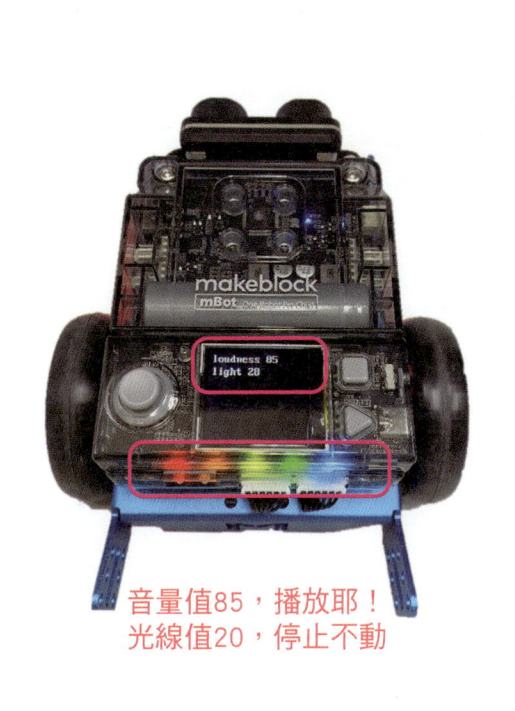

前進

音量值85，播放耶！
光線值20，停止不動

音量值70，播放耶！
光線值86，前進

mBlock 5 概念說明 在即時模式或上傳模式能夠允許多個程式 當 CyberPi 啟動時 同時執行。

4-7　上傳執行 mBot2 趨光車

　　mBlock 5 程式設計時，以即時模式，測試程式執行是否正確。程式設計完成，開啟上傳模式，將程式上傳 CyberPi 主控板，以後只要開啟電源，mBot2 開始執行趨光車程式。

1 點擊 【上傳】，設定為上傳模式。

2 點擊 上傳 ，將程式上傳到 CyberPi 主控板，再斷開電腦與 mBot2 連線。

3 開啟電源、mBot2 開始執行趨光車程式。

實力評量 ④

一、單選題

( ) 1. 如果想設計 mBot2 偵測光線，應該使用圖一哪個感測器？
(A) A　(B) B　(C) C　(D) D。

( ) 2. 承上題，如果想設計 CyberPi 的螢幕顯示麥克風的音量值，應該使用圖一哪個元件？
(A) A　(B) B　(C) C　(D) D。

▲圖一

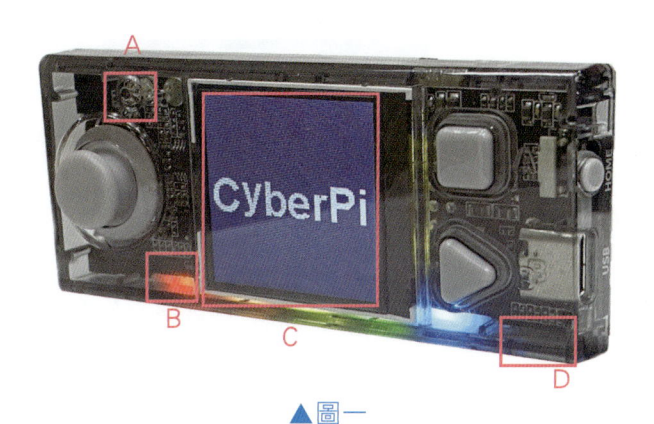

( ) 3. 下列關於 mBot2 元件與功能的敘述，何者錯誤？
(A) 編碼馬達讓 mBot2 前進或後退
(B) 光線感測器用來偵測環境的光線
(C) RGB LED 燈條用來開啟或關閉 LED
(D) 麥克風用來播放聲音。

( ) 4. 如果想要讓 mBot2 依據音量值啟動程式執行，應該使用下列哪一個積木？？
(A) 環境的光線強度
(B) 音量值
(C) 當 聲音 數值 > 50
(D) 當 光線 數值 > 50 。

( ) 5. 如圖二程式的執行結果為何？
(A) 27　(B) 3　(C) 9/3　(D) 0。

▲圖二

( ) 6. 下列哪一類積木能夠用來偵測環境的光線值或音量值？
(A) 顯示　(B) 運動感測器　(C) 偵測　(D) 變數 。

( ) 7. 假設環境的光線強度為 80，如圖三程式的執行結果為何？
(A) mBot2 左轉　(B) mBot2 右轉　(C) mBot2 前進　(D) mBot2 後退。

▲圖三

實力評量 4

(　　) 8. 如果要讓 CyberPi 的全彩螢幕顯示環境的光線強度，無法使用下列哪一個積木？
　　　　(A) 顯示 makeblock 並換行
　　　　(B) 折線圖，設定間距為 5 像素
　　　　(C) 以 小 像素，顯示 makeblock 在螢幕 正中央
　　　　(D) 顯示 makeblock 。

(　　) 9. 關於圖四程式的敘述，何者錯誤？
　　　　(A) 等待按下按鈕 A，關閉所有 LED 燈
　　　　(B) 重複顯示綠燈、橘燈、紅燈各 1 秒後關閉 LED
　　　　(C) CyberPi 啟動時關閉所有 LED 燈。
　　　　(D) 沒有按下按鈕 A，不會點亮 LED 燈。

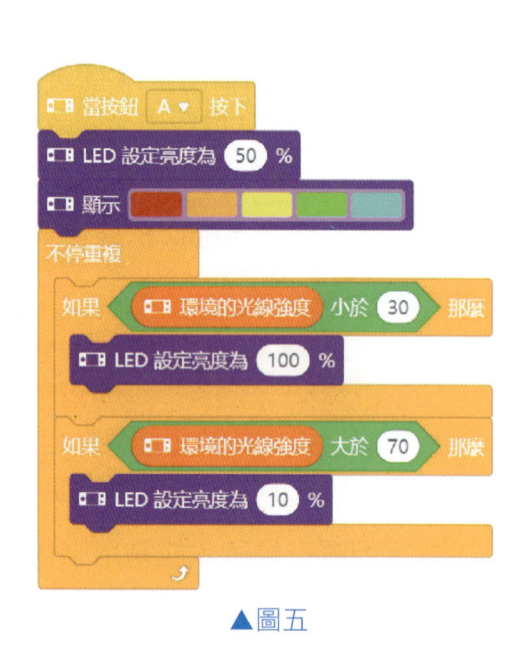

▲圖四　　　　　　　　　　　　　　　▲圖五

(　　)10. 假設環線的光線強度為 100，則圖五程式的執行結果為何？
　　　　(A) LED 亮度為 10%　　　(B) LED 亮度為 50%
　　　　(C) LED 亮度為 100%　　 (D) 關閉 LED 燈。

二、實作題

1. 請設計利用音量值控制 mBot2 前進的速度，當音量值愈大聲，mBot 前進的動力愈大。

2. 請設計利用光線值控制 LED 的亮度，當 mBot2 於暗處 LED 亮度愈亮，如果 mBot2 處於明亮處 LED 亮度愈暗。

Chapter 5

mBot2 智走車

　　mBot2 明星選拔賽第四部曲—機器人智能大賽,每個機器人都具備 IQ180 的智商準備參賽。現在趕快幫 mBot2 設計一項特殊智能參賽。

嗶嗶!後退再轉彎

前進
偵測物體距離

接近物體時
氣氛燈全亮

本章節次

5-1　mBot2 智走車專題規劃
5-2　超音波感測器:倒車雷達
5-3　按鈕與搖桿:直線競速
5-4　控制程式重複執行
5-5　即時執行 mBot2 智走車
5-6　上傳執行 mBot2 智走車

學習目標

1. 理解 mBot2 超音波感測器運作原理。
2. 能夠應用超音波感測器設計自動避障 mBot2。
3. 能夠控制超音波感測器的氣氛燈。
4. 能夠設計 mBot2 啟動與停止的方式。

5-1　mBot2 智走車專題規劃

本章將利用超音波感測器，設計 mBot2 智走車。將 CyberPi 的搖桿向上推 mBot2 前進，同時螢幕顯示超音波感測器與物體間的距離，如果距離小於 10，超音波感測器的氣氛燈全亮、播放嗶嗶聲，mBot2 後退再轉彎。

創客題目編號：A005058

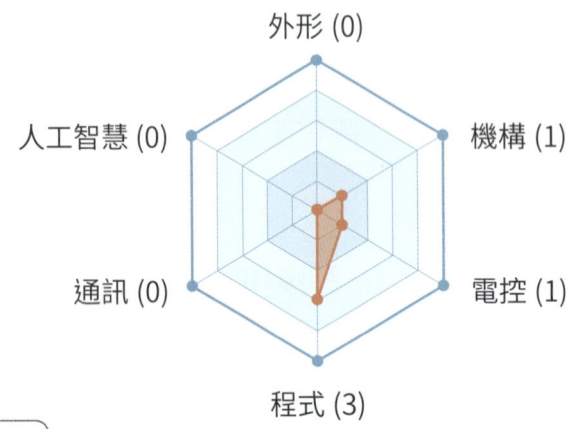

創客指標	
外形	0
機構	1
電控	1
程式	3
通訊	0
人工智慧	0
創客總數	5

外形 (0)、機構 (1)、電控 (1)、程式 (3)、通訊 (0)、人工智慧 (0)

15 mins

一、mBot2 智走車元件規劃

mBot2 智走車將應用的元件包括：搖桿、按鈕、超音波感測器、超音波感測器氣氛燈、螢幕與編碼馬達，每個元件的位置、功能與接線方式，如圖 1、圖 2 所示。

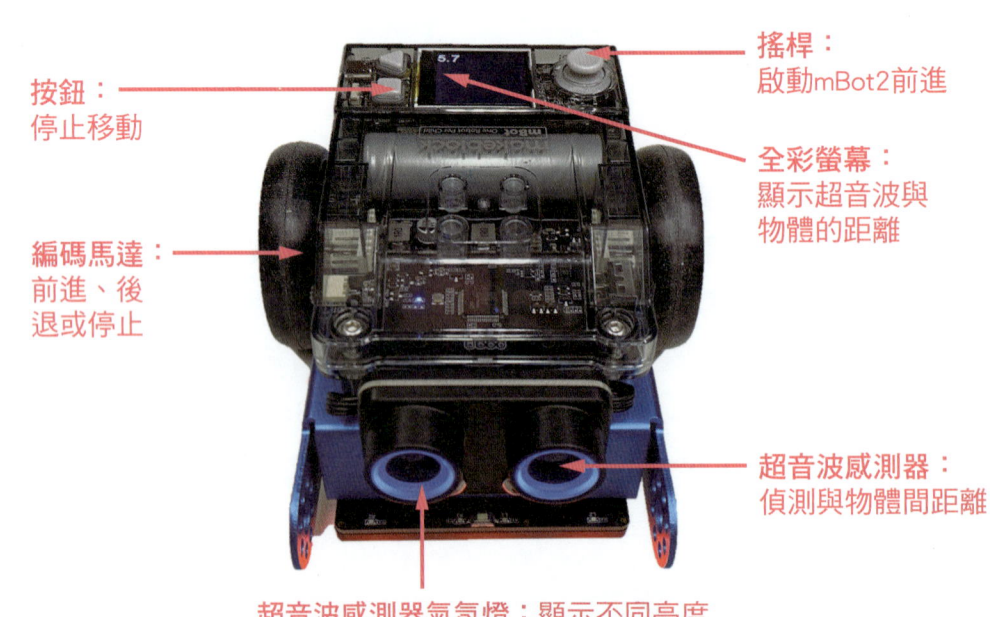

按鈕：停止移動
編碼馬達：前進、後退或停止
搖桿：啟動mBot2前進
全彩螢幕：顯示超音波與物體的距離
超音波感測器：偵測與物體間距離
超音波感測器氣氛燈：顯示不同亮度

▲圖 1

超音波感測器：接線方式

▲圖 2

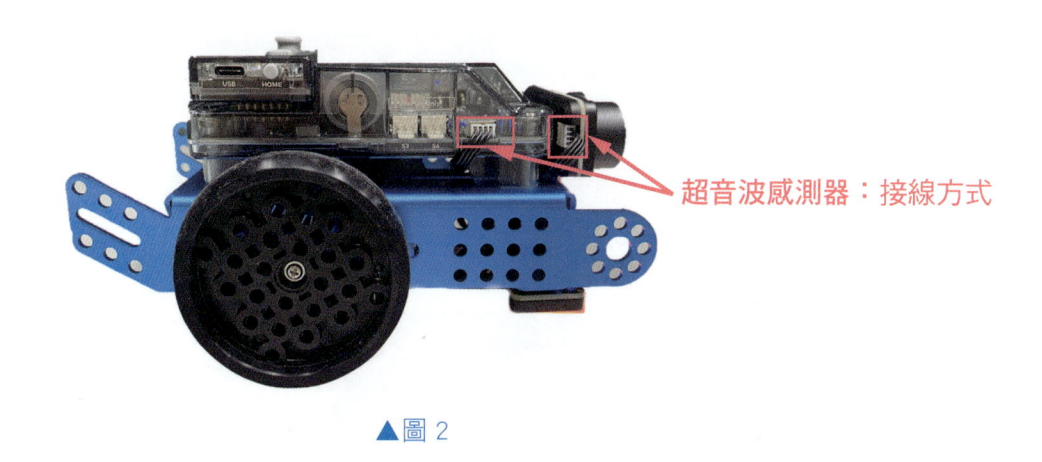

二、mBot2 智走車執行流程

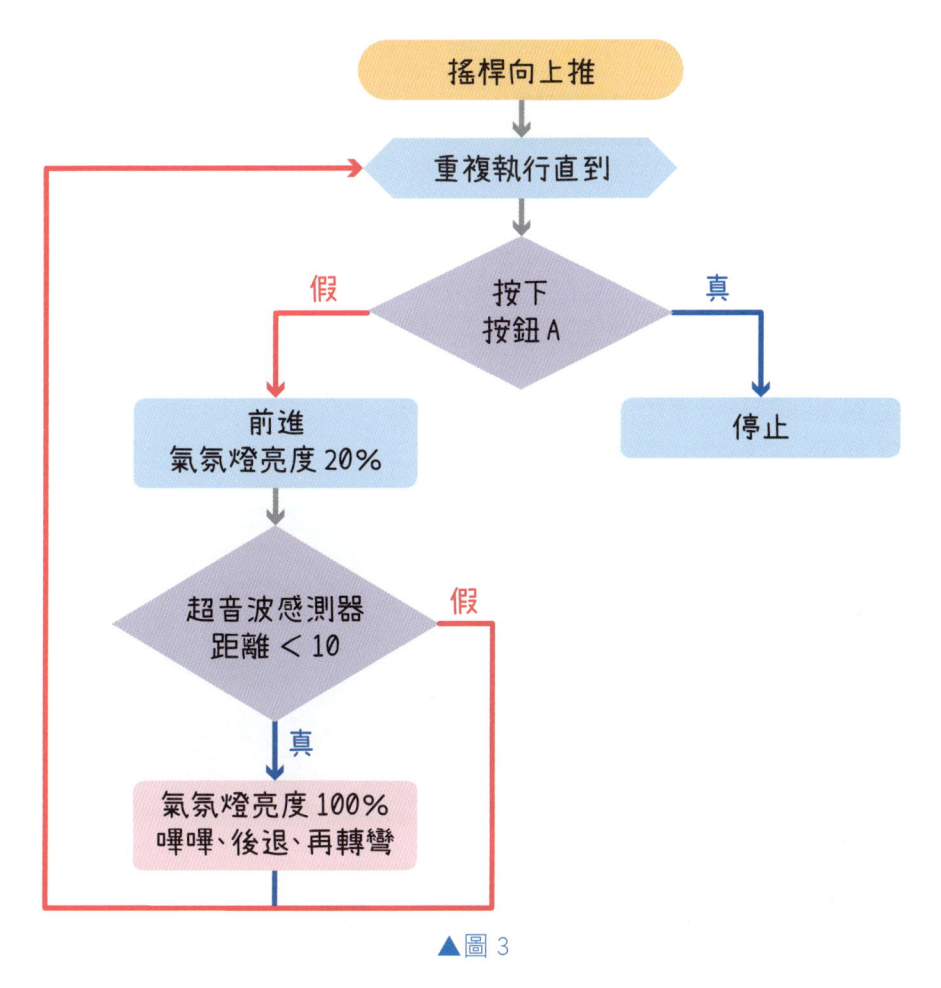

▲圖 3

5-2　超音波感測器：倒車雷達

　　mBot2 的大眼睛由超音波感測器與氣氛燈所組成。超音波感測器（Ultrasonic Sensor）主要功能在偵測超音波感測器與物體之間的距離，偵測距離從 3 公分到 300 公分，超音波外框為氣氛燈，由 8 個藍色 LED 所組成，相關位置與 超音波感測器2 類別積木功能如下。

功能	積木與說明
偵測距離	超音波感測器 2 1 ▼ 測量到物體的距離 (cm) 傳回超音波感測器與物體之間距離的偵測值。偵測值範圍介於 3~300 之間。 A. 參數 1~8 代表目前 CyberPi 外接的超音波感測器個數編號。
判斷距離	超音波感測器 2 1 ▼ 超過測量距離? 判斷超音波感測器與物體之間的距離是否介於 3~300 公分，判斷結果為真或假。 true（真）：在測量距離之內；false（假）：超過測量距離。
設定氣氛燈亮度	超音波感測器 1 ▼ 設定氣氛燈 全部 ▼ 亮度為 50 % 設定氣氛燈 1~8 的亮度為 0%~100%，氣氛燈由 8 個藍色 LED 所組成，LED 編號 1~8 的位置如下圖。
增加氣氛燈亮度	超音波感測器 1 ▼ 增加氣氛燈 全部 ▼ 亮度 20 % 增加氣氛燈 1~8 的亮度為 0%~100%。
傳回氣氛燈亮度值	超音波感測器 1 ▼ 氣氛燈 1 ▼ 亮度 傳回氣氛燈 1~8 的亮度值。
關閉氣氛燈	超音波感測器 1 ▼ 關閉氣氛燈 全部 ▼ 關閉 1~8 或全部的氣氛燈。

實作範例　ch5-1　123DoReMi 燈光好氣氛佳

請利用超音波感測器的氣氛燈，設計 123DoReMi 燈光好氣氛佳。當按下鍵盤按鍵 1，點亮氣氛燈 1，並播放音階 Do、按下鍵盤按鍵 2，點亮氣氛燈 2，並播放音階 Re⋯依此類推，當按下鍵盤按鍵 8，點亮氣氛燈 8，並播放高音 Do 音階。

1 在「設備」的 CyberPi，點按【連接＞COM 值＞連接】，並選擇【即時】模式。

2 點選 延伸集 點選【+ 添加】，新增超音波感測器 2 積木。

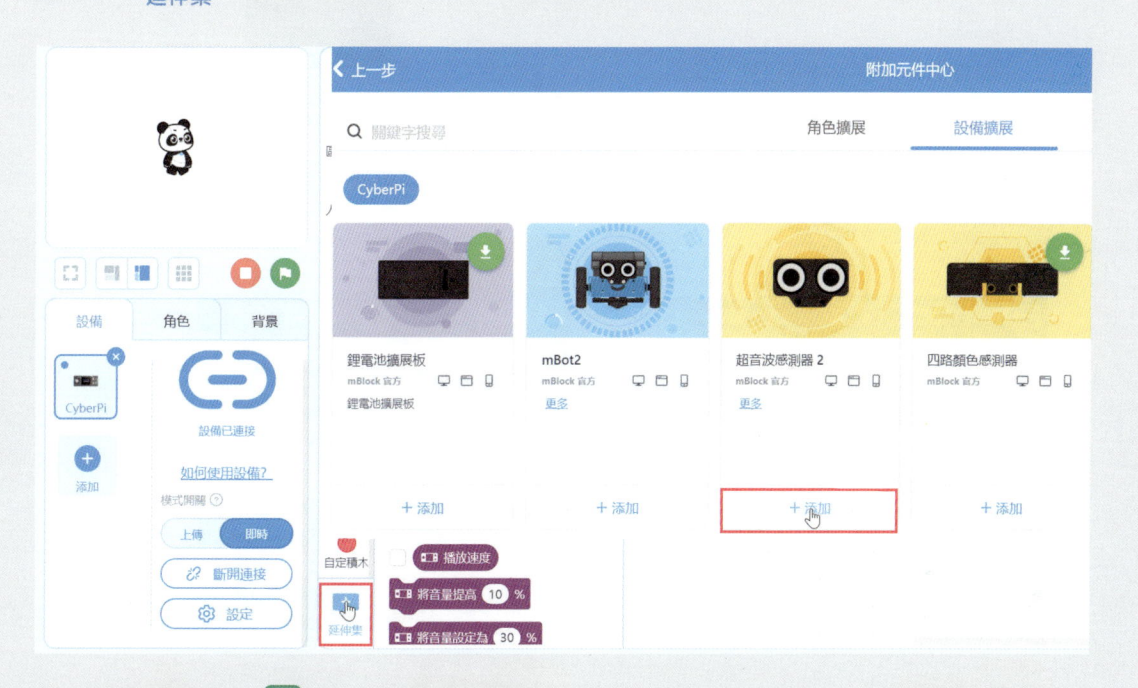

3 點選 事件 與 超音波感測器2 ，拖曳下圖積木，點擊 ▶ 先關閉所有氣氛燈。

當 ▶ 被點一下
超音波感測器2　1▼　關閉氣氛燈　全部▼

4 點選 事件 、播放 與 超音波感測器2 ，拖曳 當 空白鍵▼ 鍵被按下 ，點選【1】，再拖曳下圖積木，當按下按鈕 1 時，先關閉點亮的所有氣氛燈、播放 Do 音階，再點亮氣氛燈 1。

5 重複上述步驟，拖曳當按下鍵盤按鍵 2，點亮氣氛燈 2，並播放音階 Re，依此類推，當按下鍵盤按鍵 8，點亮氣氛燈 8，並播放高音 Do 音階。

6 按下鍵盤按鍵 1~8，檢查 mBot2 是否播放 Do~ 高音 Do 音階，並點亮氣氛燈 1~8，燈光好氣氛佳。

實作範例　ch5-2　倒車雷達

請利用超音波感測器，設計倒車雷達。當超音波感測器偵測的距離小於 30 公分時，mBot2 發出長音警示聲，當距離再小於 10 公分時，mBot2 發出短音警示聲。

長音嗶…嗶…嗶…

短音嗶.嗶.嗶.

1. 在「設備」的 CyberPi，點按【連接 > COM 值 > 連接】，並選擇【即時】模式。

2. 按 超音波感測器2，勾選 ☑ 超音波感測器2 1▼ 與物體的距離 (cm)，移動超音波感測器與物體之間的距離，檢查超音波感測器即時的偵測距離。

執行結果：距離偵測值：_____

3. 點選 事件、控制、運算 與 超音波感測器2，拖曳下圖積木，判斷超音波感測器與障礙物之間的距離。

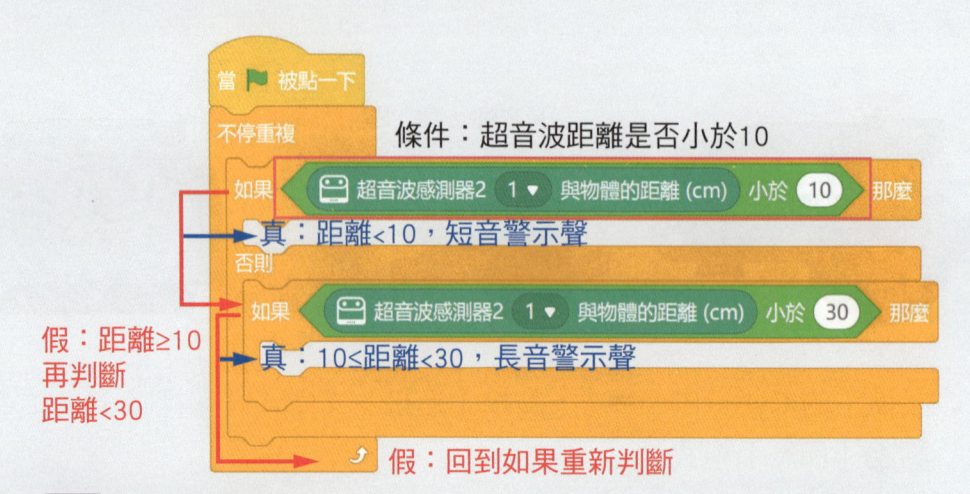

條件：超音波距離是否小於10

真：距離<10，短音警示聲

假：距離≥10
再判斷
距離<30

真：10≤距離<30，長音警示聲

假：回到如果重新判斷

4. 按 播放，拖曳下圖積木，mBot2 分別播放長音與短音的警示聲。

播放So，0.1秒，短音警示聲

播放So，0.4秒，長音警示聲

5. 點擊 ▶，檢查 mBot2 是否隨著障礙物之間的距離，播放倒車雷達的音效。

5-3 按鈕與搖桿：直線競速

一、判斷按鈕或搖桿是否按下

CyberPi 內建按鈕 A、B 與搖桿，除了 **事件** 類別積木啟動程式執行，在 **偵測**，類別積木中，能夠判斷按鈕或搖桿是否按下或傳回按壓值，相關功能如下。

功能	積木	說明
判斷是否按下	1. 按鈕 A▼ 被按下? 2. 搖桿 中間按壓▼ ?	1. 判斷是否按下按鈕 A、B 或任何鍵，判斷結果為真或假。 2. 判斷是否按下搖桿或向上、下、左、右推，判斷結果為真或假。 true（真）：已按下；false（假）：未按下。
傳回值	1. 按鈕 A▼ 按壓次數 2. 搖桿 中間按壓▼ 的次數	1. 傳回按鈕 A 或 B 的按壓次數。 2. 傳回搖桿中間的按壓次數。
歸零	1. 歸零按鈕 A▼ 按壓的次數 2. 歸零搖桿 中間按壓▼ 的次數	1. 將按鈕 A 或 B 的按壓次數歸零。 2. 將搖桿中間按壓次數歸零。

實作範例　ch5-3　按下按鈕直線競速

請設計利用 CyberPi 的按鈕控制 mBot2 運動。當 CyberPi 啟動時，mBot2 在起跑線等待使用者按下按鈕。當使用者按下按鈕，mBot2 直線競速前進，抵達終點停止。比比看誰的 mBot2 先抵達終點。

1. 在「設備」的 CyberPi，點按【連接 > COM 值 > 連接】，並選擇【即時】模式。

2. 點選 偵測，直接點擊積木 按鈕 A▼ 被按下？，檢查積木顯示的執行結果為何？

   執行結果：□ true（真）　□ false（假）

3. 長按 CyberPi 按鈕 A，再點擊 按鈕 A▼ 被按下？，檢查積木顯示的執行結果為何？

   執行結果：□ true（真）　□ false（假）

4. 點擊 【上傳】，將 mBot2 設定為上傳模式。

5. 點選 **事件**、**控制**、**mBot2 車架**、**運算** 與 **超音波感測器2**，拖曳下圖積木，當按下按鈕時，mBot2 開始前進直線競速，直到 mBot2 與終點的物體之間的距離小於 5 時，停止。

6. 點擊 上傳 將程式上傳到 CyberPi 主控板，再斷開電腦與 mBot2 連線。開啟電源，按下按鈕，比比看誰的 mBot2 先抵達終點。

mBot2 概念說明 終點必須放置障礙物或拉起終點線，讓超音波感測器偵測 mBot2 與物體之間的距離，才能夠停止。

5-4　控制程式重複執行

在 控制 類別積木中，利用 不停重複 、 重複10次 與 重複直到 三個積木，控制程式重複執行的方式。

一、重複無限次

「不停重複」積木，能夠重複執行積木內層程式，不停止。

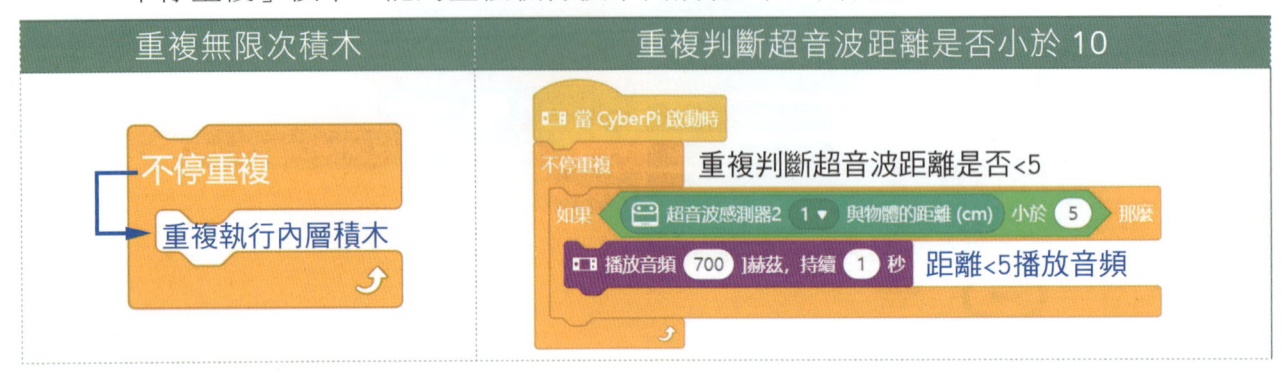

重複無限次積木	重複判斷超音波距離是否小於 10
不停重複 重複執行內層積木	當 CyberPi 啟動時 不停重複　重複判斷超音波距離是否<5 如果 超音波感測器2 1 與物體的距離(cm) 小於 5 那麼 播放音頻 700 赫茲, 持續 1 秒　距離<5播放音頻

二、固定重複執行次數

「重複 10 次」積木，能夠重複執行積木內層程式 10 次，第 11 次時執行積木下一行，其中「10」的參數值能夠自行設定。

固定重複執行次數積木	搖桿向上推重複執行 3 次 LED 燈
重複 10 次 第1~10次執行內層積木 第11次執行積木下一行	當搖桿 向上推 重複 3 次　點亮3次黃色LED燈 LED 所有 顯示 ●, 持續 1 秒 LED 所有 顯示 ●　第4次點亮紅色LED燈

三、條件式重複執行

「重複直到」積木，控制程式重複執行內層積木，直到條件成立為「真」，才跳到積木下一行執行。

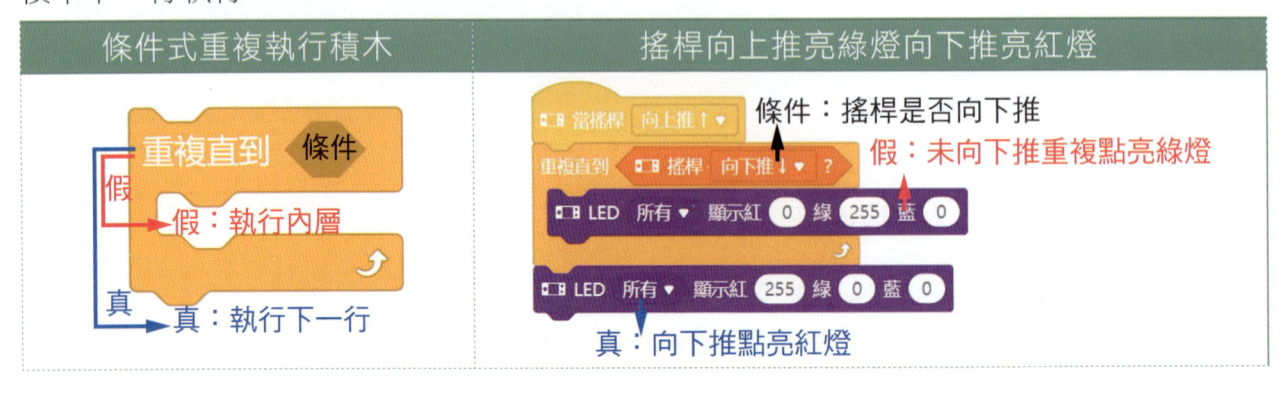

條件式重複執行積木	搖桿向上推亮綠燈向下推亮紅燈
重複直到　條件 假：執行內層 真：執行下一行	當搖桿 向上推　條件：搖桿是否向下推 重複直到　搖桿 向下推 ?　假：未向下推重複點亮綠燈 LED 所有 顯示紅 0 綠 255 藍 0 LED 所有 顯示紅 255 綠 0 藍 0 真：向下推點亮紅燈

5-5　即時執行 mBot2 智走車

　　以即時模式連線執行程式，將 CyberPi 的搖桿向上推時，mBot2 前進，同時螢幕顯示超音波感測器與物體間的距離，如果距離小於 10，超音波感測器的氣氛燈全亮、播放嗶嗶聲，mBot2 後退再轉彎。

一、智走車判斷障礙物

1 將 CyberPi 設定為【即時】模式。

2 點選 事件、超音波感測器2 與 顯示，拖曳下圖積木，當搖桿向上推時，將螢幕設為顛倒、關閉超音波感測器的氣氛燈並清空螢幕。

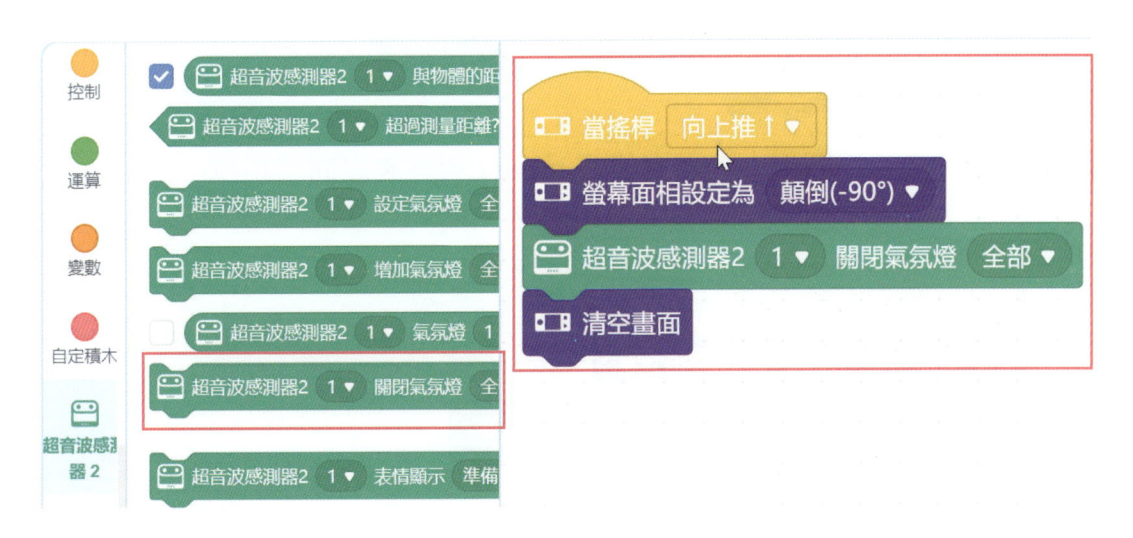

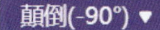

顛倒(-90°)　　　　　預設(90°)

Chapter 5 mBot2 智走車

3. 點選 **控制**、**偵測** 與 **mBot2 車架**，拖曳下圖積木，當搖桿向上推時，mBot2 前進，直到按下按鈕 A 停止。

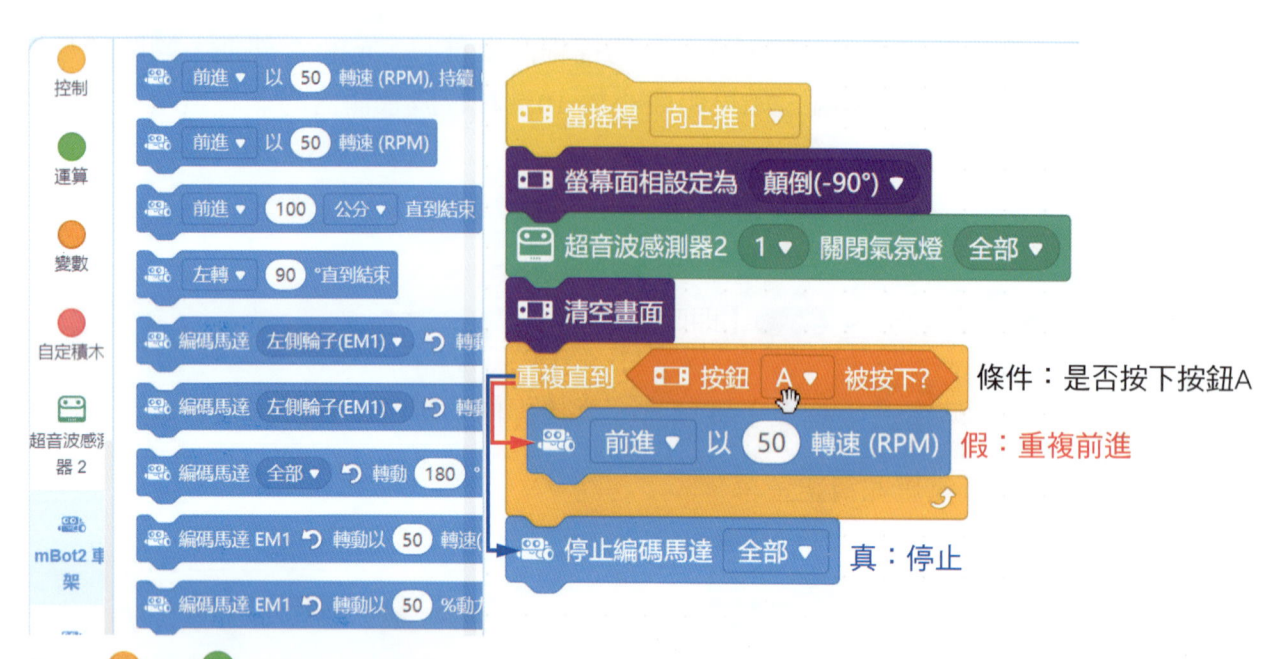

積木面板：
- 控制
- 運算
- 變數
- 自定積木
- 超音波感測器 2
- mBot2 車架

可用積木：
- 前進 50 轉速 (RPM), 持續
- 前進 50 轉速 (RPM)
- 前進 100 公分 直到結束
- 左轉 90° 直到結束
- 編碼馬達 左側輪子(EM1) 轉動
- 編碼馬達 左側輪子(EM1) 轉動
- 編碼馬達 全部 轉動 180
- 編碼馬達 EM1 轉動以 50 轉速
- 編碼馬達 EM1 轉動以 50 %動力

程式積木：
- 當搖桿 向上推↑
- 螢幕面相設定為 顛倒(-90°)
- 超音波感測器2 1 關閉氣氛燈 全部
- 清空畫面
- 重複直到 < 按鈕 A 被按下? >　　條件：是否按下按鈕A
  - 前進 以 50 轉速 (RPM)　　假：重複前進
- 停止編碼馬達 全部　　真：停止

4. 按 **控制** 與 **運算**，拖曳下圖積木，重複偵測 mBot2 與物體之間的距離。

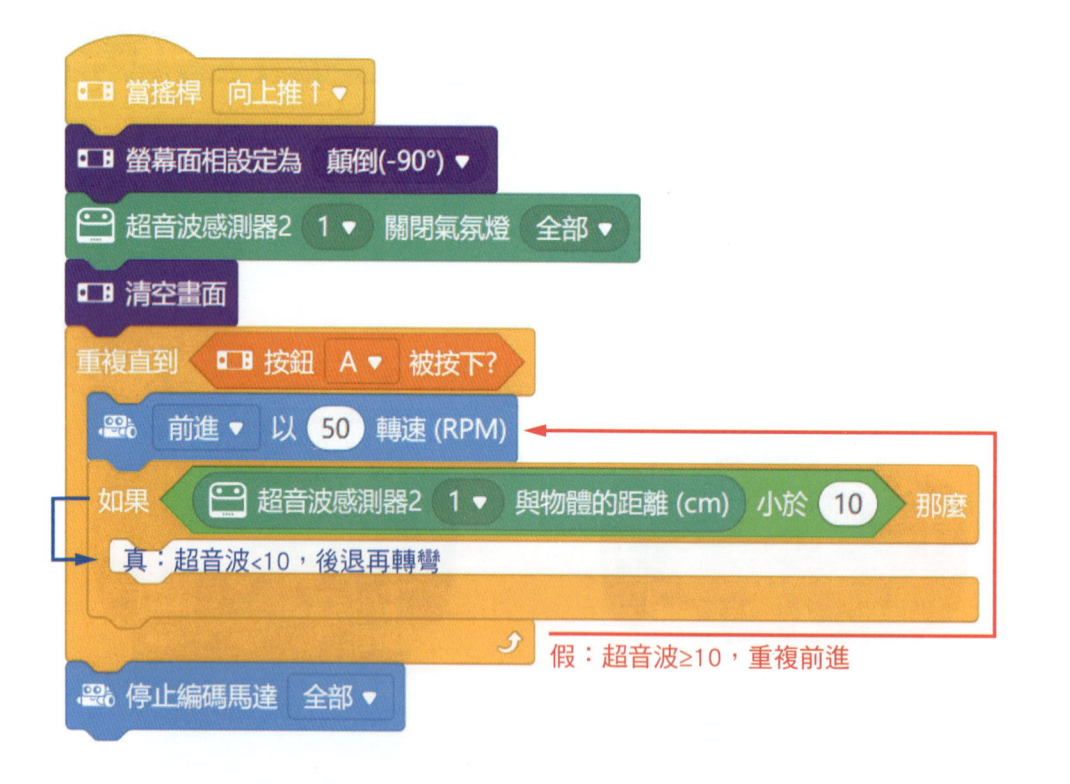

程式積木：
- 當搖桿 向上推↑
- 螢幕面相設定為 顛倒(-90°)
- 超音波感測器2 1 關閉氣氛燈 全部
- 清空畫面
- 重複直到 < 按鈕 A 被按下? >
  - 前進 以 50 轉速 (RPM)
  - 如果 < 超音波感測器2 1 與物體的距離 (cm) 小於 10 > 那麼
    - 真：超音波<10，後退再轉彎
  - 假：超音波≥10，重複前進
- 停止編碼馬達 全部

5-5　即時執行 mBot2 智走車

5 按 mBot2車架 與 播放，拖曳下圖積木，當超音波感測器與物體距離小於 10，先播放嗶嗶聲，再後退與轉彎。

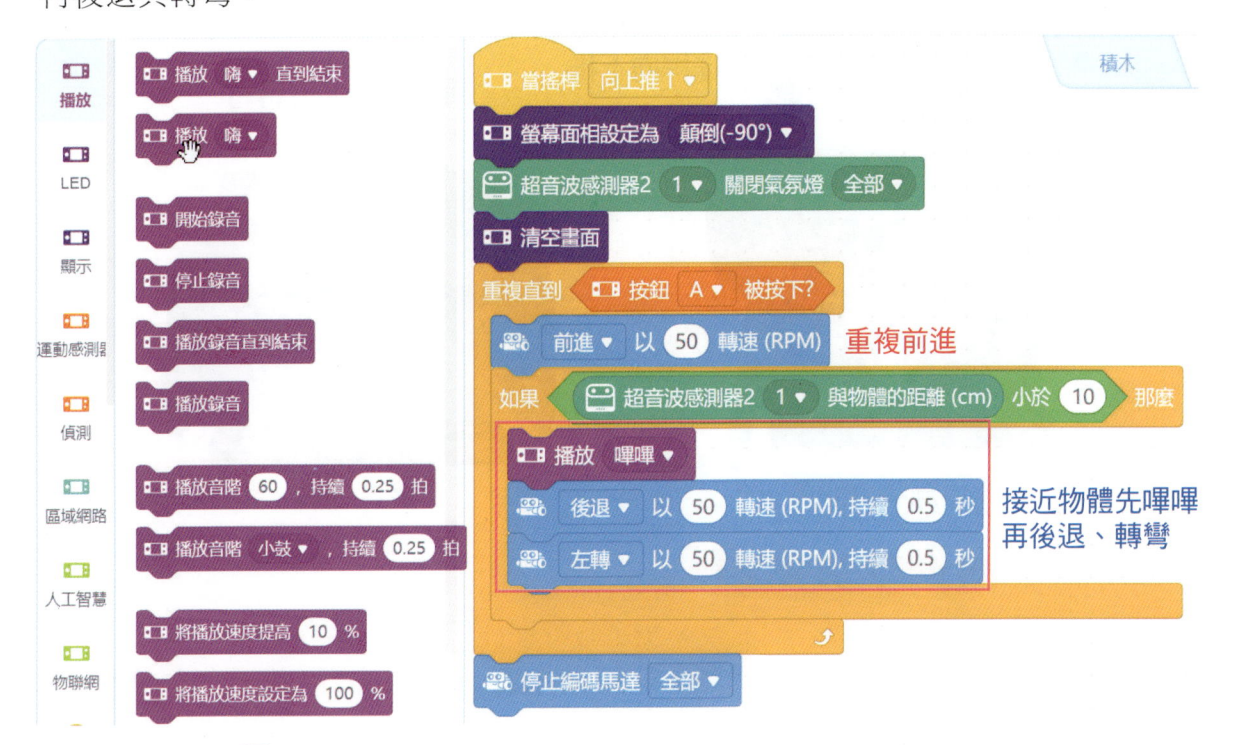

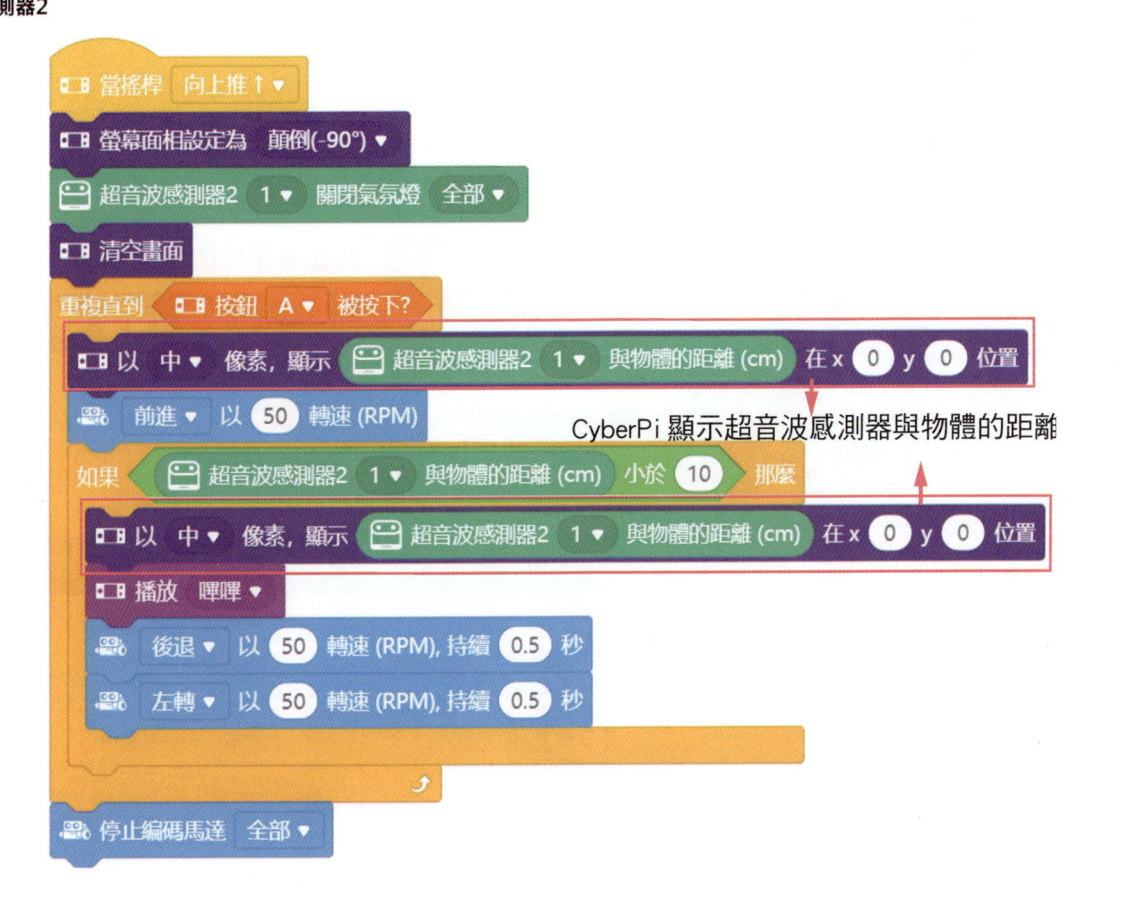

積木區分類：播放、LED、顯示、運動感測器、偵測、區域網路、人工智慧、物聯網

可用積木：
- 播放 嗨▼ 直到結束
- 播放 嗨▼
- 開始錄音
- 停止錄音
- 播放錄音直到結束
- 播放錄音
- 播放音階 60，持續 0.25 拍
- 播放音階 小鼓▼，持續 0.25 拍
- 將播放速度提高 10 %
- 將播放速度設定為 100 %

程式積木：
- 當搖桿 向上推↑▼
- 螢幕面相設定為 顛倒(-90°)▼
- 超音波感測器2 1▼ 關閉氣氛燈 全部▼
- 清空畫面
- 重複直到 按鈕 A▼ 被按下？
  - 前進▼ 以 50 轉速 (RPM)　※重複前進
  - 如果 超音波感測器2 1▼ 與物體的距離 (cm) 小於 10 那麼
    - 播放 嗶嗶▼
    - 後退▼ 以 50 轉速 (RPM)，持續 0.5 秒　※接近物體先嗶嗶再後退、轉彎
    - 左轉▼ 以 50 轉速 (RPM)，持續 0.5 秒
- 停止編碼馬達 全部▼

6 點選 顯示 與 超音波感測器，拖曳下圖積木，CyberPi 螢幕重複顛倒顯示超音波感測器與物體 超音波感測器2 的距離。

程式積木：
- 當搖桿 向上推↑▼
- 螢幕面相設定為 顛倒(-90°)▼
- 超音波感測器2 1▼ 關閉氣氛燈 全部▼
- 清空畫面
- 重複直到 按鈕 A▼ 被按下？
  - 以 中▼ 像素，顯示 超音波感測器2 1▼ 與物體的距離 (cm) 在 x 0 y 0 位置
  - 前進▼ 以 50 轉速 (RPM)
  - 如果 超音波感測器2 1▼ 與物體的距離 (cm) 小於 10 那麼　※CyberPi 顯示超音波感測器與物體的距離
    - 以 中▼ 像素，顯示 超音波感測器2 1▼ 與物體的距離 (cm) 在 x 0 y 0 位置
    - 播放 嗶嗶▼
    - 後退▼ 以 50 轉速 (RPM)，持續 0.5 秒
    - 左轉▼ 以 50 轉速 (RPM)，持續 0.5 秒
- 停止編碼馬達 全部▼

7 將搖桿向上推，檢查 mBot2 是否前進，接近障礙物時先嗶嗶、後退再左轉。

2 螢幕顯示距離
1 搖桿向上推
3 前進
4 偵測物體距離
6 嗶嗶！後退再轉彎
5 接近物體

二、依據距離調整氣氛燈

1 點選 **超音波感測器2**，拖曳下圖積木，程式開始關閉氣氛燈，當 mBot2 前進時氣氛燈亮度設為 20 小亮，當 mBot2 接近物體時氣氛燈全亮。

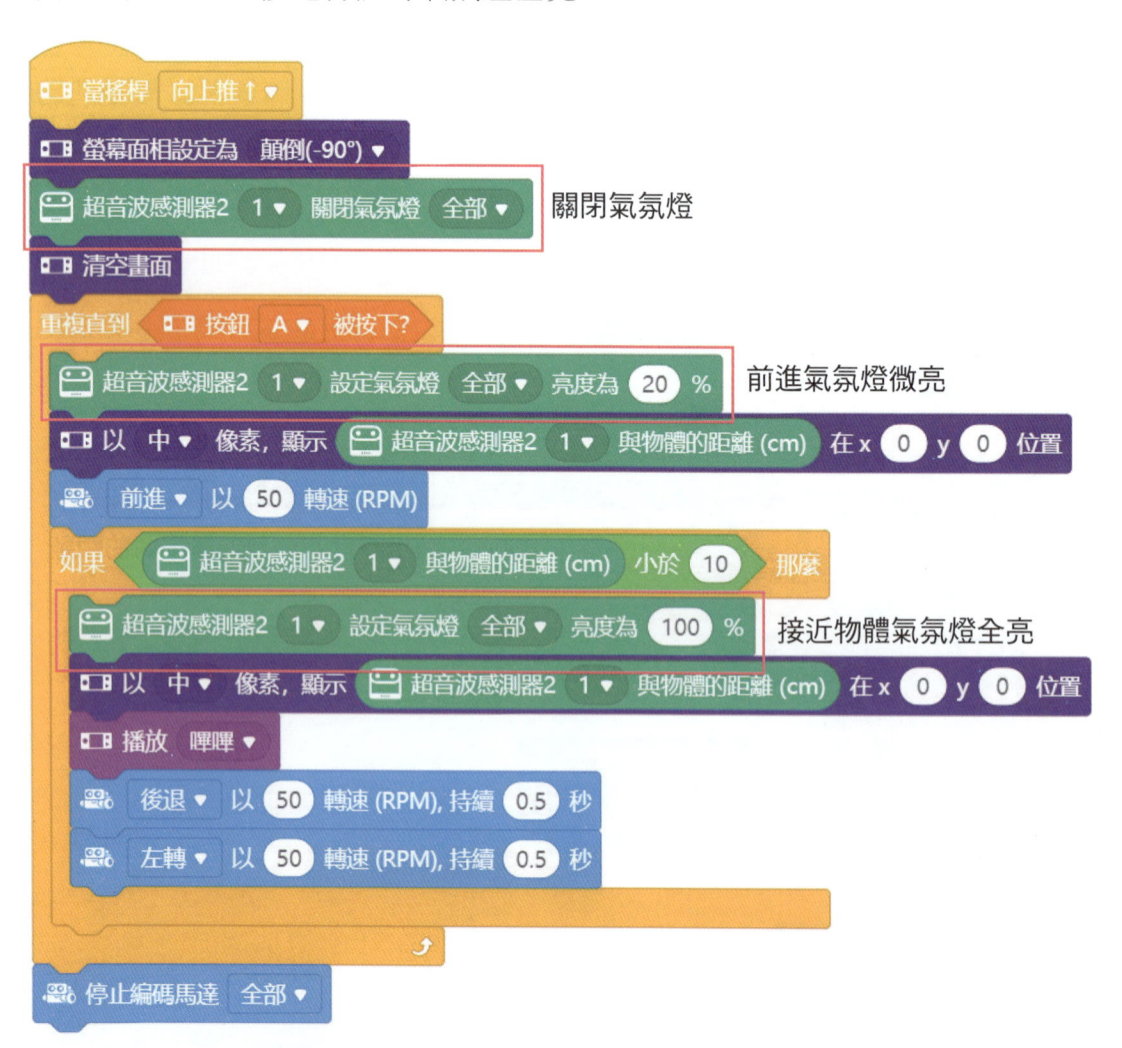

當搖桿 向上推↑▼
螢幕面相設定為 顛倒(-90°)▼
超音波感測器2 1▼ 關閉氣氛燈 全部▼   關閉氣氛燈
清空畫面
重複直到 按鈕 A▼ 被按下？
　超音波感測器2 1▼ 設定氣氛燈 全部▼ 亮度為 20 %   前進氣氛燈微亮
　以 中▼ 像素，顯示 超音波感測器2 1▼ 與物體的距離 (cm) 在 x 0 y 0 位置
　前進▼ 以 50 轉速 (RPM)
　如果 超音波感測器2 1▼ 與物體的距離 (cm) 小於 10 那麼
　　超音波感測器2 1▼ 設定氣氛燈 全部▼ 亮度為 100 %   接近物體氣氛燈全亮
　　以 中▼ 像素，顯示 超音波感測器2 1▼ 與物體的距離 (cm) 在 x 0 y 0 位置
　　播放 嗶嗶▼
　　後退▼ 以 50 轉速 (RPM)，持續 0.5 秒
　　左轉▼ 以 50 轉速 (RPM)，持續 0.5 秒
停止編碼馬達 全部▼

5-6　上傳執行 mBot2 智走車

　　mBlock 5 程式設計時，以即時模式，測試程式執行是否正確。程式設計完成，開啟上傳模式，將程式上傳 CyberPi 主控板，以後只要開啟電源，將搖桿向上推 mBot2 開始執行智走車程式。

1 點擊 【上傳】，設定為上傳模式。

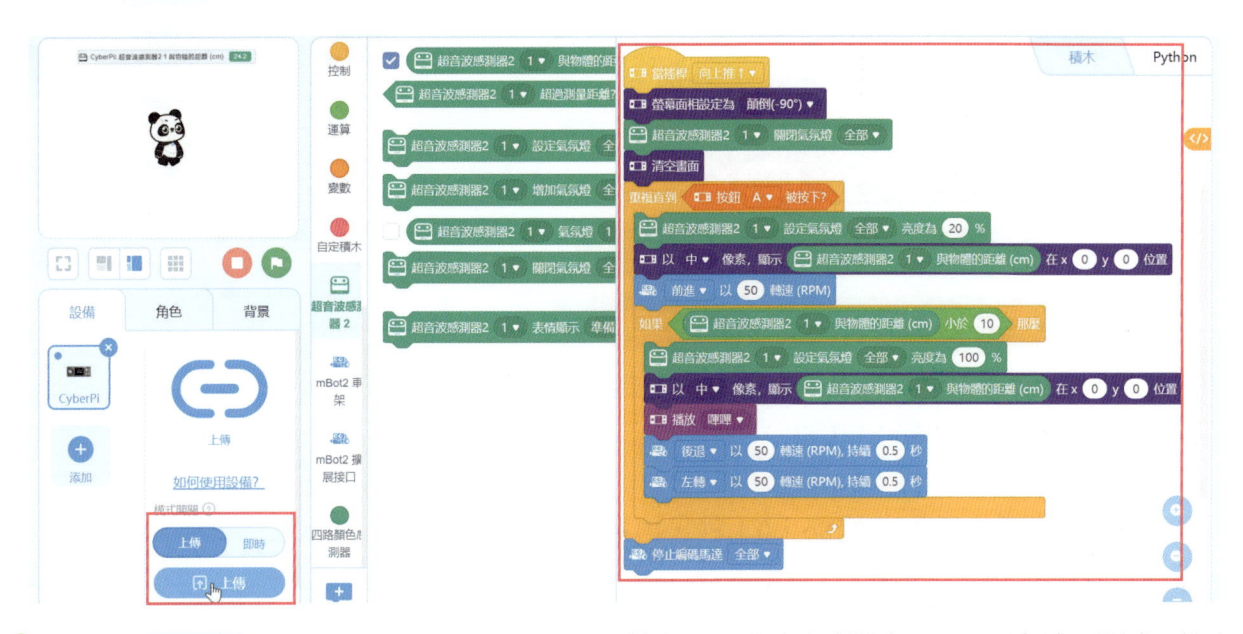

2 點擊 上傳 ，將程式上傳到 CyberPi 主控板，再斷開電腦與 mBot2 連線。開啟電源，將搖桿向上推 mBot2 開始執行智走車程式。

實力評量 5

一、單選題

( ) 1. 如果想設計 mBot2 避開障礙，應該使用圖一的哪個元件？
(A) A　(B) B　(C) C　(D) D。

( ) 2. 同上題，如果想要讓圖一的元件 C 能夠運作，應該使用下列哪一個積木？
(A) 顯示
(B) 播放音階 60，持續 0.25 拍
(C) 四路顏色感測器 1 循線狀態數值(0~15)
(D) 超音波感測器 2 1 測量到物體的距離 (cm)。

▲圖一

( ) 3. 假設超音波感測器 2 與物體的距離為 5 公分，圖二程式的執行結果為何？
(A) 播放音頻 So，0.1 秒
(B) 播放音頻 So，0.4 秒
(C) 先播放播放音頻 So，0.1 秒，再播放 0.4 秒
(D) 沒有播放音頻。

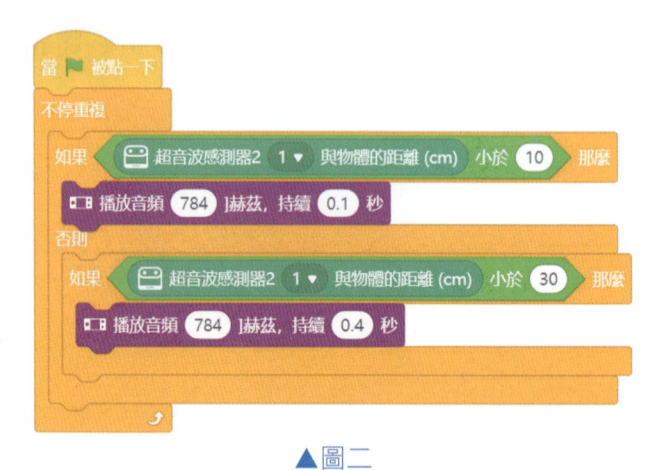

▲圖二

( ) 4 如果想設計判斷按鈕 A 是否按下，應該使用下列哪一個積木？
(A) 按鈕 A 按壓次數
(B) 搖桿 中間按壓 ?
(C) 按鈕 A 被按下?
(D) 歸零按鈕 A 按壓的次數。

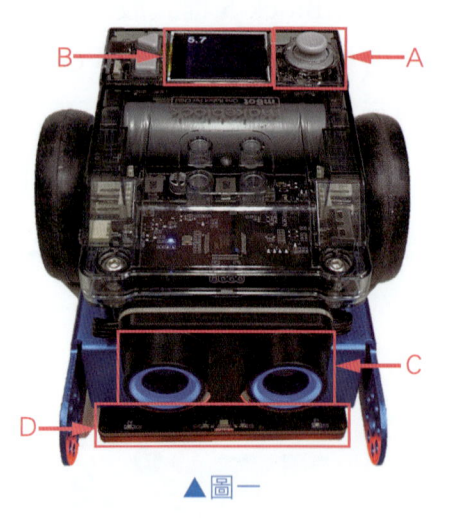

實力評量 5

( ) 5. 關於圖三程式的敘述，何者正確？
(A) 搖桿向下推開始執行程式　(B) 搖桿向下推顯示綠燈
(C) 搖桿向上推顯示綠燈　　　(D) 搖桿向上推顯示紅燈。

▲圖三

( ) 6. 下列哪一個積木無法重複執行？
(A) 不停重複　(B) 重複 10 次　(C) 重複直到　(D) 等待直到。

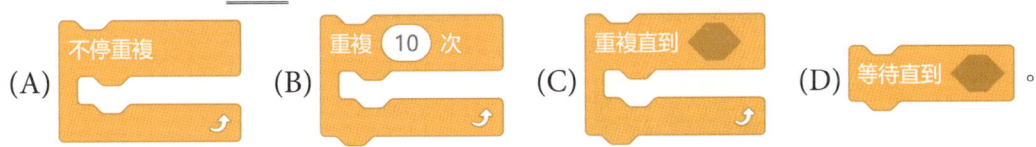

( ) 7. 如果想要上傳自動避開障礙物的程式到 mBot2，讓 mBot2 只要開啟電源就能自動執行程式，應該使用下列哪一個積木？
(A) 當 ▶ 被點一下
(B) 當 CyberPi 啟動時
(C) 當按鈕 A 按下
(D) 當搖桿 向上推↑。

( ) 8. 關於圖四超音波感測器與氣氛燈的敘述，何者正確？
(A) 氣氛燈 LED 由紅、綠、藍三色組成
(B) 超音波感測器 2 1 超過測量距離? 用來傳回超音波感測器與物體之間的距離
(C) 氣氛燈由 8 個藍色 LED 所組成
(D) 超音波感測器 1 氣氛燈 1 亮度 用來判斷氣氛燈 1 目前是否開啟。

▲圖四

實力評量 5

(　　) 9. 關於圖五程式的敘述，何者錯誤？
(A) 當 CyberPi 啟動時開始前進
(B) 當搖桿向上推時，mBot2 前進
(C) 當按下按鈕 A 時，mBot2 停止
(D) 當超音波距離小於 10，mBot2 後退再左轉。

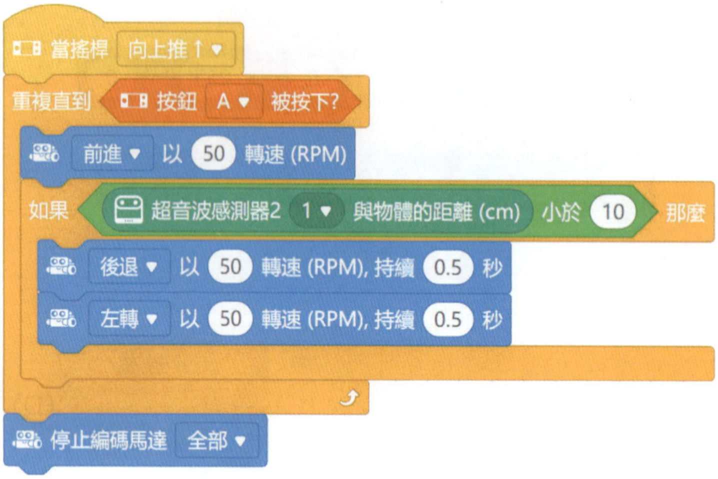

▲圖五

(　　)10. 如果想要利用 CyberPi 的螢幕顯示超音波與物體間的距離 (公分)，應該使用下列哪一個積木？

(A)  超音波感測器 1 設定氣氛燈 全部 亮度為 50 %
(B)  顯示 超音波感測器2 1 超過測量距離?
(C)  顯示 超音波感測器2 1 與物體的距離 (cm) 並換行
(D)  顯示 超音波感測器2 1 氣氛燈 1 亮度 並換行。

二、實作題

1. 請改程式加入 LED 功能，當 mBot2 前進時亮綠色 LED，接近障礙物時亮紅色 LED。

2. 請用 ｢如果 那麼 否則｣ 改寫程式，當搖桿向上推，mBot2 前進，並偵測 mBot2 與障礙物間的距離，如果 mBot2 接近障礙物時自動後退轉彎再重複前進，當按下按鈕 A 時，mBot2 停止。

CHAPTER 6 mBot2 智能循線

　　mBot2 明星選拔賽第五部曲—機器人智能大賽第二回合,每個 IQ180 的機器人除了能夠判斷與物體間的距離,自動避開障礙物之外,還能夠判斷黑線與白線,循線前進。現在趕快再幫 mBot2 設計另一項特殊循線智能參賽。

循黑線前進

本章節次

- 6-1　mBot2 智能循線專題規劃
- 6-2　四路顏色感測器:mBot2 辨黑白
- 6-3　四路顏色感測器判斷循線狀態
- 6-4　mBot2 自動循黑線前進
- 6-5　mBot2 閃爍氣氛燈
- 6-6　上傳執行 mBot2 智能循線

學習目標

1. 理解 mBot2 的四路顏色感測器的運作原理。
2. 能夠應用四路顏色感測器設計 mBot2 循黑線前進。
3. 能夠應用四路顏色感測器設計 mBot2 循白線前進。
4. 能夠以超音波感測器的氣氛燈設計 mBot2 轉彎時亮方向燈。

6-1　mBot2 智能循線專題規劃

本章將利用四路顏色感測器，設計 mBot2 智能循線。當按下 CyberPi 的按鈕 A 時，mBot2 前進，同時螢幕顯示四路顏色感測器的偏差值。循線過程中，如果 mBot2 左轉就點亮左側氣氛燈、如果 mBot2 右轉就點亮右側氣氛燈。

創客題目編號：A005059

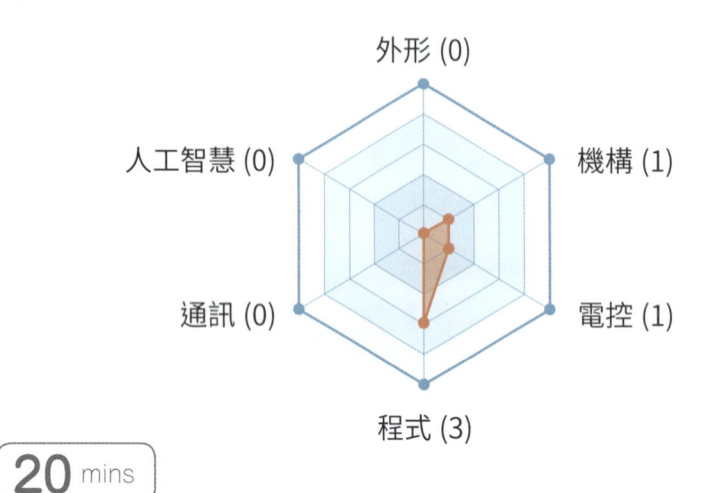

創客指標	
外形	0
機構	1
電控	1
程式	3
通訊	0
人工智慧	0
創客總數	**5**

20 mins

一、mBot2 智能循線元件規劃

mBot2 智能循線使用的元件包括：按鈕、四路顏色感測器、超音波感測器氣氛燈、螢幕與編碼馬達，每個元件的位置與功能如圖 1、圖 2 所示。

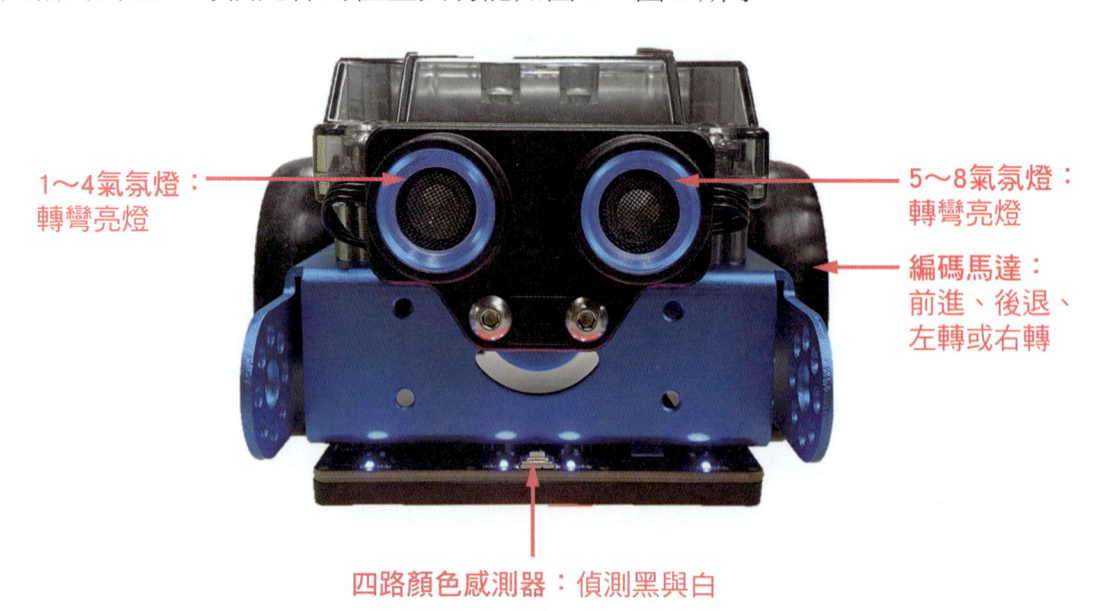

1～4 氣氛燈：轉彎亮燈

5～8 氣氛燈：轉彎亮燈

編碼馬達：前進、後退、左轉或右轉

四路顏色感測器：偵測黑與白

▲圖 1

按鈕：
開始或停止

螢幕：
顯示四路顏色感測器的偏差值

▲圖 2

二、mBot2 智能循線執行流程

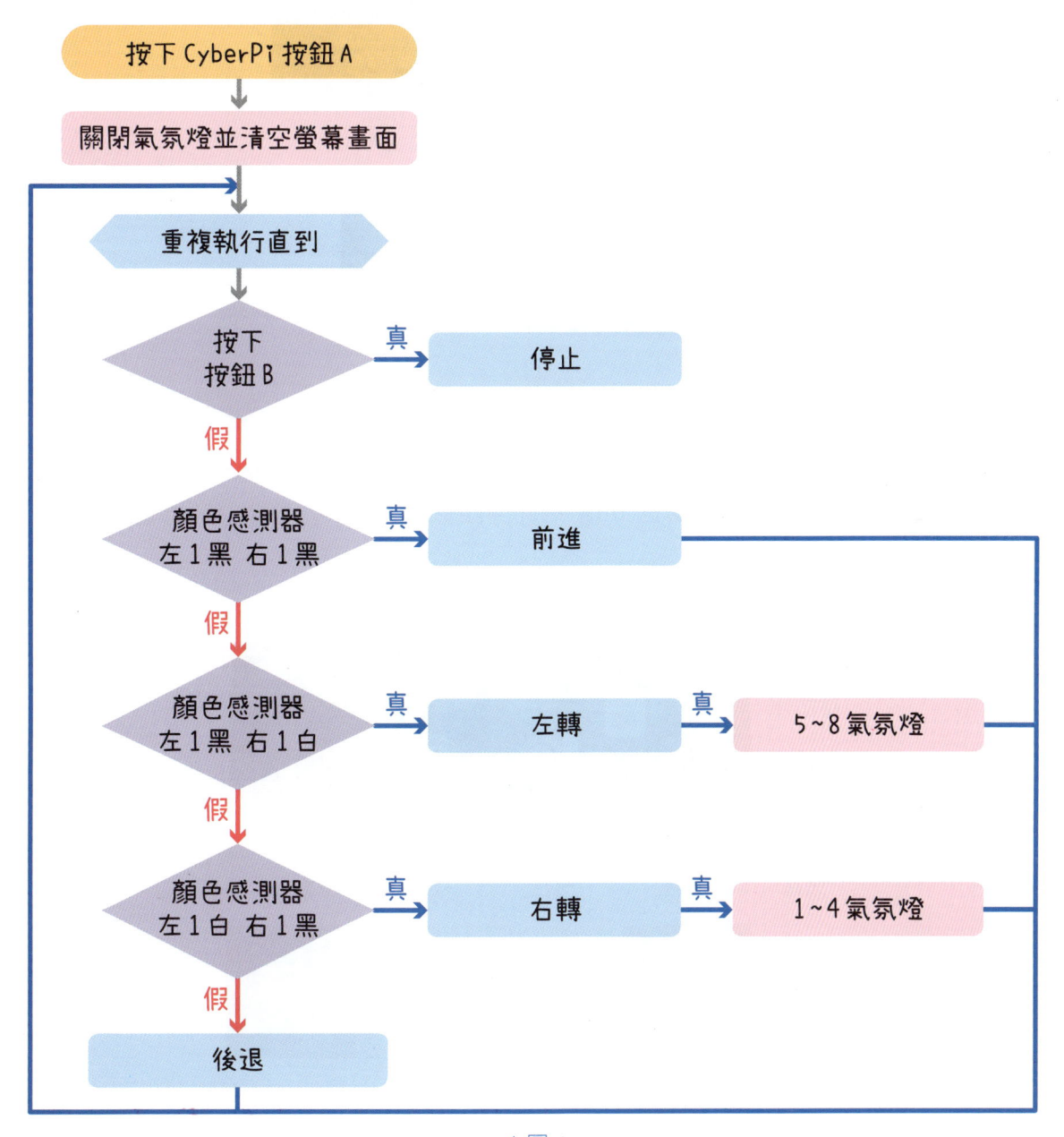

```
按下 CyberPi 按鈕 A
        ↓
關閉氣氛燈並清空螢幕畫面
        ↓
   重複執行直到
        ↓
    按下按鈕 B ──真──→ 停止
        ↓假
   顏色感測器
   左1黑 右1黑 ──真──→ 前進
        ↓假
   顏色感測器
   左1黑 右1白 ──真──→ 左轉 ──真──→ 5~8 氣氛燈
        ↓假
   顏色感測器
   左1白 右1黑 ──真──→ 右轉 ──真──→ 1~4 氣氛燈
        ↓假
       後退
```

▲圖 3

6-2　四路顏色感測器：mBot2 辨黑白

一、四路顏色感測器運作原理

四路顏色感測器內建四個光線感測器與補光燈，用來偵測物件的白、黃、紅、綠、青、藍、紫與黑，共八種顏色，以 LED 指示燈顯示偵測狀態。本章將利用白與黑，讓 mBot2 循線。四路顏色感測器的正面與反面位置如圖 4 所示。

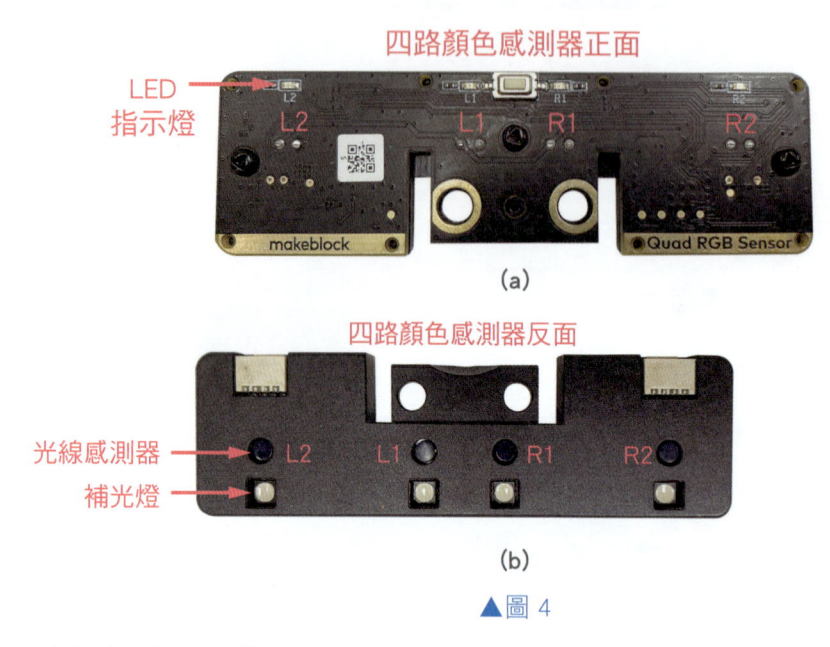

四路顏色感測器正面

LED 指示燈　L2　　L1　R1　　R2

(a)

四路顏色感測器反面

光線感測器　L2　L1　R1　R2
補光燈

(b)

▲圖 4

當四路顏色感測器偵測到淺色 (或白色) 時，亮藍色指示燈並傳回 1 值；偵測到深色 (或黑色) 時，不亮指示燈並傳回 0 值，組合四個指示燈可能傳回的值從 0~15，如下圖 5、圖 6 所示。

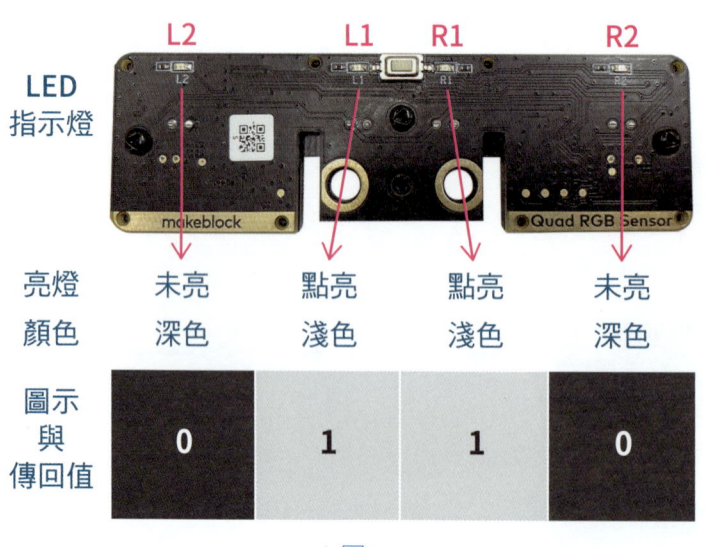

	L2	L1	R1	R2
亮燈	未亮	點亮	點亮	未亮
顏色	深色	淺色	淺色	深色
圖示與傳回值	0	1	1	0

▲圖 5

6-2 四路顏色感測器：mBot2 辨黑白

循線狀態數值 (0)　0000

循線狀態數值 (1)　0001

循線狀態數值 (2)　0010

循線狀態數值 (3)　0011

循線狀態數值 (4)　0100

循線狀態數值 (5)　0101

循線狀態數值 (6)　0110

循線狀態數值 (7)　0111

循線狀態數值 (8)　1000

循線狀態數值 (9)　1001

循線狀態數值 (10)　1010

循線狀態數值 (11)　1011

循線狀態數值 (12)　1100

循線狀態數值 (13)　1101

循線狀態數值 (14)　1110

循線狀態數值 (15)　1111

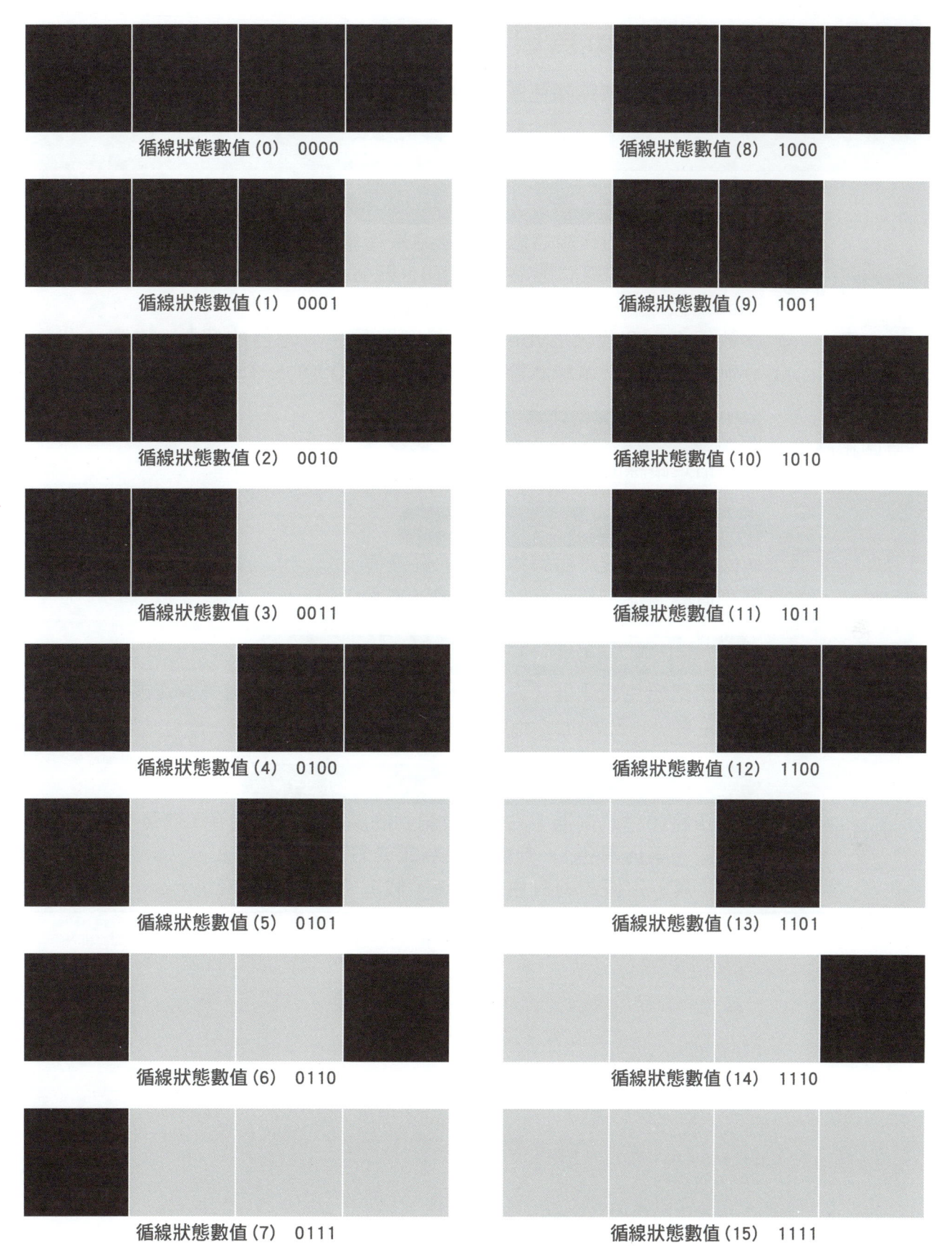

▲圖 6　四路顏色感測器循線狀態與數值（可於附錄三沿虛線撕下來使用）

二、四路顏色感測器辨黑白

在 [四路顏色感測器] 類別積木中，與四路顏色感測器相關的積木功能如下。

功能	積木與說明
判斷循線狀態	`四路顏色感測器 1▼ 循線狀態 (0) 0000▼` 判斷指定路線的循線狀態，判斷結果為真或假。 true（真）：循線狀態為 0(0000)，四個顏色感測器皆在黑色； false（假）：循線狀態不為 0(0000)。 參數值 1 ～ 8 代表 CyberPi 外接四路顏色感測器的個數，參數 1 代表目前連接 1 個；循線狀態數值範圍從 0(0000) ～ 15(1111)。
傳回循線值	`四路顏色感測器 1▼ 循線狀態數值(0~15)` 傳回指定路線的循線狀態數值，數值範圍從 0 ～ 15。
傳回偏差值	`四路顏色感測器 1▼ 偏差值(-100~100)` 傳回四路顏色感測器與線之間的偏差值。 偏差值範圍從 -100(左偏) ～ 100(右偏)。
判斷線或背景	`四路顏色感測器 1▼ 偵測口 (1) 右2▼ 偵測到 線▼` 判斷四路顏色感測器（右 2）是在線或背景，判斷結果為真或假。 true（真）：在線上；false（假）：不在線上。
判斷顏色	`四路顏色感測器 1▼ 偵測口 (2) 右1▼ 偵測到 白▼` 判斷四路顏色感測器（右 1）偵測到的顏色是否為白色 (或黃、紅、綠、青、藍、紫與黑色)，判斷結果為真或假。 true（真）：偵測到白色；false（假）：未偵測到白色。

6-2　四路顏色感測器：mBot2 辨黑白

實作範例　ch6-1　mBot2 辨黑白

請利用 `四路顏色感測器 1▼ 循線狀態數值(0~15)` 積木，將 mBot2 放在圖 6 四路顏色感測器循線狀態與數值圖示上方，每個顏色感測器對準黑白方格，檢查舞台顯示傳回的循線狀態數值是否與圖示上方的數值相同。

1 在「設備」的 CyberPi ，點按【連接 > COM 值 > 連接】，並選擇【即時】模式。

2 點選 延伸集，點選【更新擴展】，再按【+添加】，新增四路顏色感測器積木。

3 請先勾選 ☑ 🖥 四路顏色感測器 1▼ 循線狀態數值(0~15)，再將四路顏色感測器放在圖 6 循線狀態數值 12(1100) 上方，檢查舞台顯示的循線狀態數值與圖示的數值是否相符。

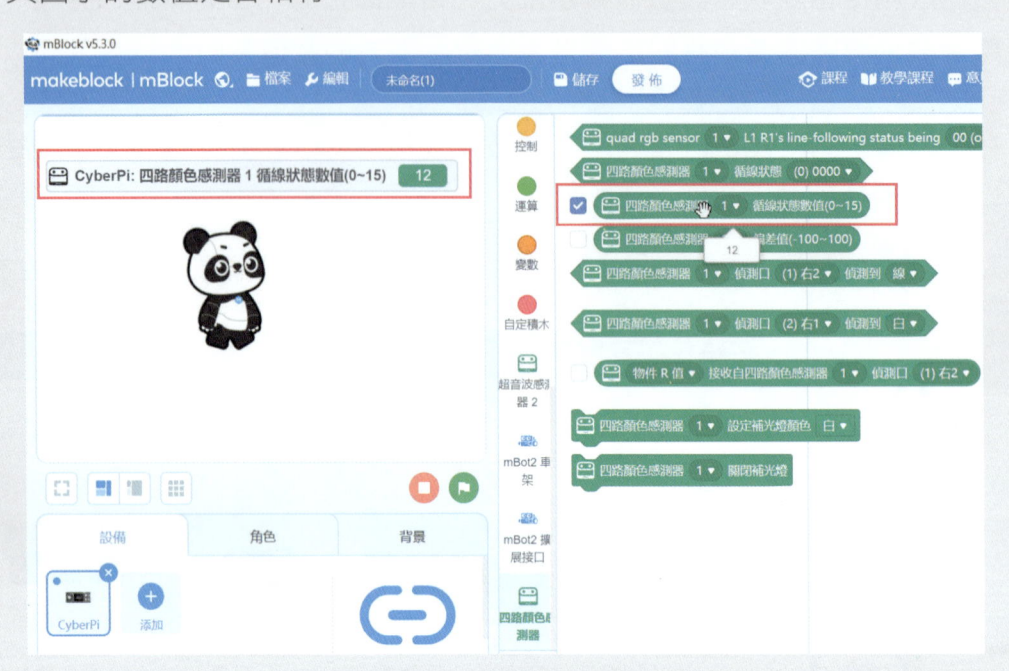

4 將 mBot2 的四路顏色感測器放在循線狀態與數值圖示上方，從 0 開始，依序操作到 15，檢查舞台顯示的循線狀態數值與圖示的數值是否相符。

mBot2 概念說明 將 mBot2 的四路顏色感測器放在循線狀態與數值圖示的上方時，請注意，如果是「白色」，點亮 LED 指示燈，傳回值是「1」，如果是「黑色」，LED 指示燈不亮傳回值是「0」。循線狀態數值 12 的傳回值是(1100)，所以地圖的顏色是(白白黑黑)的組合。

循線狀態數值（12） 1100

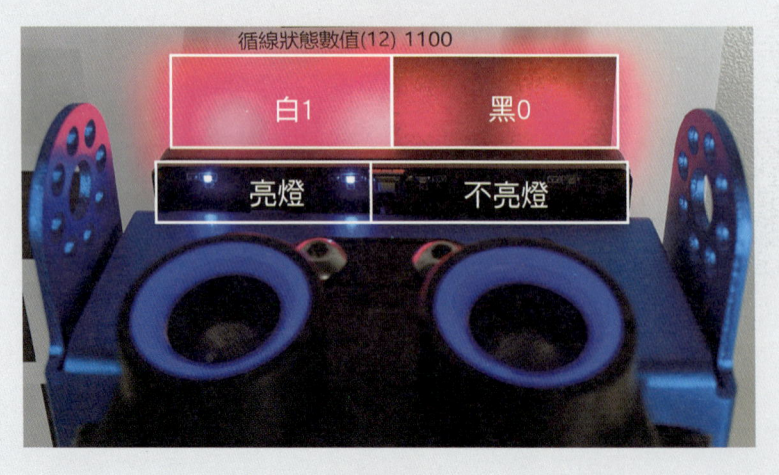

6-2 四路顏色感測器：mBot2 辨黑白

實作範例　ch6-2　mBot2 判斷黑白

請利用 `四路顏色感測器 1▼ 循線狀態 (0) 0000▼` 積木，將 mBot2 放在圖 6 四路顏色感測器的循線狀態與數值圖示的上方，每個顏色感測器對準黑白方格，檢查判斷結果是否為 true（真）。

1. 點擊 `四路顏色感測器 1▼ 設定補光燈顏色 白▼`，將補光燈設定為白色。

2. 將四路顏色感測器放在圖 6 循線狀態數值 0(0000) 上方，點擊積木 `四路顏色感測器 1▼ 循線狀態 (0) 0000▼`，檢查判斷結果是否為 true（真）。

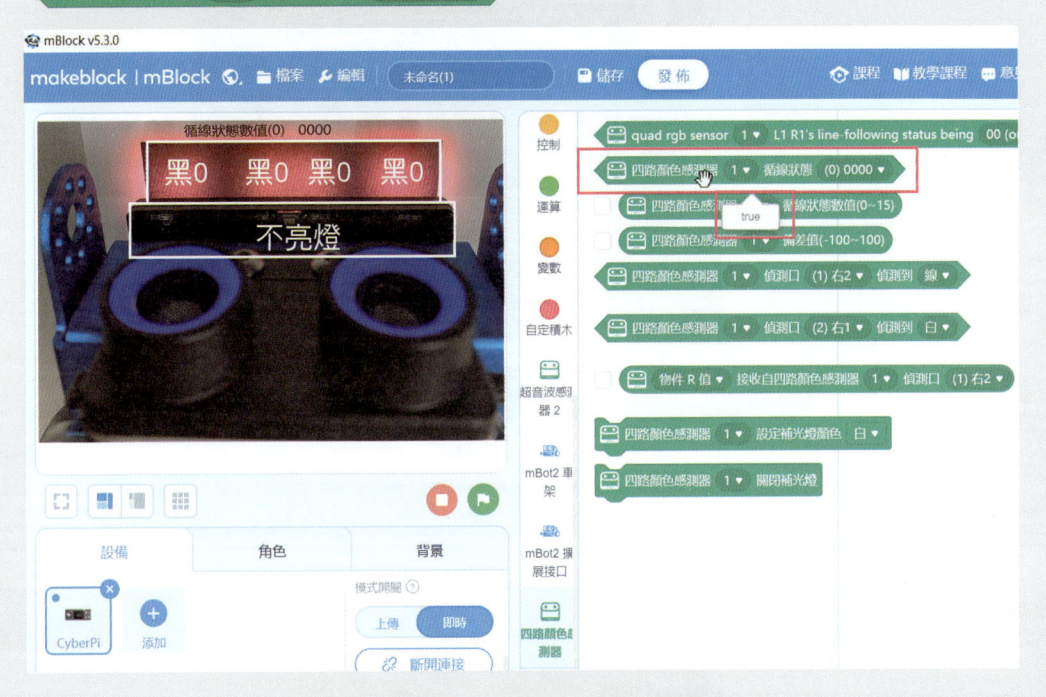

3. 將 mBot2 的四路顏色感測器放在循線狀態與數值圖上方，點選循線狀態 (1)0001，從 1 開始，依序操作到 15，再點擊積木，檢查判斷結果是否為 true（真）。

6-3 四路顏色感測器判斷循線狀態

在白底黑線的地圖中，依據地圖黑線的寬度，利用四路顏色感測器的左1(L1)與右1(R1)兩個感測器偵測黑與白，循黑線前進時，以 `四路顏色感測器 1▼ 偵測口 (2) 右1▼ 偵測到 白▼` 積木判斷循線狀態與左1、右1兩個感測器偵測結果的組合如下。

動作	前進
圖例	左1黑 不亮燈　　右1黑 不亮燈

積木	`四路顏色感測器 1▼ 偵測口 (3) 左1▼ 偵測到 黑▼`
	且
	`四路顏色感測器 1▼ 偵測口 (2) 右1▼ 偵測到 黑▼`

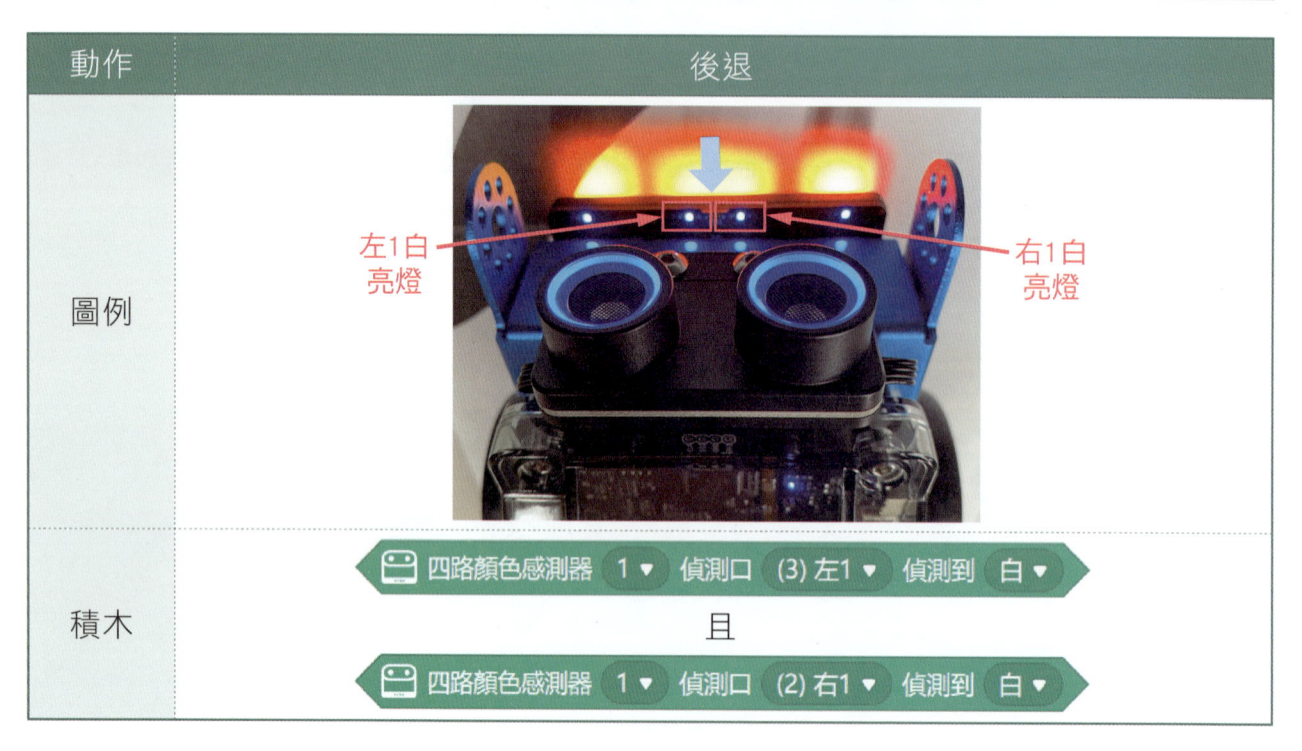

動作	後退
圖例	左1白 亮燈　　右1白 亮燈

積木	`四路顏色感測器 1▼ 偵測口 (3) 左1▼ 偵測到 白▼`
	且
	`四路顏色感測器 1▼ 偵測口 (2) 右1▼ 偵測到 白▼`

動作	左轉
圖例	左1黑 不亮燈　　　右1白 亮燈
積木	四路顏色感測器 1▼ 偵測口 (3)左1▼ 偵測到 黑▼ 且 四路顏色感測器 1▼ 偵測口 (2)右1▼ 偵測到 白▼

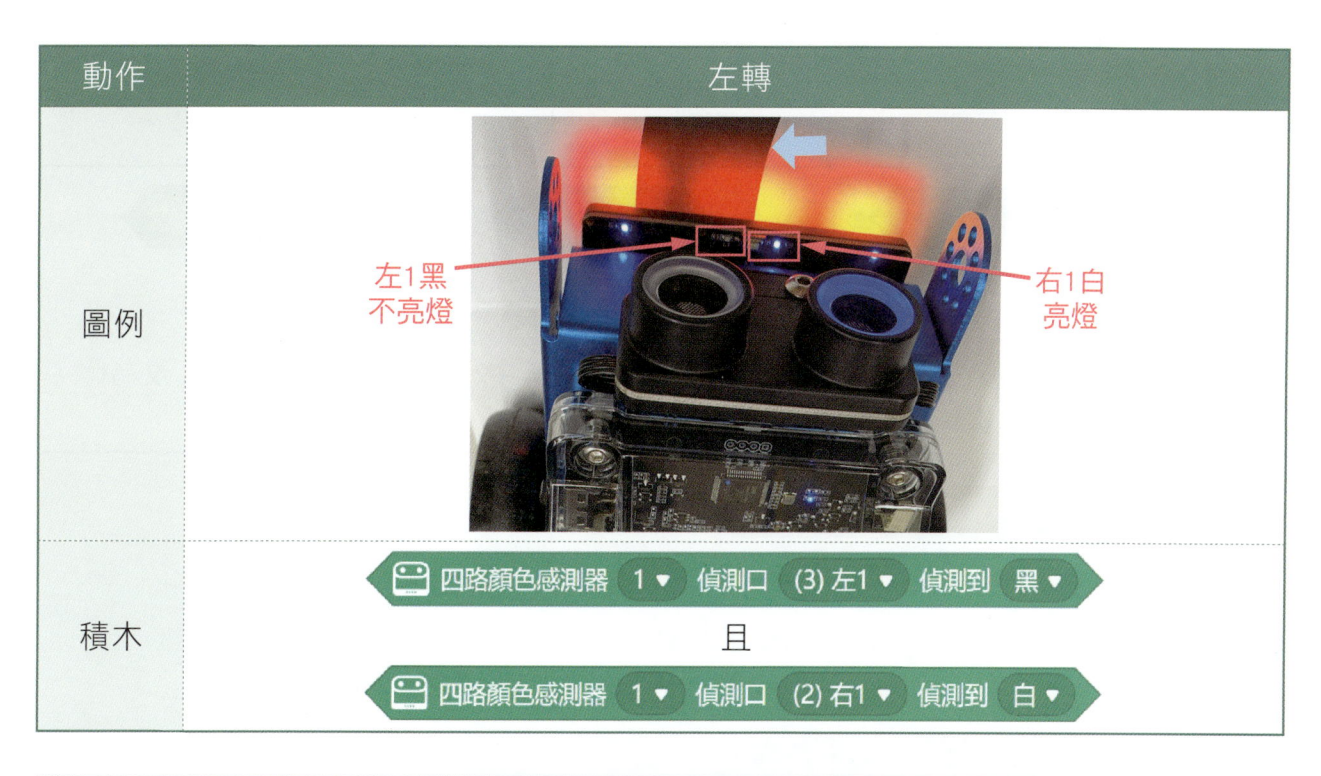

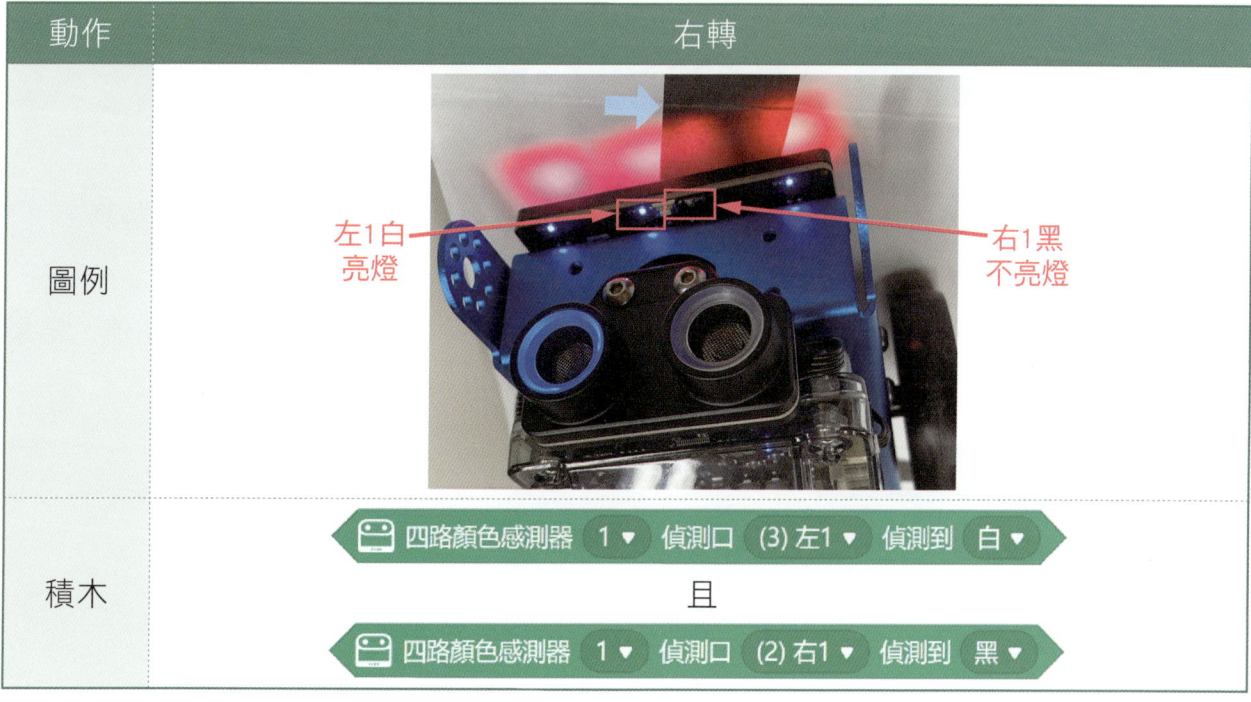

動作	右轉
圖例	左1白 亮燈　　　右1黑 不亮燈
積木	四路顏色感測器 1▼ 偵測口 (3)左1▼ 偵測到 白▼ 且 四路顏色感測器 1▼ 偵測口 (2)右1▼ 偵測到 黑▼

Chapter 6 mBot2 智能循線

mBlock 5 概念說明

在 ●運算 積木中,能夠判斷兩個運算式之間的邏輯運算,判斷結果包括:(1) true(真);(2)false(假)。

判斷邏輯	一 且 二	一 或 二	一 不成立
	且	或	不成立
說明	運算式一與二,同時為真,判斷為真	運算式一或二,其中一個為真,判斷為真	運算式一如果真改為假,假改為真。

範例一: `9 * 9 大於 50 且 -5 小於 5`

判斷方式:

(1) 先判斷運算式一「9×9 > 50」的結果為真。

(2) 判斷運算式二「-5 < 5」的結果為真。

(3) 運算式一與二同時為真,結果為真。

範例二: `四路顏色感測器 1 偏差值(-100~100) 大於 50 或 按鈕 A 被按下?`

判斷方式:

(1) 以偏差值 95,未按下按鈕 A 為例,先判斷運算式一「偏差值 >5 0」的結果為真。

(2) 判斷運算式二「按下按鈕 A」的結果為假(未按下按鈕 A)。

(3) 運算式一與二其中一個為真,例如:偏差值 > 50 或按下 A 按鈕其中一個為值,結果為真。

範例三: `9 * 9 小於 50 不成立`

(1) 先判斷運算式一「9×9 < 50」的結果為假。

(2) 將假改為真,結果為真。

實作範例 ch6-3 mBot2 判斷循線狀態點亮氣氛燈

請利用判斷積木 `四路顏色感測器 1▼ 偵測口 (2)右1▼ 偵測到 白▼` 讓 mBot2 四路顏色感測器的左 1 與右 1 感測器判斷循線狀態。同時，依據左 1 與右 1 指示燈亮燈的位置，點亮超音波感測器的氣氛燈。

1 請將 mBot2 連線方式設定為「即時」，依據下列敘述，調整 mBot2 四路顏色感測器中左 1(L1) 與右 1(R1) 的位置，並將循線狀態判斷的結果填入下列表格中。

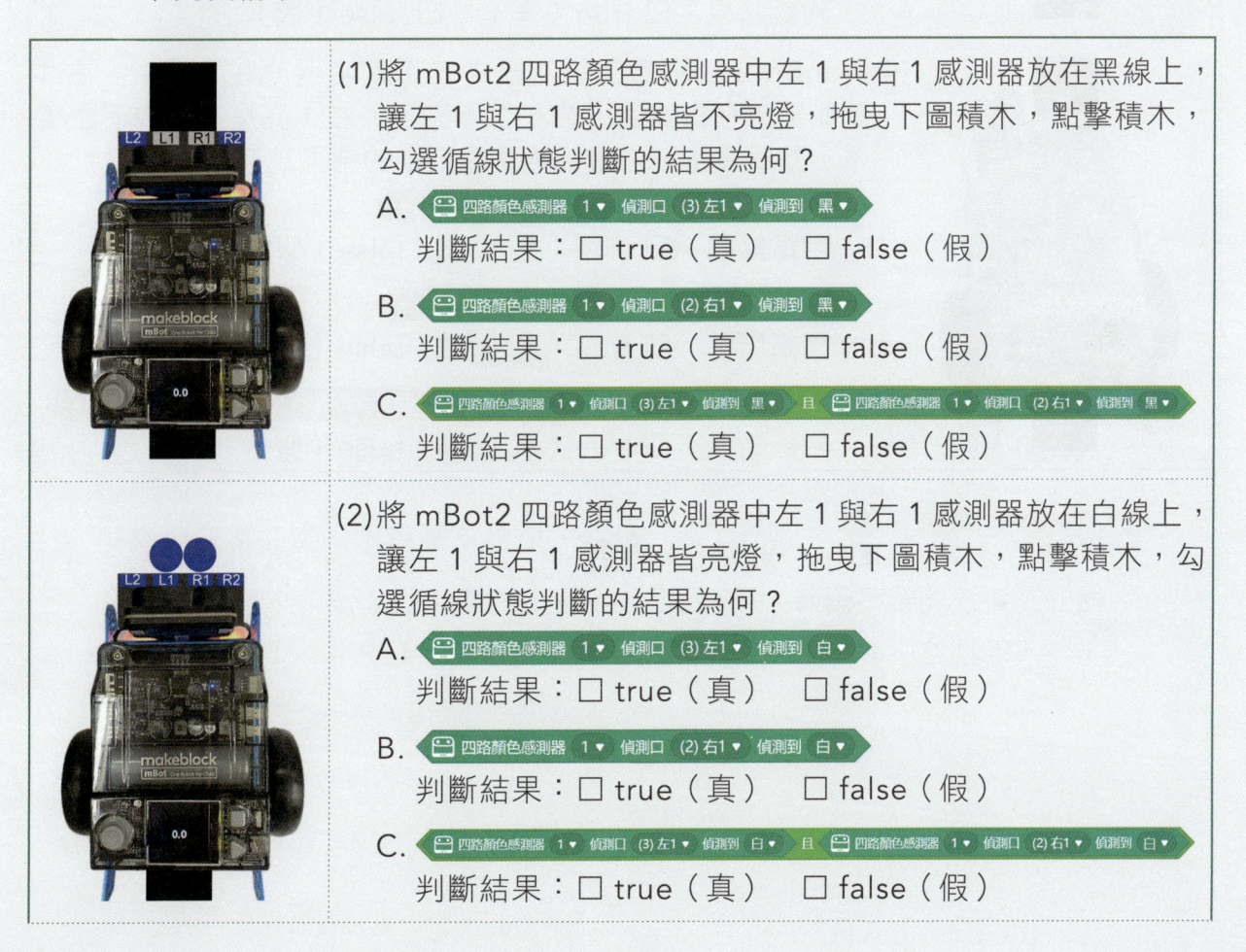

(1) 將 mBot2 四路顏色感測器中左 1 與右 1 感測器放在黑線上，讓左 1 與右 1 感測器皆不亮燈，拖曳下圖積木，點擊積木，勾選循線狀態判斷的結果為何？

A. `四路顏色感測器 1▼ 偵測口 (3)左1▼ 偵測到 黑▼`
   判斷結果：☐ true（真）　☐ false（假）

B. `四路顏色感測器 1▼ 偵測口 (2)右1▼ 偵測到 黑▼`
   判斷結果：☐ true（真）　☐ false（假）

C. `四路顏色感測器 1▼ 偵測口 (3)左1▼ 偵測到 黑▼` 且 `四路顏色感測器 1▼ 偵測口 (2)右1▼ 偵測到 黑▼`
   判斷結果：☐ true（真）　☐ false（假）

(2) 將 mBot2 四路顏色感測器中左 1 與右 1 感測器放在白線上，讓左 1 與右 1 感測器皆亮燈，拖曳下圖積木，點擊積木，勾選循線狀態判斷的結果為何？

A. `四路顏色感測器 1▼ 偵測口 (3)左1▼ 偵測到 白▼`
   判斷結果：☐ true（真）　☐ false（假）

B. `四路顏色感測器 1▼ 偵測口 (2)右1▼ 偵測到 白▼`
   判斷結果：☐ true（真）　☐ false（假）

C. `四路顏色感測器 1▼ 偵測口 (3)左1▼ 偵測到 白▼` 且 `四路顏色感測器 1▼ 偵測口 (2)右1▼ 偵測到 白▼`
   判斷結果：☐ true（真）　☐ false（假）

(3) 將 mBot2 四路顏色感測器中左 1 感測器放在白線上、右 1 感測器放在黑線上，讓左 1 亮燈、右 1 不亮燈，拖曳下圖積木，點擊積木，勾選循線狀態判斷的結果為何？

A. `四路顏色感測器 1▼ 偵測口 (3)左1▼ 偵測到 白▼`
   判斷結果：☐ true（真）　　☐ false（假）

B. `四路顏色感測器 1▼ 偵測口 (2)右1▼ 偵測到 黑▼`
   判斷結果：☐ true（真）　　☐ false（假）

C. `四路顏色感測器 1▼ 偵測口 (3)左1▼ 偵測到 白▼ 且 四路顏色感測器 1▼ 偵測口 (2)右1▼ 偵測到 黑▼`
   判斷結果：☐ true（真）　　☐ false（假）

(4) 將 mBot2 四路顏色感測器中左 1 感測器放在黑線上、右 1 感測器放在白線上，讓左 1 不亮燈、右 1 亮燈，拖曳下圖積木，點擊積木，勾選循線狀態判斷的結果為何？

A. `四路顏色感測器 1▼ 偵測口 (3)左1▼ 偵測到 黑▼`
   判斷結果：☐ true（真）　　☐ false（假）

B. `四路顏色感測器 1▼ 偵測口 (2)右1▼ 偵測到 白▼`
   判斷結果：☐ true（真）　　☐ false（假）

C. `四路顏色感測器 1▼ 偵測口 (3)左1▼ 偵測到 黑▼ 且 四路顏色感測器 1▼ 偵測口 (2)右1▼ 偵測到 白▼`
   判斷結果：☐ true（真）　　☐ false（假）

2 按 **事件**、**控制**、**運算**、**四路顏色感測器** 與 **超音波感測器2**，拖曳下圖積木，當四路顏色感測器的左 1 感測器亮燈時，點亮 5～8 氣氛燈；當右 1 感測器亮燈時，點亮 1～4 氣氛燈；當左 1 與右 1 感測器同時亮燈時，點亮 1～8 氣氛燈。

6-3 四路顏色感測器判斷循線狀態

```
當 ▶ 被點一下
超音波感測器2  1▼  關閉氣氛燈 全部▼
不停重複
    如果  四路顏色感測器 1▼ 偵測口 (3)左1▼ 偵測到 黑▼ 且 四路顏色感測器 1▼ 偵測口 (2)右1▼ 偵測到 黑▼ 那麼
        超音波感測器2  1▼  關閉氣氛燈 全部▼
    如果  四路顏色感測器 1▼ 偵測口 (3)左1▼ 偵測到 黑▼ 且 四路顏色感測器 1▼ 偵測口 (2)右1▼ 偵測到 白▼ 那麼
        超音波感測器2  1▼  關閉氣氛燈 全部▼
        超音波感測器2  1▼  設定氣氛燈 1▼ 亮度為 100 %
        超音波感測器2  1▼  設定氣氛燈 2▼ 亮度為 100 %
        超音波感測器2  1▼  設定氣氛燈 3▼ 亮度為 100 %
        超音波感測器2  1▼  設定氣氛燈 4▼ 亮度為 100 %
    如果  四路顏色感測器 1▼ 偵測口 (3)左1▼ 偵測到 白▼ 且 四路顏色感測器 1▼ 偵測口 (2)右1▼ 偵測到 黑▼ 那麼
        超音波感測器2  1▼  關閉氣氛燈 全部▼
        超音波感測器2  1▼  設定氣氛燈 5▼ 亮度為 100 %
        超音波感測器2  1▼  設定氣氛燈 6▼ 亮度為 100 %
        超音波感測器2  1▼  設定氣氛燈 7▼ 亮度為 100 %
        超音波感測器2  1▼  設定氣氛燈 8▼ 亮度為 100 %
    如果  四路顏色感測器 1▼ 偵測口 (3)左1▼ 偵測到 白▼ 且 四路顏色感測器 1▼ 偵測口 (2)右1▼ 偵測到 白▼ 那麼
        超音波感測器2  1▼  關閉氣氛燈 全部▼
        超音波感測器2  1▼  設定氣氛燈 1▼ 亮度為 100 %
        超音波感測器2  1▼  設定氣氛燈 2▼ 亮度為 100 %
        超音波感測器2  1▼  設定氣氛燈 3▼ 亮度為 100 %
        超音波感測器2  1▼  設定氣氛燈 4▼ 亮度為 100 %
        超音波感測器2  1▼  設定氣氛燈 5▼ 亮度為 100 %
        超音波感測器2  1▼  設定氣氛燈 6▼ 亮度為 100 %
        超音波感測器2  1▼  設定氣氛燈 7▼ 亮度為 100 %
        超音波感測器2  1▼  設定氣氛燈 8▼ 亮度為 100 %
```

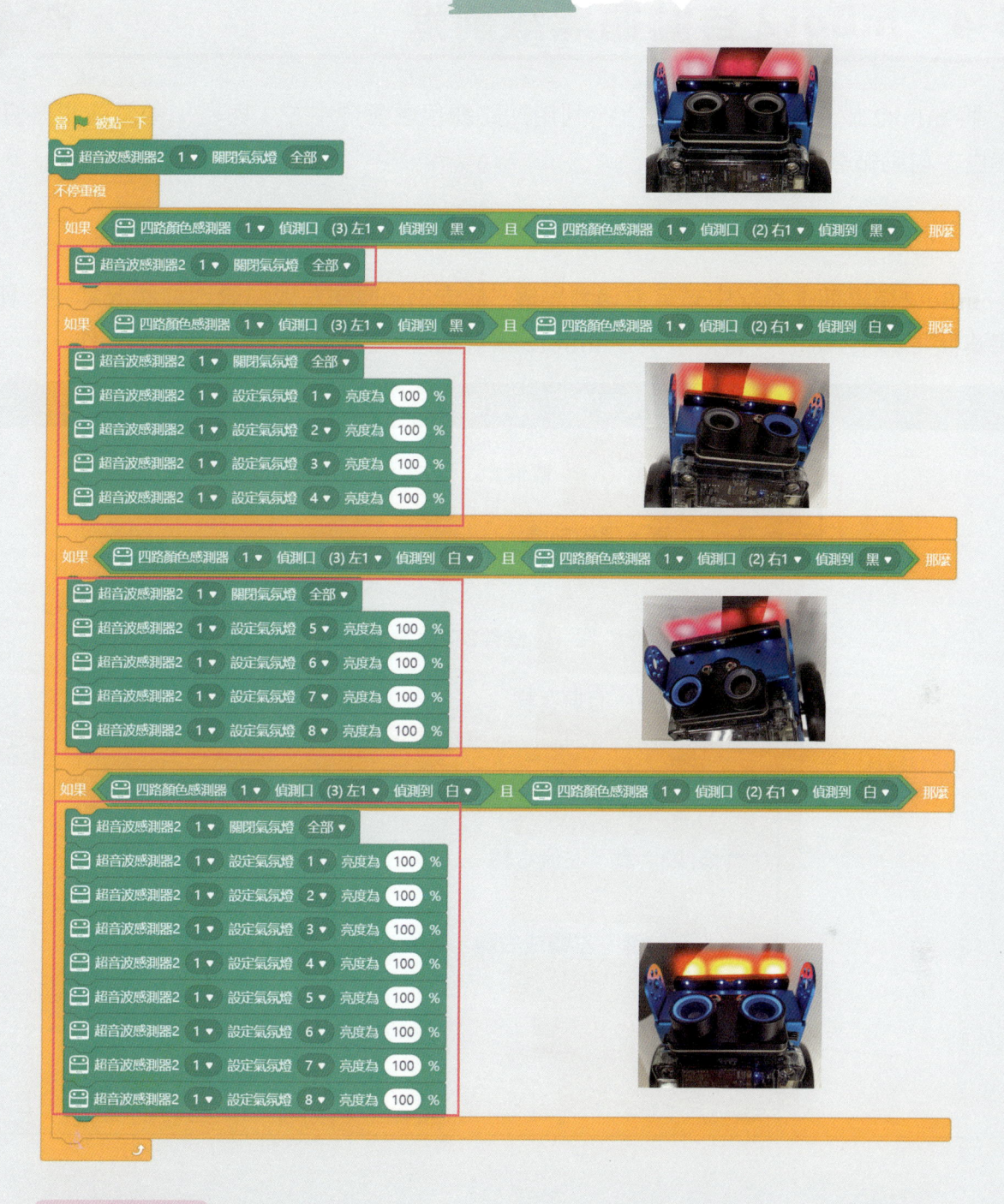

mBot2 概念說明

當四路顏色感測器中左1是白色亮燈時，`四路顏色感測器 1▼ 偵測口 (3)左1▼ 偵測到 白▼` 右1可能是白色或黑色，因此，利用邏輯積木將「左1為白」且「右1為黑」將兩個積木組合，`四路顏色感測器 1▼ 偵測口 (3)左1▼ 偵測到 白▼ 且 四路顏色感測器 1▼ 偵測口 (2)右1▼ 偵測到 黑▼` 確認 mBot2 偏向左邊。

6-4　mBot2 自動循黑線前進

將 mBot2 放在白底黑線地圖上，利用四路顏色感測器中左1與右1兩個感測器偵測黑與白，自動循著黑線前進。

一、循線狀態判斷方式

mBot2 循黑前進過程中必定會遇到黑線、偏向右、偏向左或白線四種狀況其中一種，利用巢狀「如果-那麼-否則」決定 mBot2 執行前進、左轉、右轉或後退的動作。

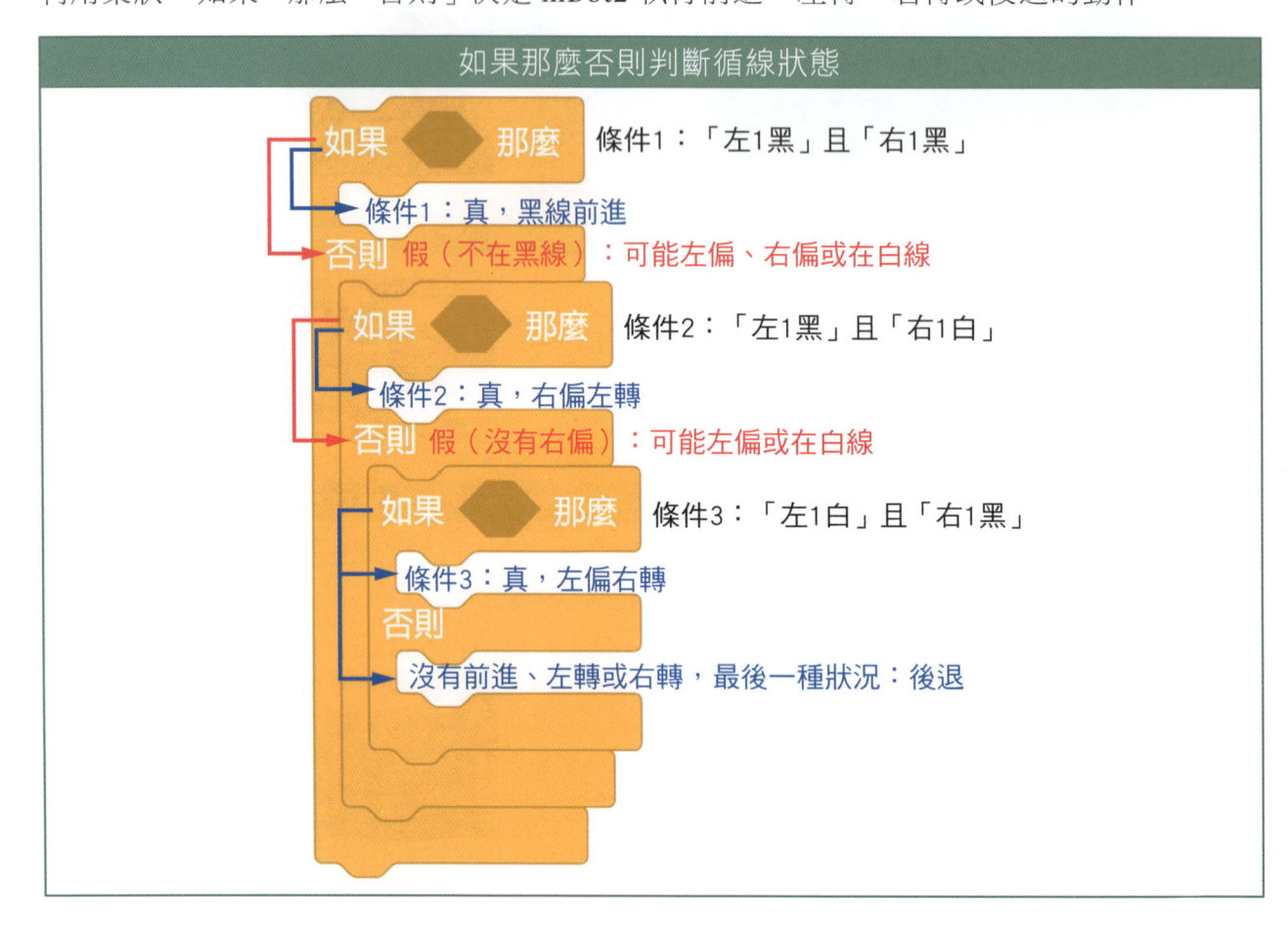

如果那麼否則判斷循線狀態

- 如果　　　那麼　條件1：「左1黑」且「右1黑」
  - 條件1：真，黑線前進
  - 否則　假（不在黑線）：可能左偏、右偏或在白線
    - 如果　　　那麼　條件2：「左1黑」且「右1白」
      - 條件2：真，右偏左轉
      - 否則　假（沒有右偏）：可能左偏或在白線
        - 如果　　　那麼　條件3：「左1白」且「右1黑」
          - 條件3：真，左偏右轉
          - 否則
            - 沒有前進、左轉或右轉，最後一種狀況：後退

二、即時執行 mBot2 智能循黑線前進

以即時模式連線執行程式，當按下 CyberPi 的按鈕 A，mBot2 循著黑線前進，直到按下按鈕 B 停止前進。

1 將 CyberPi 設定為【即時】模式。

2 點選 **事件**、**控制**、**偵測** 與 **mBot2 車架**，拖曳下圖積木，當按下 CyberPi 的按鈕 A，mBot2 循著黑線前進，直到按下按鈕 B 停止前進。

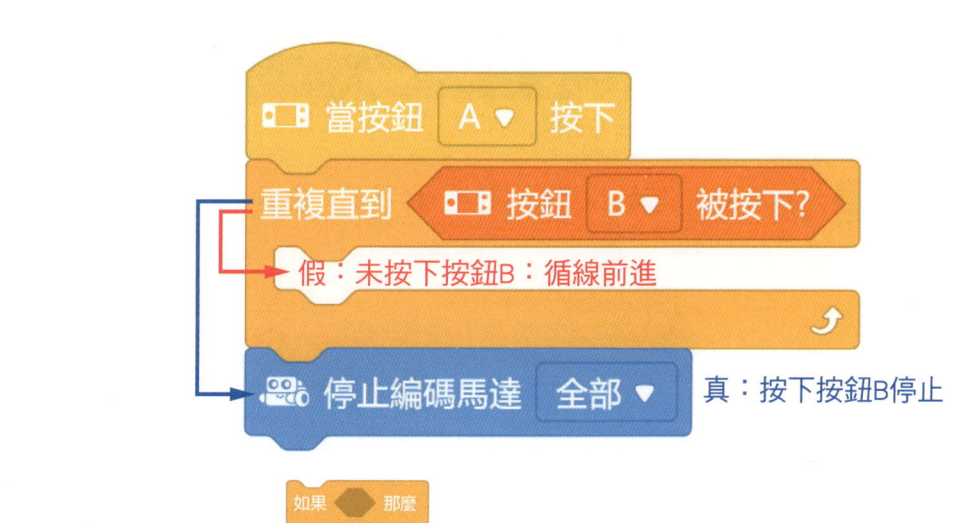

```
當按鈕 A▼ 按下
重複直到 < 按鈕 B▼ 被按下? >
    假：未按下按鈕B：循線前進
停止編碼馬達 全部▼        真：按下按鈕B停止
```

3 點選 **控制**，拖曳 3 個 `如果 那麼 否則` ，判斷循線的四種狀態。

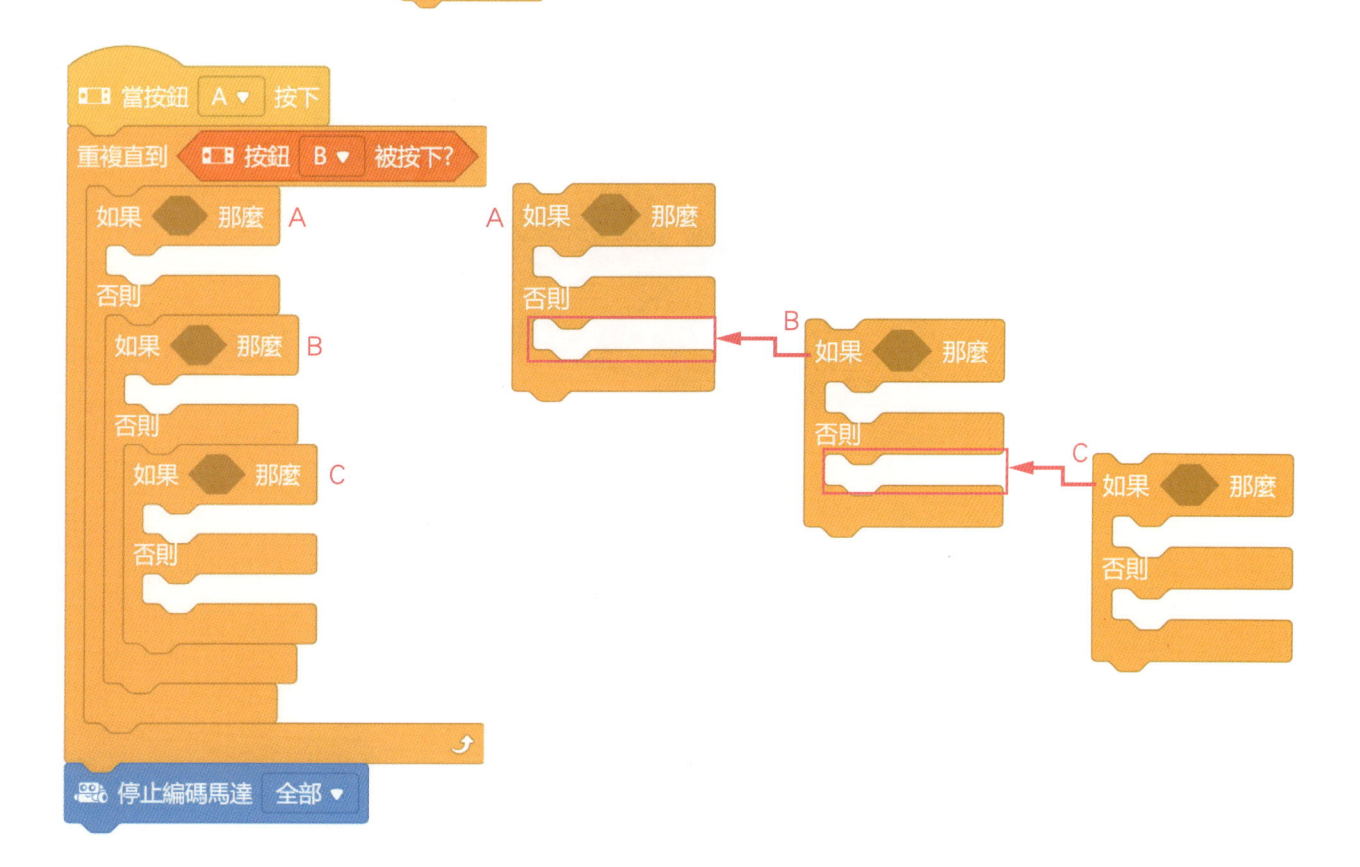

```
當按鈕 A▼ 按下
重複直到 < 按鈕 B▼ 被按下? >
    如果     那麼      A
    否則
        如果     那麼      B
        否則
            如果     那麼      C
            否則
停止編碼馬達 全部▼
```

Chapter 6 mBot2 智能循線

4 點選 四路顏色感測器、運算 與 mBot2 車架，拖曳下圖積木，mBot2 循著黑線前進。

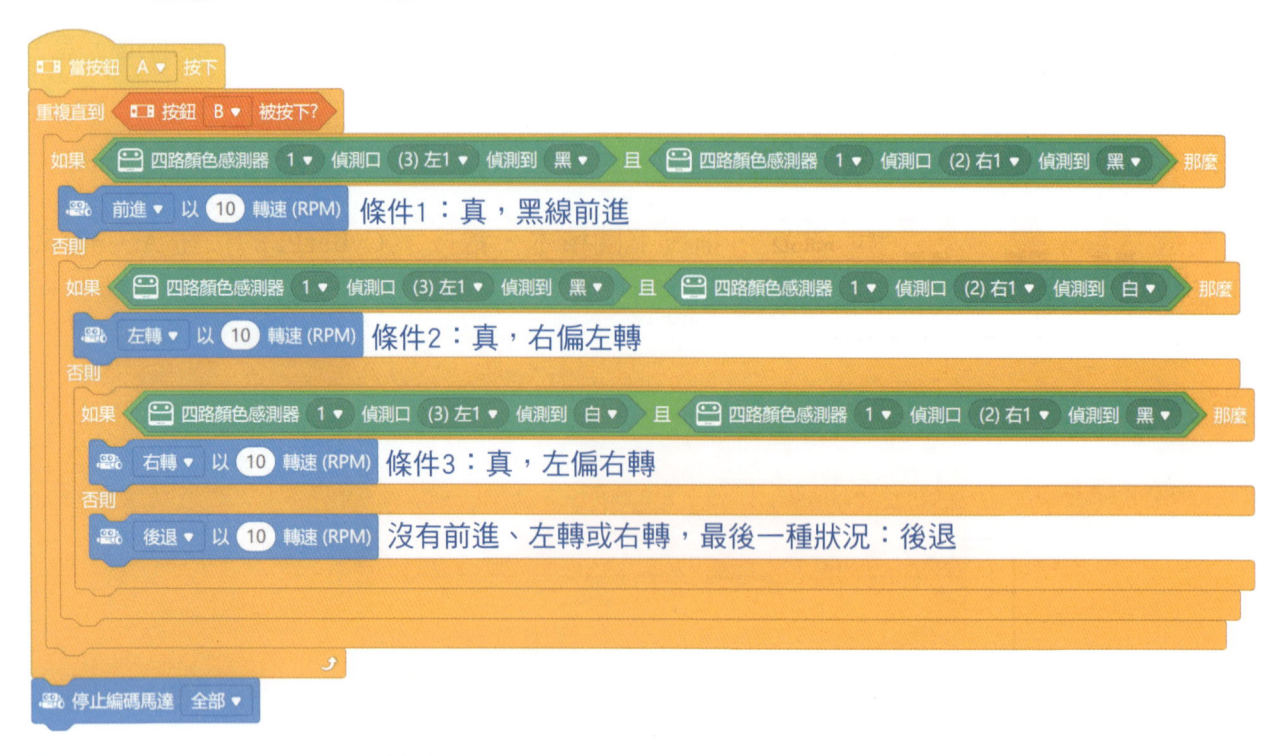

```
當按鈕 A 按下
重複直到 按鈕 B 被按下?
    如果 四路顏色感測器 1 偵測口 (3)左1 偵測到 黑 且 四路顏色感測器 1 偵測口 (2)右1 偵測到 黑 那麼
        前進 以 10 轉速(RPM)      條件1：真，黑線前進
    否則
        如果 四路顏色感測器 1 偵測口 (3)左1 偵測到 黑 且 四路顏色感測器 1 偵測口 (2)右1 偵測到 白 那麼
            左轉 以 10 轉速(RPM)   條件2：真，右偏左轉
        否則
            如果 四路顏色感測器 1 偵測口 (3)左1 偵測到 白 且 四路顏色感測器 1 偵測口 (2)右1 偵測到 黑 那麼
                右轉 以 10 轉速(RPM)  條件3：真，左偏右轉
            否則
                後退 以 10 轉速(RPM)  沒有前進、左轉或右轉，最後一種狀況：後退
停止編碼馬達 全部
```

5 按下 CyberPi 按鈕 A，檢查 mBot2 是否循著黑線前進。

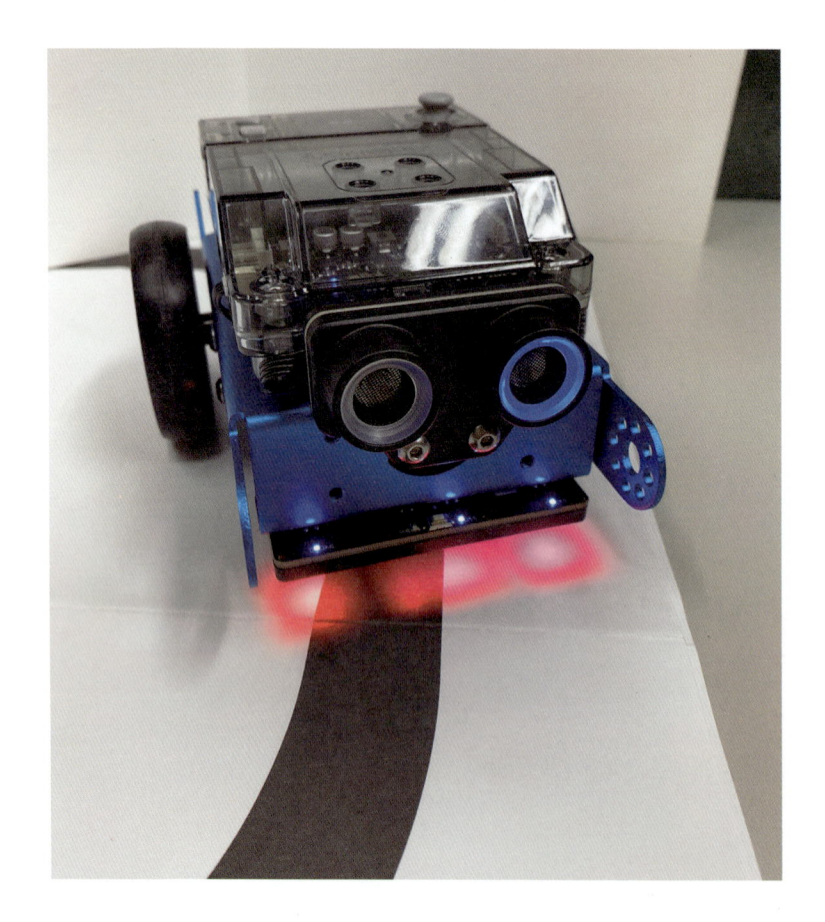

6-5　mBot2 閃爍氣氛燈

　　循線過程中 mBot2 左轉亮左側氣氛燈，mBot2 右轉亮右側氣氛燈，同時 CyberPi 螢幕顯示 mBot2 的偏差值。

一、mBot2 點亮氣氛燈

1 點選 自定積木，點擊【新增積木指令】，輸入「1~4 氣氛燈」，自訂點亮 1~4 右側氣氛燈。

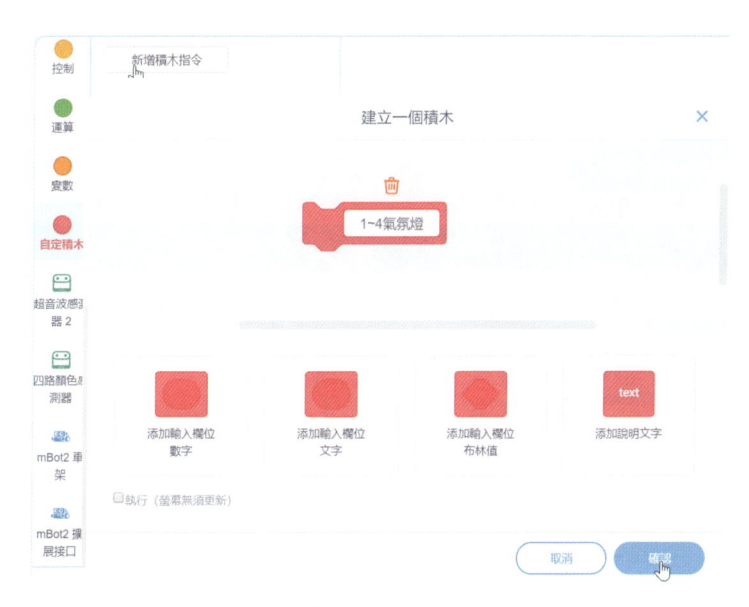

2 重複上述步驟，自訂【5~8】氣氛燈積木。

3 點選 超音波感測器2，定義點亮 1~4 氣氛燈與 5~8 氣氛燈。

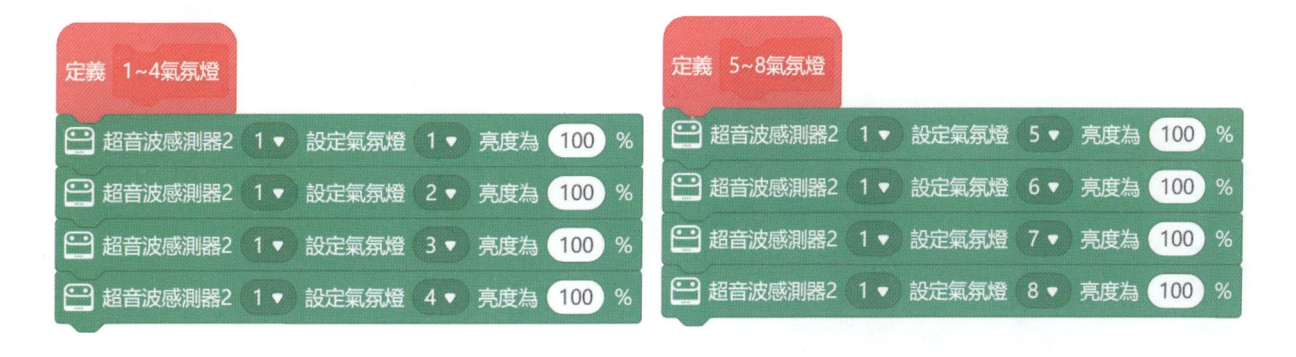

Chapter 6 mBot2 智能循線

4 點選 超音波感測器2 與 自定積木，拖曳下圖積木，當 mBot2 左轉時點亮 5~8 氣氛燈、右轉時點亮 1~4 氣氛燈。

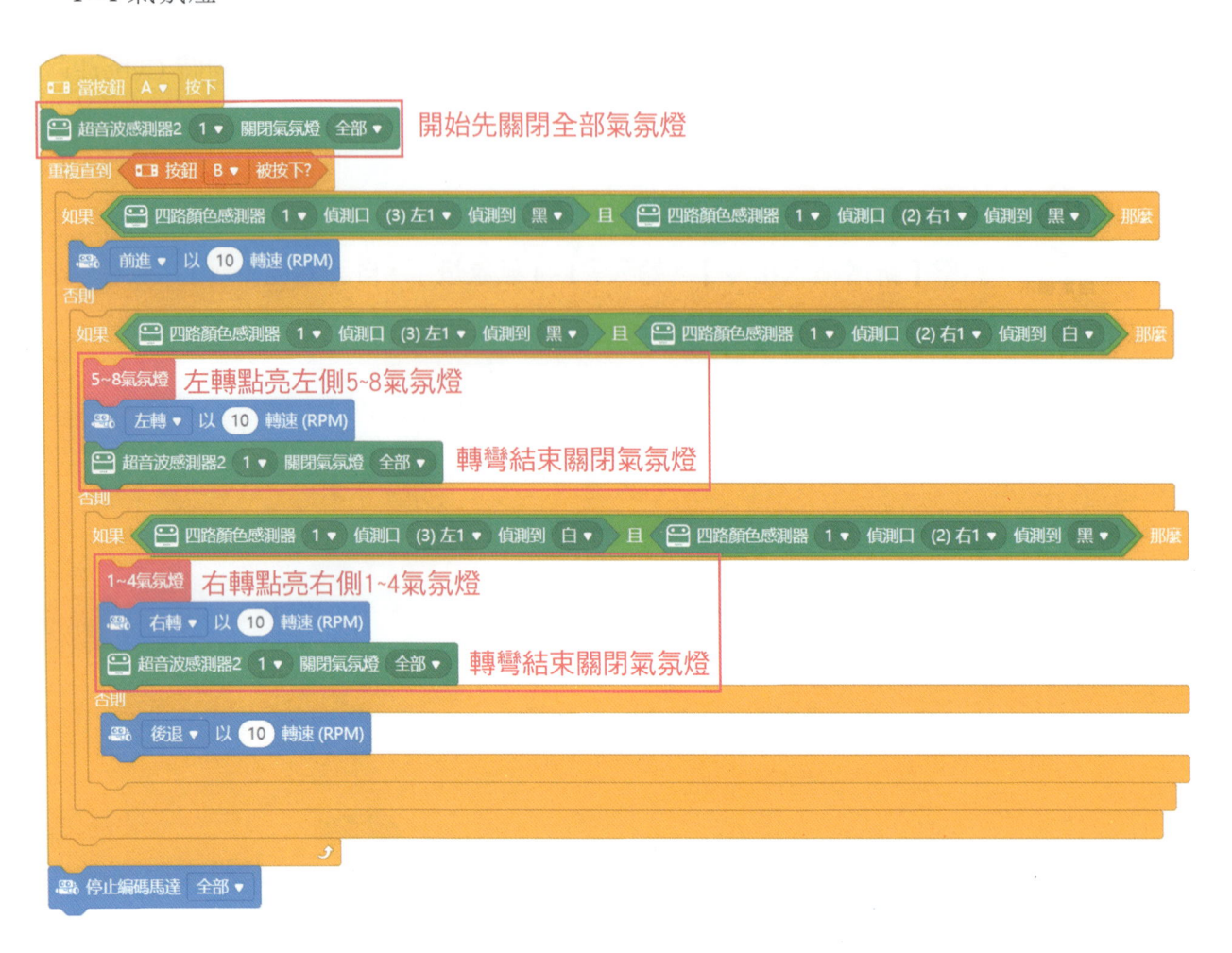

```
當按鈕 A▼ 按下
  超音波感測器2  1▼  關閉氣氛燈  全部▼         開始先關閉全部氣氛燈
  重複直到  按鈕 B▼ 被按下?
    如果  四路顏色感測器  1▼ 偵測口 (3)左1▼ 偵測到 黑▼ 且 四路顏色感測器 1▼ 偵測口 (2)右1▼ 偵測到 黑▼ 那麼
      前進▼ 以 10 轉速 (RPM)
    否則
      如果  四路顏色感測器  1▼ 偵測口 (3)左1▼ 偵測到 黑▼ 且 四路顏色感測器 1▼ 偵測口 (2)右1▼ 偵測到 白▼ 那麼
        5~8氣氛燈              左轉點亮左側5~8氣氛燈
        左轉▼ 以 10 轉速 (RPM)
        超音波感測器2 1▼ 關閉氣氛燈 全部▼     轉彎結束關閉氣氛燈
      否則
        如果  四路顏色感測器 1▼ 偵測口 (3)左1▼ 偵測到 白▼ 且 四路顏色感測器 1▼ 偵測口 (2)右1▼ 偵測到 黑▼ 那麼
          1~4氣氛燈              右轉點亮右側1~4氣氛燈
          右轉▼ 以 10 轉速 (RPM)
          超音波感測器2 1▼ 關閉氣氛燈 全部▼   轉彎結束關閉氣氛燈
        否則
          後退▼ 以 10 轉速 (RPM)

  停止編碼馬達 全部▼
```

5 按下 CyberPi 按鈕 A，檢查 mBot2 循線轉彎時是否點亮氣氛燈。

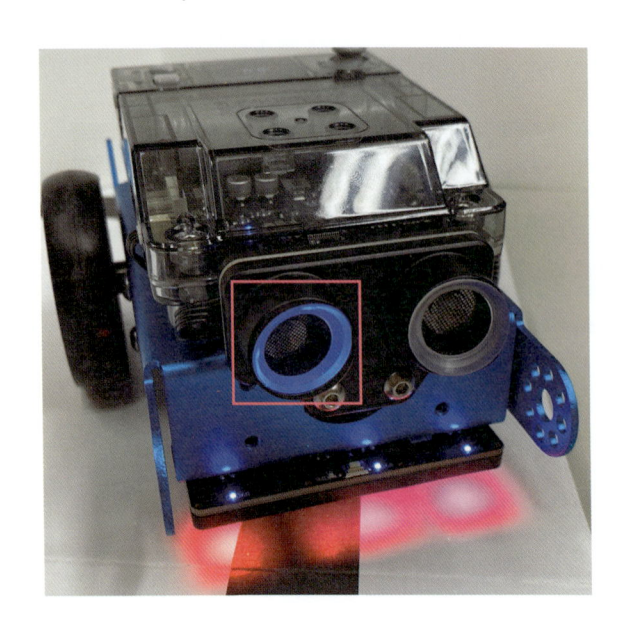

mBot2 概念說明 氣氛燈 1~8 的位置如下圖。

二、mBot2 顯示偏差值

mBot2 循線過程中沿著黑線前進、左偏、右偏或完全在白線時顯示偏差值。

1 點選 超音波感測器2 與 顯示，拖曳下圖積木，按下 CyberPi 的按鈕時先清空畫面，再前進、左轉、右轉與後退時重複顯示偏差值。

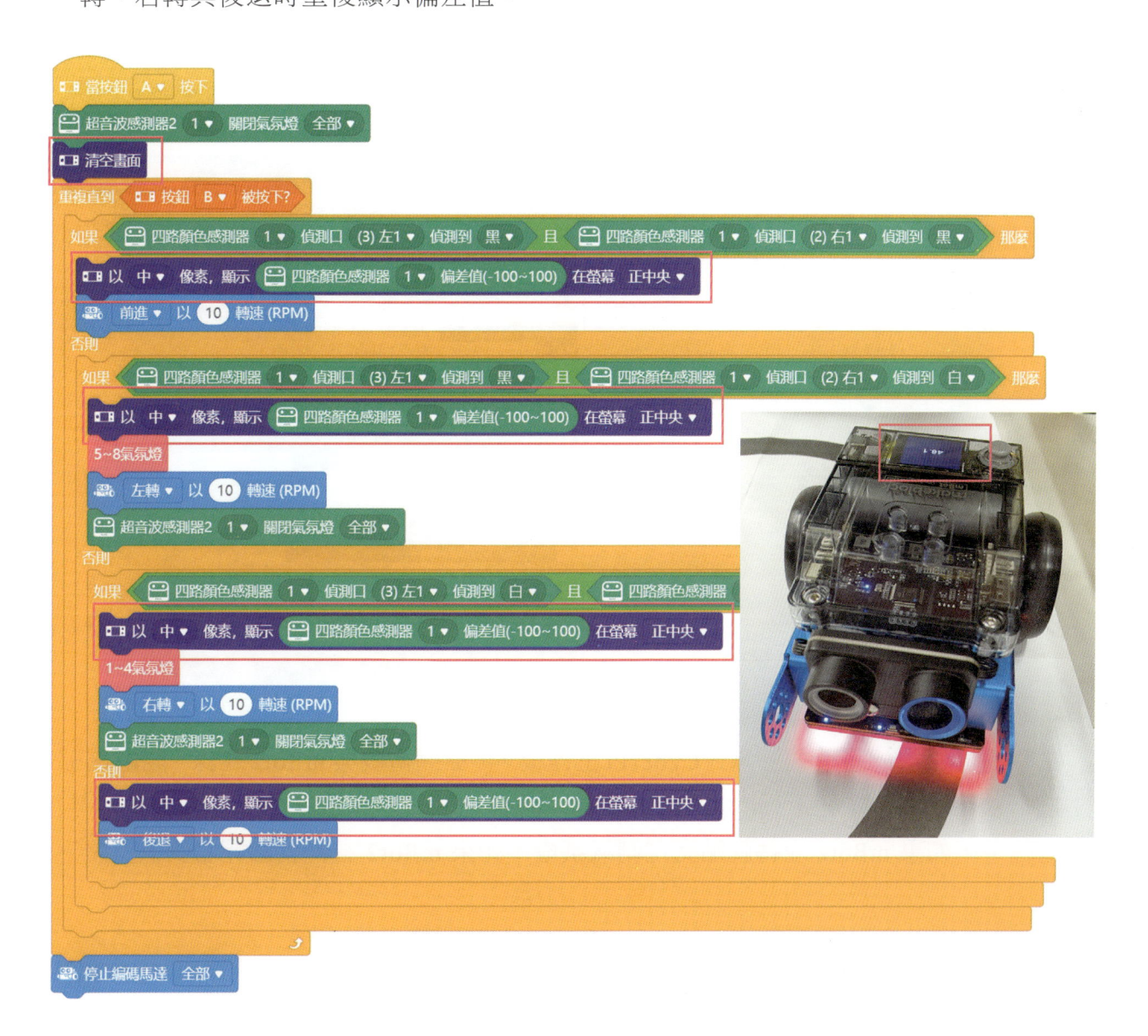

```
當按鈕 A▼ 按下
  超音波感測器2 1▼ 關閉氣氛燈 全部▼
  清空畫面
  重複直到  按鈕 B▼ 被按下?
    如果  四路顏色感測器 1▼ 偵測口 (3)左1▼ 偵測到 黑▼ 且 四路顏色感測器 1▼ 偵測口 (2)右1▼ 偵測到 黑▼  那麼
      以 中▼ 像素,顯示 四路顏色感測器 1▼ 偏差值(-100~100) 在螢幕 正中央▼
      前進▼ 以 10 轉速 (RPM)
    否則
      如果  四路顏色感測器 1▼ 偵測口 (3)左1▼ 偵測到 黑▼ 且 四路顏色感測器 1▼ 偵測口 (2)右1▼ 偵測到 白▼  那麼
        以 中▼ 像素,顯示 四路顏色感測器 1▼ 偏差值(-100~100) 在螢幕 正中央▼
        5~8氣氛燈
        左轉▼ 以 10 轉速 (RPM)
        超音波感測器2 1▼ 關閉氣氛燈 全部▼
      否則
        如果  四路顏色感測器 1▼ 偵測口 (3)左1▼ 偵測到 白▼ 且 四路顏色感測器
          以 中▼ 像素,顯示 四路顏色感測器 1▼ 偏差值(-100~100) 在螢幕 正中央▼
          1~4氣氛燈
          右轉▼ 以 10 轉速 (RPM)
          超音波感測器2 1▼ 關閉氣氛燈 全部▼
        否則
          以 中▼ 像素,顯示 四路顏色感測器 1▼ 偏差值(-100~100) 在螢幕 正中央▼
          後退▼ 以 10 轉速 (RPM)
  停止編碼馬達 全部▼
```

6-6　上傳執行 mBot2 智能循線

　　mBlock 5 程式設計時，以即時模式，測試程式執行是否正確。程式設計完成，開啟上傳模式，將程式上傳 CyberPi 主控板，以後只要開啟電源，按下按鈕 A，mBot2 開始執行智能循線程式。

1 點擊 【上傳】，設定為上傳模式。

2 點擊 上傳 ，將程式上傳到 CyberPi 主控板，再斷開電腦與 mBot2 連線。開啟電源，按下 CyberPi 的按鈕 A，mBot2 前進，同時螢幕顯示四路顏色感測器的偏差值。循線過程中，如果 mBot2 左轉就點亮左側氣氛燈、如果 mBot2 右轉就點亮右側氣氛燈。

實力評量 6

一、單選題

（　　）1. 圖一如果想讓 mBot2 循黑線前進，應該使用下列哪一個感測器？
　　　　(A) A 超音波感測器氣氛燈　　(B) B 超音波感測器
　　　　(C) C 四路顏色感測器　　　　(D) 以上皆可。

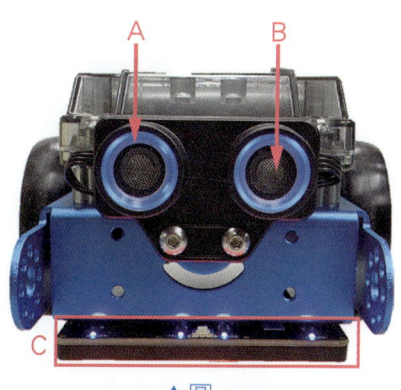

▲圖一

（　　）2. 如果想讓 mBot2 循白線前進，應該使用下列哪一個感測器？
　　　　(A) 超音波感測器　　　　　　(B) 顏色感測器
　　　　(C) 喇叭　　　　　　　　　　(D) 光線感測器。

（　　）3. 當顏色感測器偵測到淺色（或白色）時會點亮藍色指示燈，同時，傳回的值為何？
　　　　(A) 0　(B) 1　(C) 2　(D) 3。

（　　）4. 下列哪一個圖示，能夠讓圖二顏色感測器的判斷結果為「true（真）」？
　　　　(A)　　　　　　　　　　　　(B)
　　　　(C)　　　　　　　　　　　　(D)

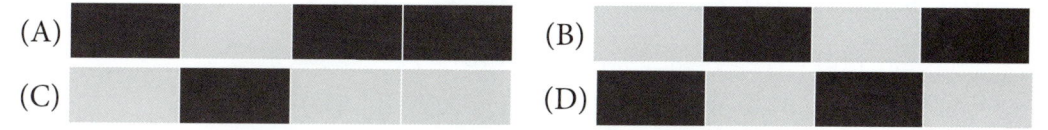

　　　　四路顏色感測器　1　循線狀態　(5) 0101

▲圖二

（　　）5. 如果圖三的 2 個積木皆傳回 true（真），mBot2 可能是哪一種選項的位置？
　　　　(A)　　　(B)　　　(C)　　　(D)

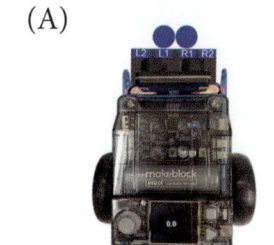

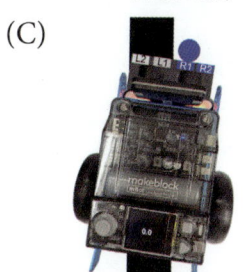

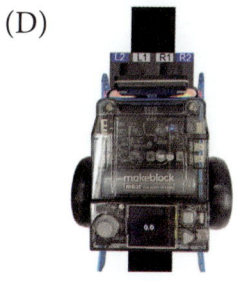

　　　　四路顏色感測器　1　偵測口　(2) 右1　偵測到　黑
　　　　四路顏色感測器　1　偵測口　(3) 左1　偵測到　白

▲圖三

實力評量 6

( ) 6. 圖四程式的執行結果為何？
(A) 81　　(B) -25
(C) true（真）　(D) false（假）。

`9 * 9 小於 50 且 -5 小於 5`
▲圖四

( ) 7. 如果要設計 mBot2 循黑線前進，當 mBot2 在圖五的狀況時，應該執行哪一種動作？
(A) 前進　(B) 後退　(C) 左轉　(D) 右轉。

▲圖五

( ) 8. 下列哪一個積木在前後兩個條件中只要其中一個條件為真 (true) 時，判斷結果為真？
(A) `或`　(B) `且`　(C) `不成立`　(D) 以上皆可。

( ) 9. 關於圖六 (a) 的程式，能夠點亮圖六 (b) 的哪一個氣氛燈？
(A) 點亮 A　(B) 點亮 B　(C) 同時點亮 A 與 B　(D) 同時關閉。

定義 5~8氣氛燈
超音波感測器2 1▼ 設定氣氛燈 5▼ 亮度為 100 %
超音波感測器2 1▼ 設定氣氛燈 6▼ 亮度為 100 %
超音波感測器2 1▼ 設定氣氛燈 7▼ 亮度為 100 %
超音波感測器2 1▼ 設定氣氛燈 8▼ 亮度為 100 %

(a)　　(b)

▲圖六

ise
實力評量 6

(　　)10. 關於圖七的程式，如果 mBot2 循黑線前進的過程中，目前左 1 與右 1 的顏色感測器皆亮燈，那麼 mBot2 應該執行哪一個動作？
(A) 前進　(B) 後退　(C) 左轉　(D) 右轉。

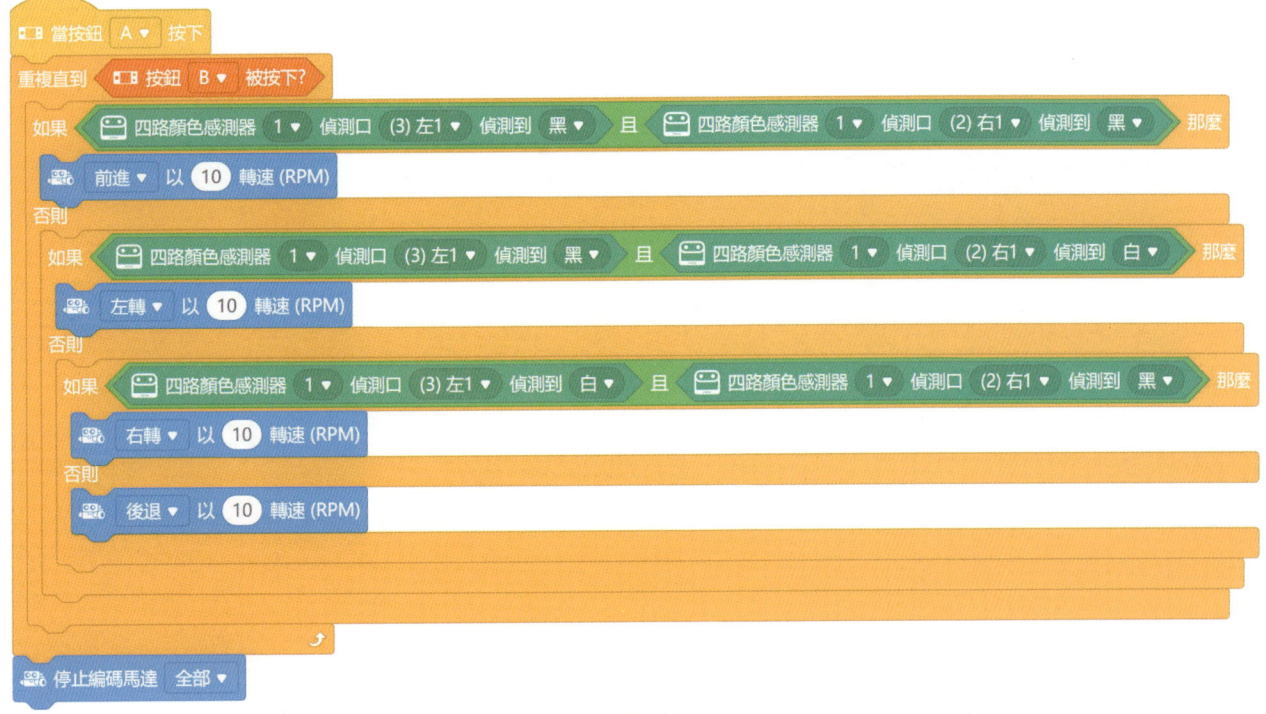

▲圖七

二、實作題

1. 請改寫程式，讓 mBot2 循著白線前進。

2. 請改寫程式，讓 mBot2 循白線時，左轉點亮 RGB LED 燈條的第 1 個 LED 燈，右轉時點亮 RGB LED 燈條的第 5 個 LED 燈。

CHAPTER 7
mBot2 智能辨色

　　mBot2 明星選拔賽第六部曲—機器人智能大賽第三回合，每個 IQ180 的機器人除了能夠自動循黑線或白線運動之外，還能夠判斷七彩顏色。現在趕快再幫 mBot2 設計智能辨色參賽。

本章節次

7-1　mBot2 智能辨色專題規劃
7-2　四路顏色感測器：mBot2 辨顏色
7-3　mBot2 辨色唱歌
7-4　上傳執行 mBot2 智能辨色

學習目標

1. 理解 mBot2 的四路顏色感測器偵測顏色的原理。
2. 能夠應用四路顏色感測器設計 mBot2 判斷顏色。
3. 能夠以四路顏色感測器設計 mBot2 辨色唱歌。

7-1　mBot2 智能辨色專題規劃

　　本章將利用四路顏色感測器，設計 mBot2 智能辨色。當按壓 CyberPi 的搖桿時，mBot2 開始前進，如果偵測到七彩顏色就播放 Do~Si 音階並點亮七彩 LED，如表 1 所示，直到黑色停止。

創客題目編號：A005060

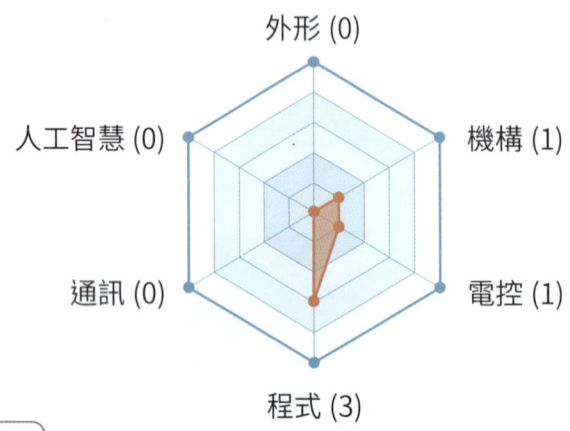

創客指標

外形	0
機構	1
電控	1
程式	3
通訊	0
人工智慧	0
創客總數	5

20 mins

▼表 1

顏色 功能	紅	黃	綠	青	藍	紫	黑
播放音階	Do	Re	Mi	Fa	So	La	Si
LED 顏色	紅	綠	藍	黃	青	紫	關閉所有 LED
mBot2 運動	前進	前進	前進	前進	前進	前進	停止

一、mBot2 智能辨色元件規劃

　　mBot2 智能辨色使用的元件包括：搖桿、四路顏色感測器、LED 燈條、喇叭與編碼馬達，每個元件的位置與功能如圖 1、圖 2 所示。

編碼馬達：
前進或停止

四路顏色感測器：
偵測七彩顏色

▲圖 1

搖桿：
開始前進

LED燈條：
顯示偵測顏色

喇叭：
播放音階

▲圖 2

二、mBot2 智能辨色執行流程

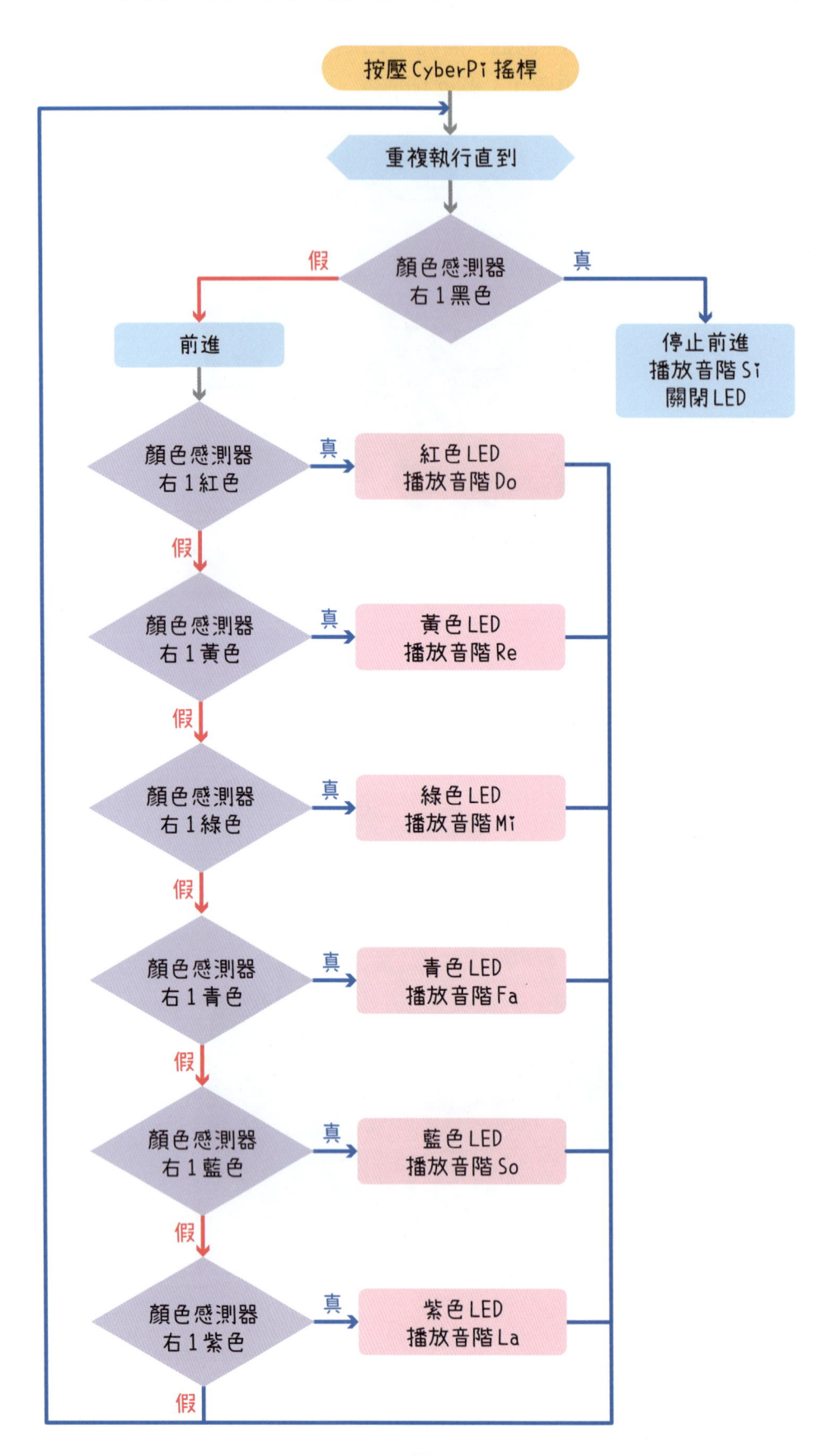

```
按壓 CyberPi 搖桿
      ↓
   重複執行直到
      ↓
  顏色感測器右1黑色 ──真──→ 停止前進
      │                    播放音階 Si
      假                    關閉 LED
      ↓
     前進
      ↓
  顏色感測器右1紅色 ──真──→ 紅色 LED／播放音階 Do
      │假
      ↓
  顏色感測器右1黃色 ──真──→ 黃色 LED／播放音階 Re
      │假
      ↓
  顏色感測器右1綠色 ──真──→ 綠色 LED／播放音階 Mi
      │假
      ↓
  顏色感測器右1青色 ──真──→ 青色 LED／播放音階 Fa
      │假
      ↓
  顏色感測器右1藍色 ──真──→ 藍色 LED／播放音階 So
      │假
      ↓
  顏色感測器右1紫色 ──真──→ 紫色 LED／播放音階 La
      │假
      └──→（回到重複執行直到）
```

▲圖 3

7-2 四路顏色感測器：mBot2 辨顏色

一、四路顏色感測器運作原理

四路顏色感測器內建四個光線感測器與補光燈，用來偵測物件的白、黃、紅、綠、青、藍、紫與黑，共八種顏色。本章將利用七彩顏色讓 mBot2 辨色唱歌。四路顏色感測器能夠判斷的顏色如圖 4 所示。

二、四路顏色感測器辨色

在 四路顏色感測器 類別積木中，與四路顏色感測器偵測顏色相關的積木功能如下。

功能	積木與說明
判斷顏色	四路顏色感測器 1▼ 偵測口 (2) 右1▼ 偵測到 白▼ 判斷四路顏色感測器（右1）偵測到的顏色是否為白色（或黃、紅、綠、青、藍、紫與黑色），判斷結果為真或假。 true（真）：偵測到白色；false（假）：未偵測到白色。 選項：白／紅色／黃色／綠色／青色／藍色／✓紫色／黑
傳回顏色值	物件 R 值▼ 接收自四路顏色感測器 1▼ 偵測口 (1) 右2▼ 選項：✓物件 R 值／物件 G 值／物件 B 值／物件灰階／環境的光線強度／顏色 傳回四路顏色感測器對物件 R（或物件 G、物件 B、物件灰階、環境的光線強度、顏色）的偵測值，傳回值範圍從 0~255。其中物件 R 為紅色、物件 G 為綠色、物件 B 為藍色。四路顏色感測器可偵測的八種顏色色值如表 2 所示。 ▼表 2　八種顏色 RGB 色值表 | 色值＼顏色	紅	綠	藍	黃	青	紫	黑	白
---	---	---	---	---	---	---	---	---
紅 (R)	255	0	0	255	0	128	0	255
綠 (G)	0	255	0	255	255	0	0	255
藍 (B)	0	0	255	0	255	128	0	255	
設定補光燈	四路顏色感測器 1▼ 設定補光燈顏色 白▼ 設定補光燈的顏色為白、黃、紅、綠、青、藍、紫與黑，八種顏色。
關閉補光燈	四路顏色感測器 1▼ 關閉補光燈 關閉補光燈。

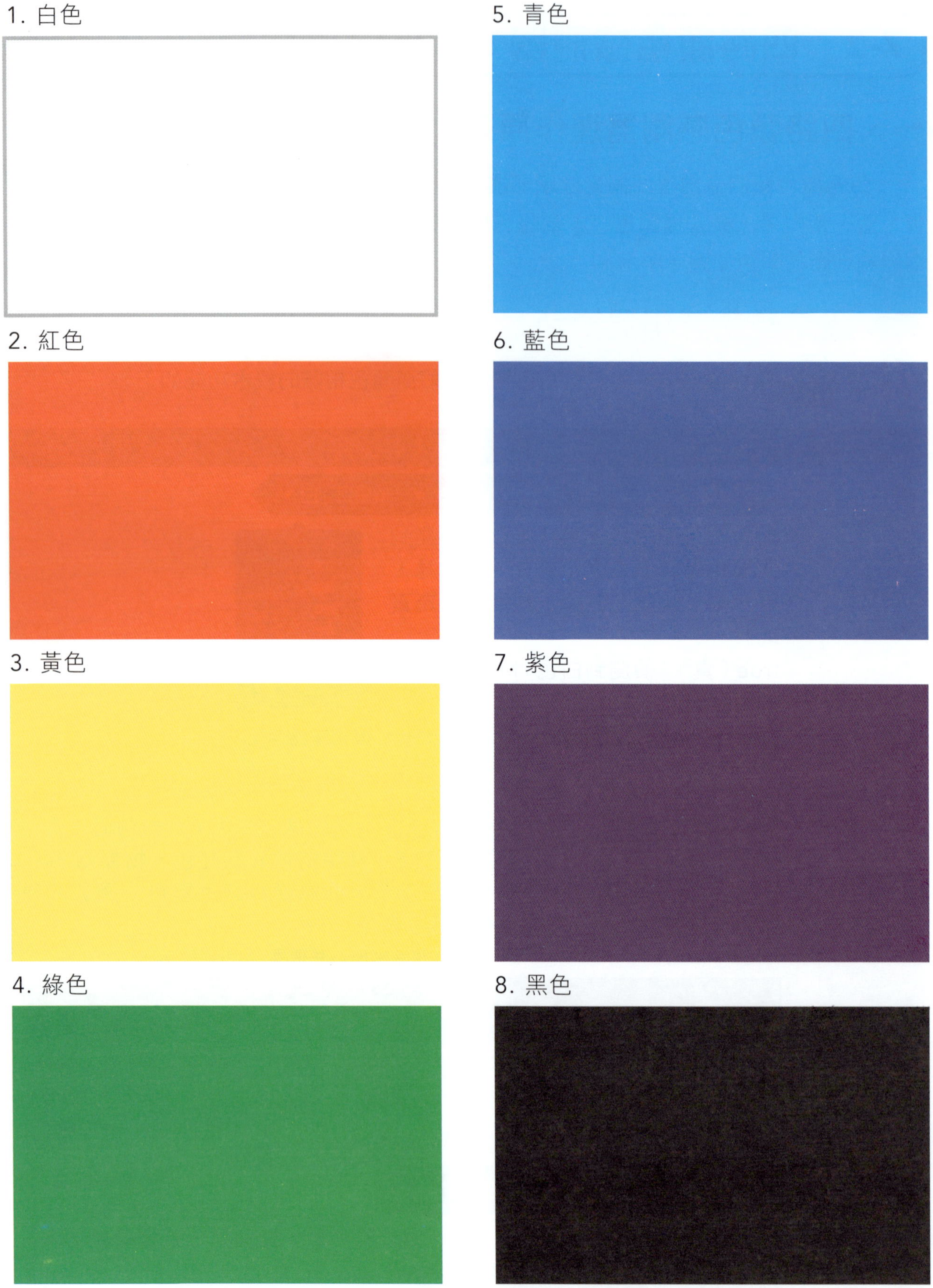

1. 白色

2. 紅色

3. 黃色

4. 綠色

5. 青色

6. 藍色

7. 紫色

8. 黑色

▲圖 4　四路顏色感測器偵測的顏色（可於附錄四沿虛線撕下來使用）

實作範例 ch7-1 mBot2 辨顏色

請利用 ◆四路顏色感測器 1▼ 偵測口 (2) 右1▼ 偵測到 白▼ ◆ 積木，將 mBot2 放在圖 4 四路顏色感測器偵測的顏色圖示上方，點擊積木，檢查顏色感測器的判斷結果是否為 true（真）。

1 在「設備」的 CyberPi，點按【連接 > COM 值 > 連接】，並選擇【即時】模式。

2 點選 延伸集，點選【更新擴展】，再按【+ 添加】，新增四路顏色感測器積木。

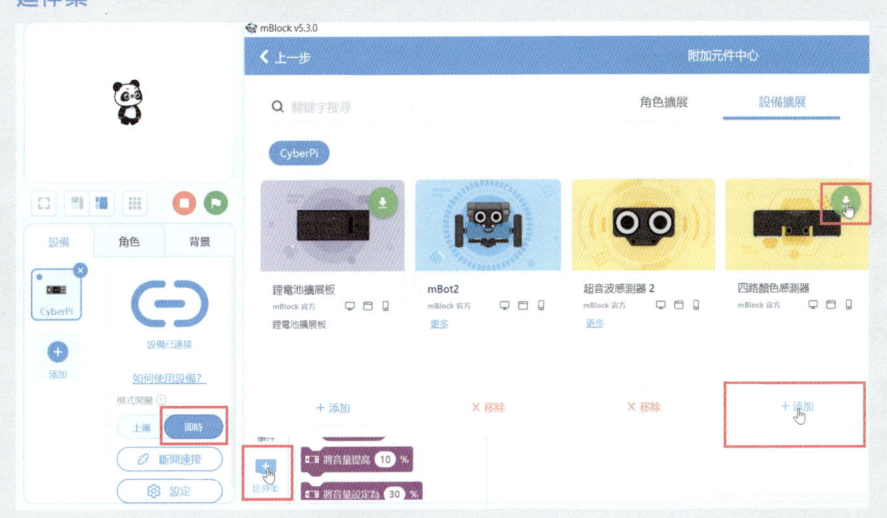

3 請將右 1 顏色感測器放在圖一青色上方，點選【青色】再點擊積木，檢查顏色感測器的判斷結果是否為 true（真）。

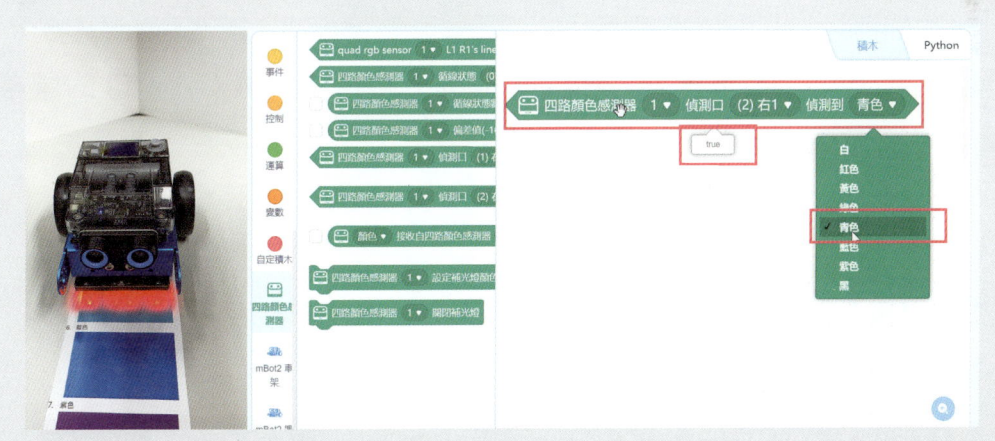

4 請將 mBot2 的右 1 顏色感測器依序放在白、紅色、黃色、綠色、青色、藍色、紫色與黑色圖示上方，分別點選積木的各個顏色，再點擊積木，檢查顏色感測器的判斷結果是否為 true（真）。

實作範例　ch7-2　mBot2 說顏色

請利用 `物件R值▼ 接收自四路顏色感測器 1▼ 偵測口 (1)右2▼` 積木，將 mBot2 放在圖一四路顏色感測器偵測的顏色圖示的上方，檢查舞台顯示的顏色與 CyberPi 顯示的顏色是否相同。同時，讓 CyberPi 的螢幕顯示顏色。

1. 請將 CyberPi 的連線設定為【即時】模式。

2. 請在積木 `物件R值▼ 接收自四路顏色感測器 1▼ 偵測口 (1)右2▼` 點選【顏色】與【右1】，並勾選積木，在舞台顯示右1顏色感測器偵測的顏色。

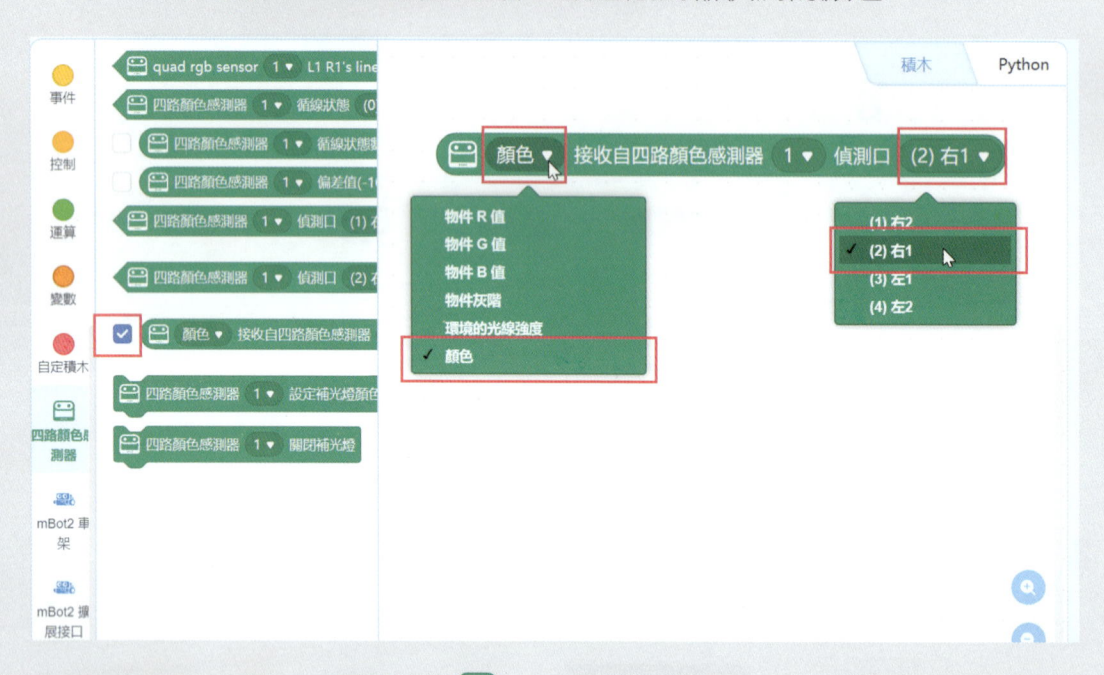

3. 點擊 事件、控制、顯示 與 四路顏色感測器，拖曳下圖積木，讓 CyberPi 的螢幕重複顯示右1顏色感測器偵測的顏色。

4. 按下按鈕 A，將右 1 顏色感測器放在黃色圖示上方，檢查 CyberPi 的螢幕是否顯示「yellow」（黃色），舞台也顯示「yellow」。

5. 請將 mBot2 的右 1 顏色感測器依序放在白、紅色、黃色、綠色、青色、藍色、紫色與黑色圖示上方，檢查 CyberPi 的螢幕是否顯示 white（白色）、red（紅色）、yellow（黃色）、green（綠色）、cyan（青色）、blue（藍色）、purple（紫色）與 black（黑色）。

實作範例　ch7-3　mBot2 說色值

請利用 `物件 R 值 ▼ 接收自四路顏色感測器 1 ▼ 偵測口 (1) 右2 ▼` 積木，將 mBot2 放在圖一四路顏色感測器偵測的顏色圖示的上方，再將舞台顯示的色值與 CyberPi 顯示的色值填入執行結果中。

1 請將 CyberPi 的連線設定為【即時】模式。

2 請在積木 `物件 R 值 ▼ 接收自四路顏色感測器 1 ▼ 偵測口 (1) 右2 ▼` 點選【物件 R 值】與【右 1】，並勾選積木，在舞台顯右 1 顏色感測器偵測的紅色色值(物件 R 值)。

3 點擊 事件、控制、顯示 與 四路顏色感測器，拖曳下圖積木，讓 CyberPi 的螢幕重複顯示右 1 顏色感測器偵測的紅色色值。

4. 按下按鈕 A，將右 1 顏色感測器放在黃色圖示上方，檢查 CyberPi 的螢幕是否顯示「255」，舞台也顯示「255」。

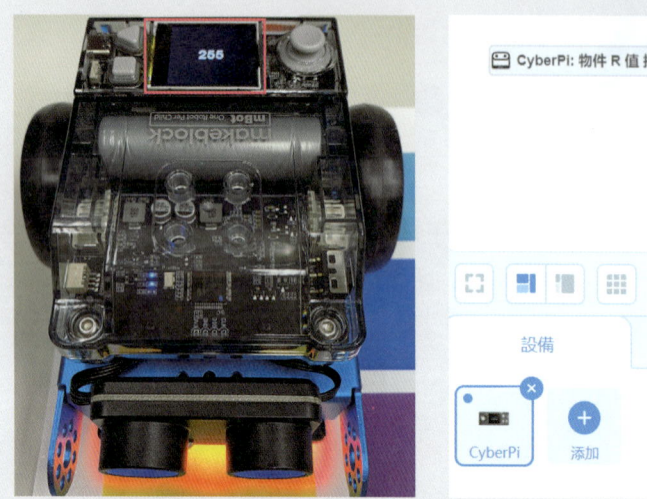

5. 請將 mBot2 的右 1 顏色感測器依序放在紅色、黃色、紫色與白色圖示上方，請將 CyberPi 螢幕顯示的紅色色值填入下表中。

色值＼顏色	紅色	黃色	白色
物件 R（紅色）			

mBot2 概念說明

1. 偵測顏色時會受環境光線影響，因此，傳回值為似近值。紅色、黃色與白色的組成 RGB 色值中包括紅色，因此傳回的物件 R 紅色色值為 255。
2. 八種顏色的物件 R 值（紅色）、物件 G 值（綠色）與物件 B 值（藍色），如表 2 八種顏色 RGB 色值表所示。

7-3　mBot2 辨色唱歌

將 mBot2 放在彩色地圖上，依據顏色唱歌並點亮 LED。

一、即時執行 mBot2 辨色唱歌

以即時模式連線執行程式。當按壓 CyberPi 的搖桿時，mBot2 開始前進，同時利用右1顏色感測器偵測顏色，如果偵測到七彩顏色就播放 Do~Si 音階並點亮七彩 LED，直到黑色停止。七彩顏色播放的音階與點亮的 LED 顏色如表 3 所示。

▼表 3

顏色 功能	紅	黃	綠	青	藍	紫	黑
播放音階	Do	Re	Mi	Fa	So	La	Si
LED 顏色	紅	黃	綠	青	藍	紫	關閉所有LED
mBot2 運動	前進	前進	前進	前進	前進	前進	停止

1. 將 CyberPi 設定為【即時】模式。

2. 點選 **事件**、**控制**、**四路顏色感測器** 與 **mBot2 車架**，拖曳下圖積木，當按壓 CyberPi 的搖桿，mBot2 前進，直到偵測到黑色停止前進。

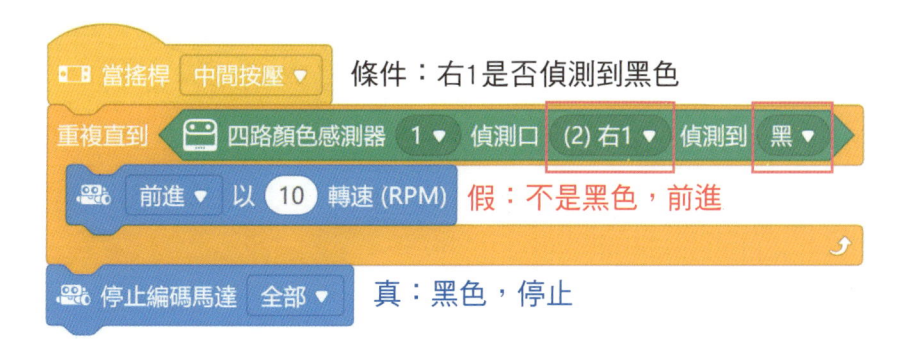

　　當搖桿 中間按壓　　　條件：右1是否偵測到黑色
　　重複直到　四路顏色感測器 1 偵測口 (2) 右1 偵測到 黑
　　　前進 以 10 轉速(RPM)　　假：不是黑色，前進
　　停止編碼馬達 全部　　真：黑色，停止

Chapter 7 mBot2 智能辨色

3 點選 ⬤控制、與 ▭播放、▭LED 與 ▭四路顏色感測器，當右 1 顏色感測器偵測到紅色時，顯示紅色 LED 並播放音階 Do(60)。

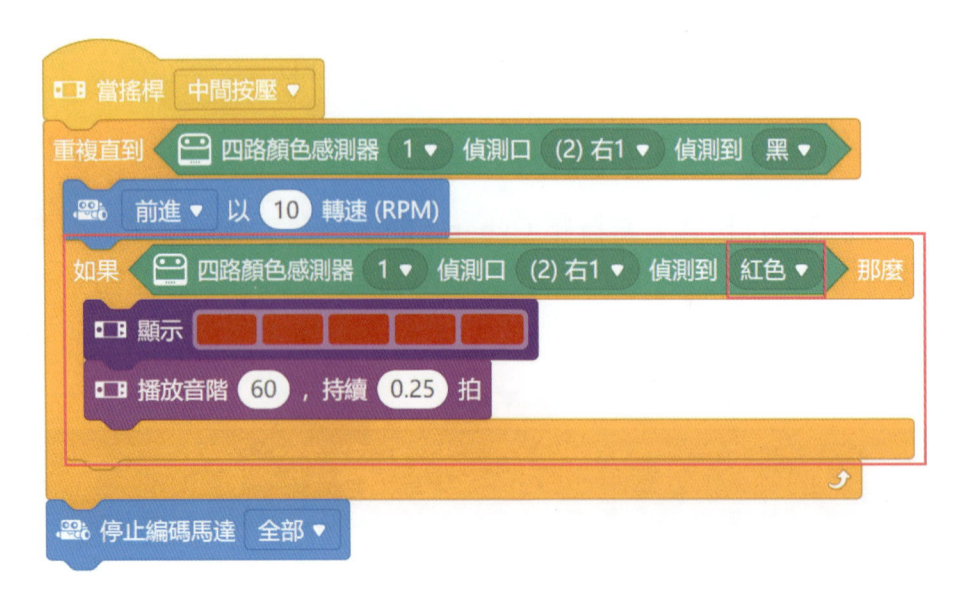

```
當搖桿 中間按壓 ▼
重複直到  四路顏色感測器 1▼ 偵測口 (2) 右1▼ 偵測到 黑▼
    前進▼ 以 10 轉速 (RPM)
    如果  四路顏色感測器 1▼ 偵測口 (2) 右1▼ 偵測到 紅色▼  那麼
        顯示 ▮▮▮▮▮
        播放音階 60 , 持續 0.25 拍
    停止編碼馬達 全部▼
```

4 重複上述步驟，拖曳下圖積木，當顏色感測器偵測到七彩顏色就播放 Re~Si 音階並依據偵測的顏色點亮 LED。

7-3 mBot2 辨色唱歌

5 點選 播放、LED，拖曳下圖積木，當顏色感測器偵測到黑色停止之後，播放音階 Si 並關閉所有 LED。

當搖桿 中間按壓

重複直到 四路顏色感測器 1 偵測口 (2)右1 偵測到 黑

　前進 以 10 轉速(RPM)

　如果 四路顏色感測器 1 偵測口 (2)右1 偵測到 紅色 那麼
　　顯示 ■■■■■ 　顯示紅色LED
　　播放音階 60 ，持續 0.25 拍 　播放音階Do

　如果 四路顏色感測器 1 偵測口 (2)右1 偵測到 黃色 那麼
　　顯示 ■■■■■ 　顯示黃色LED
　　播放音階 62 ，持續 0.25 拍 　播放音階Re

　如果 四路顏色感測器 1 偵測口 (2)右1 偵測到 綠色 那麼
　　顯示 ■■■■■ 　顯示綠色LED
　　播放音階 64 ，持續 0.25 拍 　播放音階Mi

　如果 四路顏色感測器 1 偵測口 (2)右1 偵測到 青色 那麼
　　顯示 ■■■■■ 　顯示青色LED
　　播放音階 65 ，持續 0.25 拍 　播放音階Fa

　如果 四路顏色感測器 1 偵測口 (2)右1 偵測到 藍色 那麼
　　顯示 ■■■■■ 　顯示示藍色LED
　　播放音階 67 ，持續 0.25 拍 　播放音階So

　如果 四路顏色感測器 1 偵測口 (2)右1 偵測到 紫色 那麼
　　顯示 ■■■■■ 　顯示紫色LED
　　播放音階 69 ，持續 0.25 拍 　播放音階La

停止編碼馬達 全部 　偵測到黑色時，停止前進
播放音階 71 ，持續 0.25 拍 　播放音階Si
LED 所有 熄燈 　關閉所有LED

6 將 mBot2 放在圖 4 四路顏色感測器偵測的顏色圖示上方，按壓 CyberPi 的搖桿，檢查 mBot2 是否辨色唱歌，並點亮 LED。

7-4　上傳執行 mBot2 智能辨色

　　mBlock 5 程式設計時，以即時模式，測試程式執行是否正確。程式設計完成，開啟上傳模式，將程式上傳 CyberPi 主控板，以後只要開啟電源，按壓搖桿 mBot2 開始執行智能辨色唱歌。

1 點擊 【上傳】，設定為上傳模式。

2 點擊 上傳 ，將程式上傳到 CyberPi 主控板，再斷開電腦與 mBot2 連線。開啟電源，按壓搖桿 mBot2 前進，開始偵測顏色唱歌並點亮 LED，直到黑色停止。

實力評量 7

一、單選題

(　　) 1. 如圖一，如果想讓 mBot2 辨識顏色前進，應該使用下列哪一個感測器？
　　　　(A) A 超音波感測器氣氛燈　　(B) B 超音波感測器
　　　　(C) C 四路顏色感測器　　　　(D) 以上皆可。

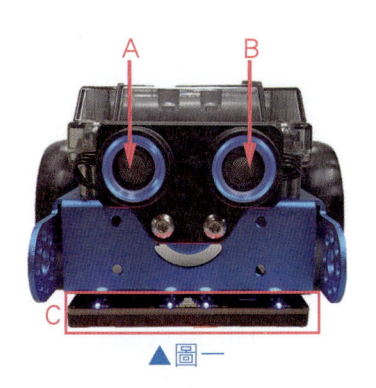

(　　) 2. 如果想讓 mBot2 循紅線前進，應該使用下列哪一個感測器？
　　　　(A) 超音波感測器　　(B) 顏色感測器
　　　　(C) 喇叭　　　　　　(D) 光線感測器。

(　　) 3. 如圖二所示，將 mBot2 放在黃色卡紙的上方，下圖積木的判斷結果為何？

　　　　`四路顏色感測器 1▼ 偵測口 (2) 右1▼ 偵測到 黃色▼ ?`

　　　　(A) 255　　　　　　　(B) yellow（黃）
　　　　(C) true（真）　　　　(D) false（假）。

(　　) 4. 如圖二所示，將 mBot2 放在黃色卡紙的上方，下圖積木的執行結果為何？

　　　　`物件 R 值▼ 接收自四路顏色感測器 1▼ 偵測口 (1) 右2▼`

　　　　(A) 255　(B) yellow（黃）　(C) true（真）　(D) false（假）。

(　　) 5. 如圖二所示，將 mBot2 放在黃色卡紙的上方，下圖積木在 CyberPi 顯示的結果為何？

　　　　`以 中▼ 像素，顯示 顏色▼ 接收自四路顏色感測器 1▼ 偵測口 (2) 右1▼ 在螢幕 正中央▼`

　　　　(A) 255　(B) yellow（黃）　(C) true（真）　(D) false（假）。

(　　) 6. 如果想要設計四路顏色感測器補光燈的顏色應該使用下列哪一個積木？
　　　　(A) `四路顏色感測器 1▼ 偵測口 (2) 右1▼ 偵測到 白▼`
　　　　(B) `物件 R 值▼ 接收自四路顏色感測器 1▼ 偵測口 (1) 右2▼`
　　　　(C) `四路顏色感測器 1▼ 設定補光燈顏色 白▼`
　　　　(D) `四路顏色感測器 1▼ 關閉補光燈`。

▲圖一

▲圖二

實力評量 7

( ) 7. 關於圖三的程式，如果將 mBot2 放在紅色卡紙上方，mBot2 會執行下列哪個動作？
(A) 顯示紅色 LED 並播放 Do 音階
(B) mBot2 停止移動
(C) 顯示黃色 LED 並播放 Re 音階
(D) 顯示綠色 LED 並播放 Mi 音階。

( ) 8. 關於圖三程式的敘述，何者錯誤？
(A) 按壓中間搖桿開始執行程式
(B) 偵測黑色開始前進
(C) 偵測到黑色停止
(D) 偵測綠色前進並播放音階。

( ) 9. 關於圖三程式使用的積木，何者正確？
(A) 如果～那麼屬於  控制
(B) 播放音階屬於  顯示
(C) 顯示 LED 顏色屬於  播放
(D) 停止編碼馬達屬於 mBot2 車架。

( )10. 關於 mBot2 四路顏色感測器的敘述，何者錯誤？
(A) 能夠判斷八種顏色
(B) 能夠傳回紅、綠、藍的色值
(C) 能夠偵測黑或白
(D) 只能夠設定紅、綠、藍三色補光燈。

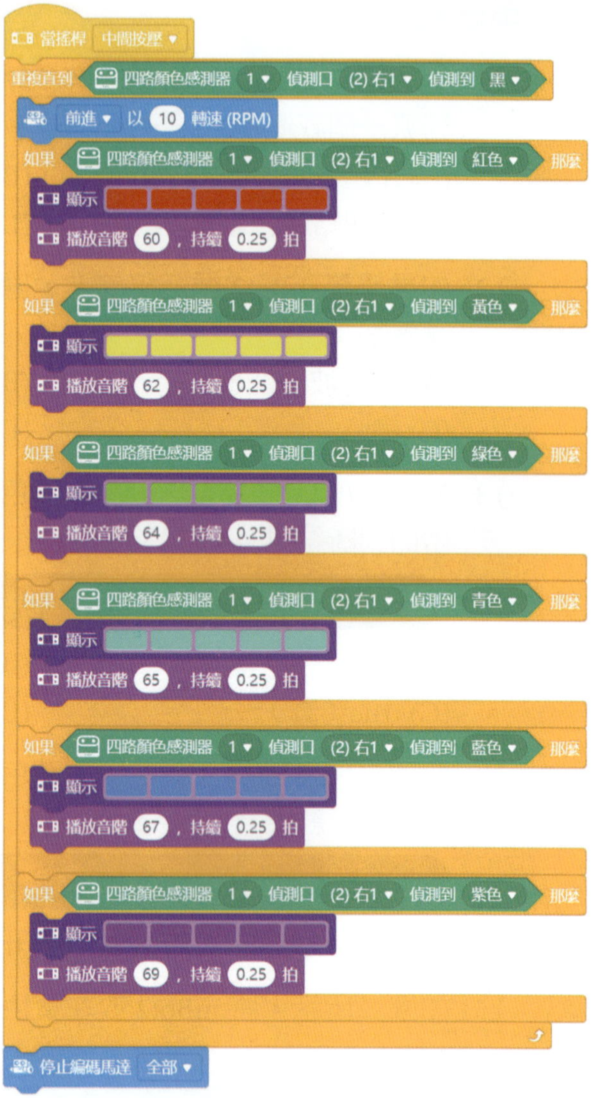

▲圖三

二、實作題

1. 請改寫程式，讓 mBot2 循著黑線前進、綠線前進、紅線停止三秒後前進、藍線停止。

2. 請改寫程式，讓 mBot2 循著黑線前進，同時偵測綠線前進並點亮綠色 LED、偵測紅線停止三秒並點亮紅色 LED，再繼續前進、偵測藍線停止並關閉所有 LED。

Chapter 8

mBot2 聽話機器人

　　mBot2 明星選拔賽第七部曲—AI 大賽。每個 IQ180 的機器人除了能夠判斷顏色、循線、避障之外，現在 mBot2 進入人工智慧時代，它能夠聽懂您說話的內容。讓我們利用人工智慧幫 mBot2 設計聽話機器人，依據說話內容執行動作吧！

按下按鈕 A
連接 Wi-Fi

按下按鈕 B
人工智慧語音辨識

辨識結果 forward
mBot 前進

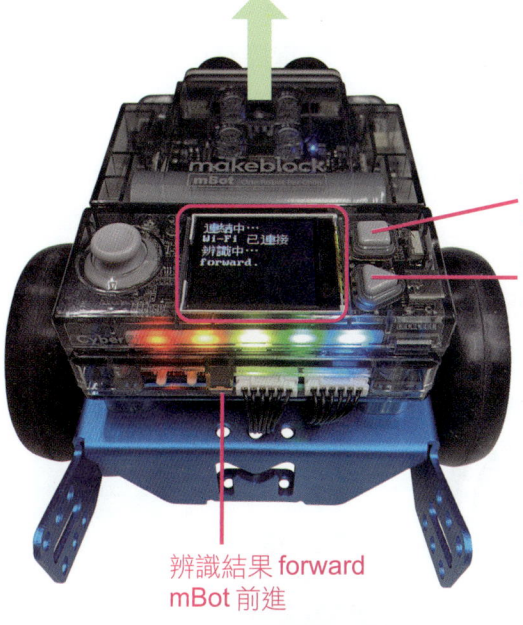

本章節次

8-1　mBot2 聽話機器人專題規劃
8-2　無線網路：人工智慧辨識
8-3　上傳執行 mBot2 聽話機器人

學習目標

1. 理解人工智慧辨識的原理。
2. 能夠理解 CyberPi 無線網路運作方式。
3. 能夠應用無線網路設計人工智慧辨識。
4. 能夠應用人工智慧設計語音控制 mBot2 運動。

8-1　mBot2 聽話機器人專題規劃

　　本章將應用 CyberPi 的無線網路，設計 mBot2 聽話機器人。當按下 CyberPi 的按鈕 A，mBot2 開始連接無線網路，當網路連線成功，按下按鈕 B，進行英文語音識別，再由 mBot2 執行語音的內容。

創客題目編號：A005061

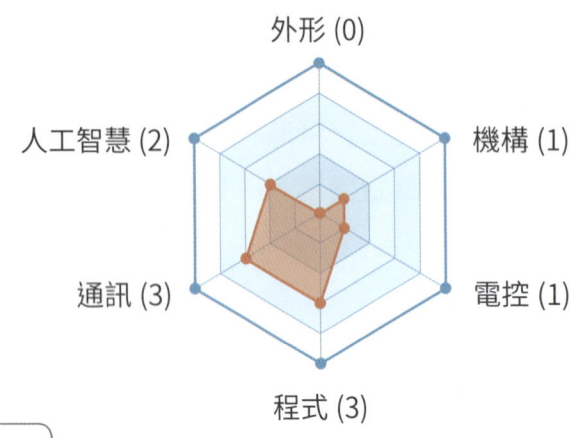

創客指標

外形	0
機構	1
電控	1
程式	3
通訊	3
人工智慧	2
創客總數	10

雷達圖：外形 (0)、機構 (1)、電控 (1)、程式 (3)、通訊 (3)、人工智慧 (2)

15 mins

一、mBot2 聽話機器人互動方式

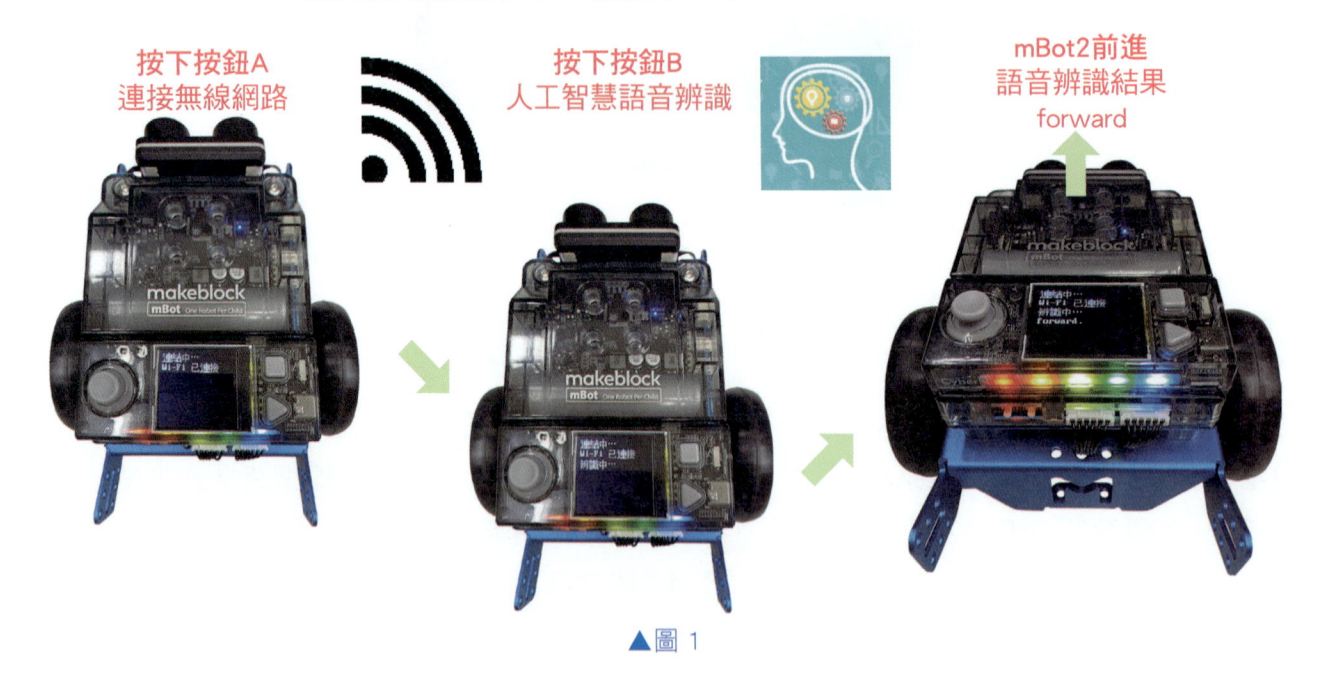

按下按鈕A　連接無線網路　→　按下按鈕B　人工智慧語音辨識　→　mBot2前進　語音辨識結果　forward

▲圖 1

二、mBot2 聽話機器人元件規劃

　　mBot2 聽話機器人使用的元件包括：按鈕、無線網路、LED 燈條、麥克風、全彩螢幕與編碼馬達，每個元件的位置與功能如圖 2 所示。

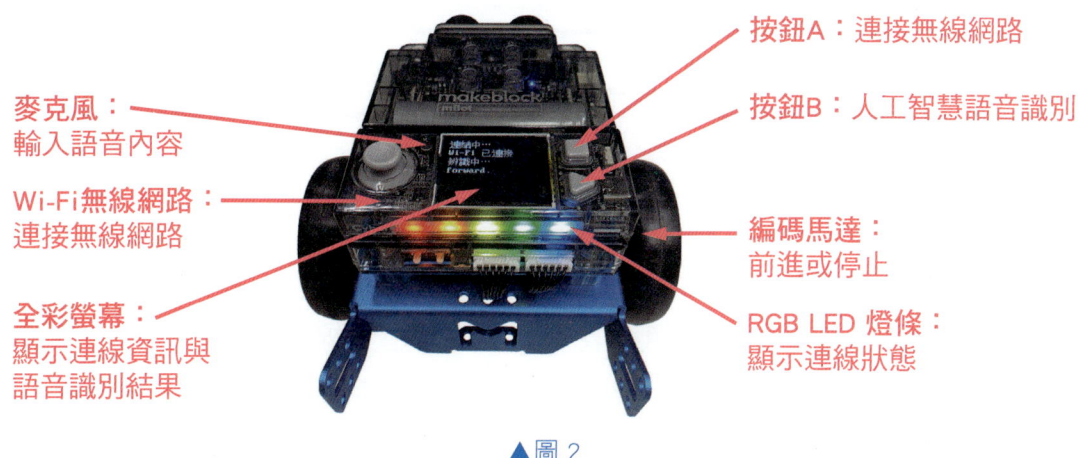

8-1　mBot2 聽話機器人專題規劃

麥克風：
輸入語音內容

Wi-Fi無線網路：
連接無線網路

全彩螢幕：
顯示連線資訊與
語音識別結果

按鈕A：連接無線網路

按鈕B：人工智慧語音識別

編碼馬達：
前進或停止

RGB LED 燈條：
顯示連線狀態

▲圖 2

三、mBot2 聽話機器人執行流程

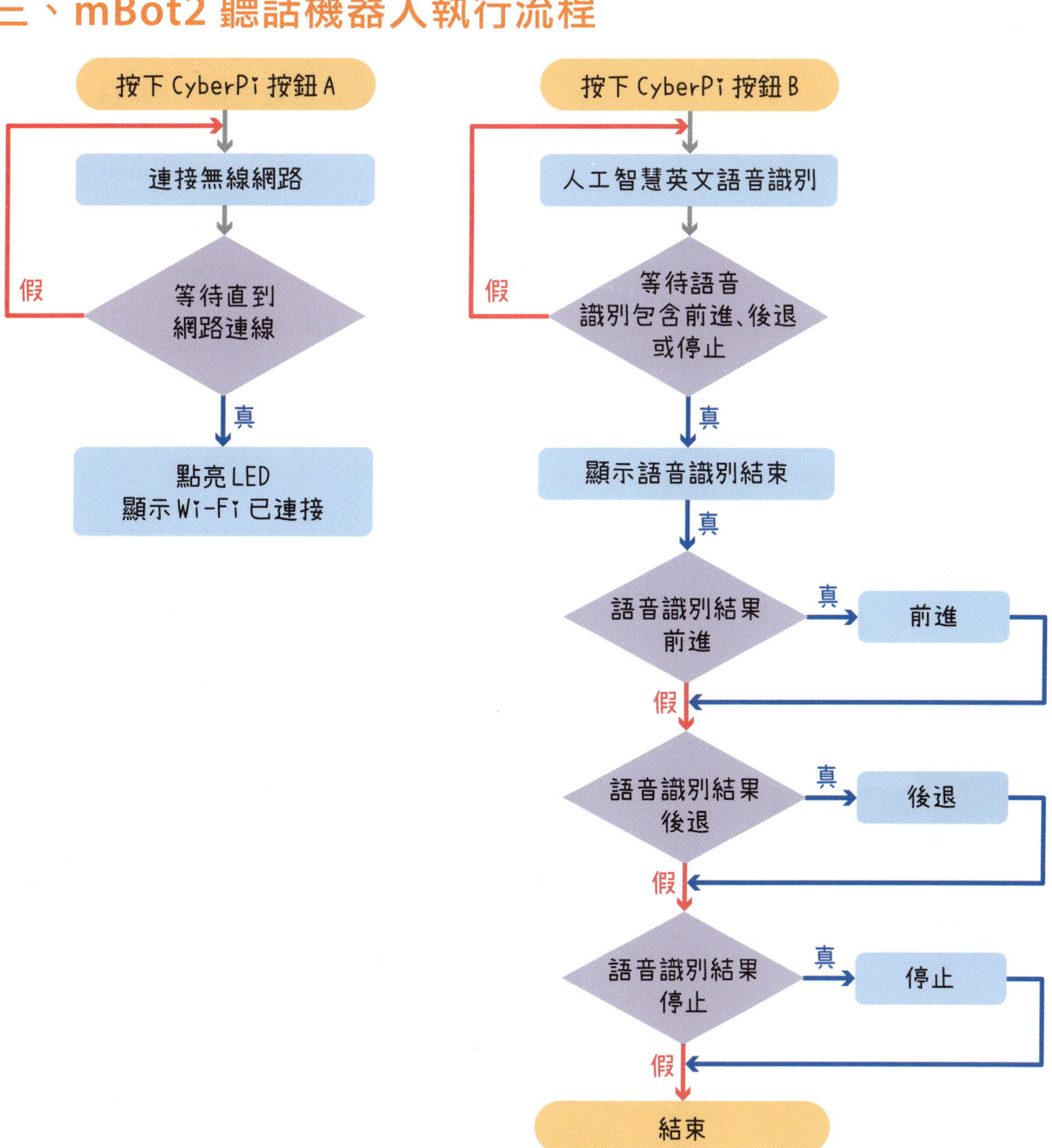

```
按下 CyberPi 按鈕 A          按下 CyberPi 按鈕 B
        ↓                           ↓
   連接無線網路              人工智慧英文語音識別
        ↓                           ↓
假 ← 等待直到              假 ← 等待語音
    網路連線                    識別包含前進、後退
        ↓ 真                       或停止
    點亮 LED                      ↓ 真
    顯示 Wi-Fi 已連接          顯示語音識別結束
                                   ↓ 真
                              語音識別結果  真
                                 前進    →  前進
                                   ↓ 假
                              語音識別結果  真
                                 後退    →  後退
                                   ↓ 假
                              語音識別結果  真
                                 停止    →  停止
                                   ↓ 假
                                  結束
```

▲圖 3

8-2 無線網路：人工智慧辨識

一、人工智慧運作原理

CyberPi 內建無線網路 (Wi-Fi) 與藍牙。無線網路用來進行人工智慧語音辨識、藍牙則是在區域網路進行訊息的發送與接收，本章將利用無線網路進行人工智慧辨識。在 人工智慧 類別積木中，無線網路與語音辨識相關的積木功能如下。

功能	積木	說明
連接 Wi-Fi	連接到 Wi-Fi ssid 密碼 password	連接無線網路 (Wi-Fi)，其中 ssid 為網路名稱、password 為密碼。
判斷 Wi-Fi	網路已經連線?	判斷網路是否已經連線，判斷結果為真或假。 true（真）：網路已連線；false（假）：網路未連線。
說文字	說 自動 hello world	語音說出文字 (hello world)。
語音辨識	在 3 秒後，辨識 中文(簡體)	在 3 秒後進行中文、英文、法文等 12 國語音辨識。
傳回結果	語音識別結果	傳回語音識別的結果。
翻譯	翻譯 hello 成 中文	將文字 (hello) 翻譯成中文、英文、法文等 12 國語言。

mBot2 概念說明 查詢網路名稱的方法：點擊螢幕右下方 📶 網際網路存取，顯示所有的無線網路帳號。

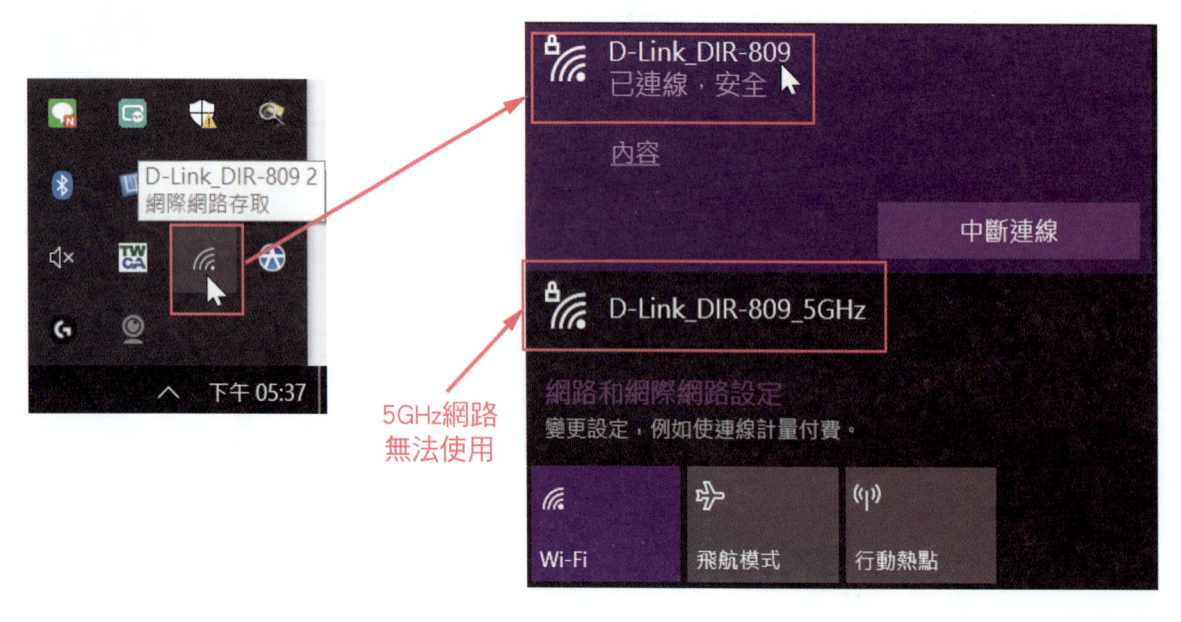

5GHz網路
無法使用

實作範例 ch8-1　檢查無線網路環境

1 請先檢查學校或手機無線網路的名稱：_____。

2 請寫下無線網路的密碼：_____。

【說明】(1) 無線網路的名稱與密碼，大小寫或符號格式必須完全相同。
　　　　(2) 人工智慧的無線網路無法使用 5G。

實作範例 ch8-2　mBlock 5 申請使用者帳戶

使用人工智慧無線網路連線時，需要在 mBlock 5 申請使用者帳戶、登入使用者帳戶，並將連線狀態設定為「上傳」模式。

1 在「設備」的 CyberPi ，點按【連接 > COM 值 > 連接】，並選擇【上傳】模式。

2 點擊右上方 【使用者】圖示，再點選【註冊】。

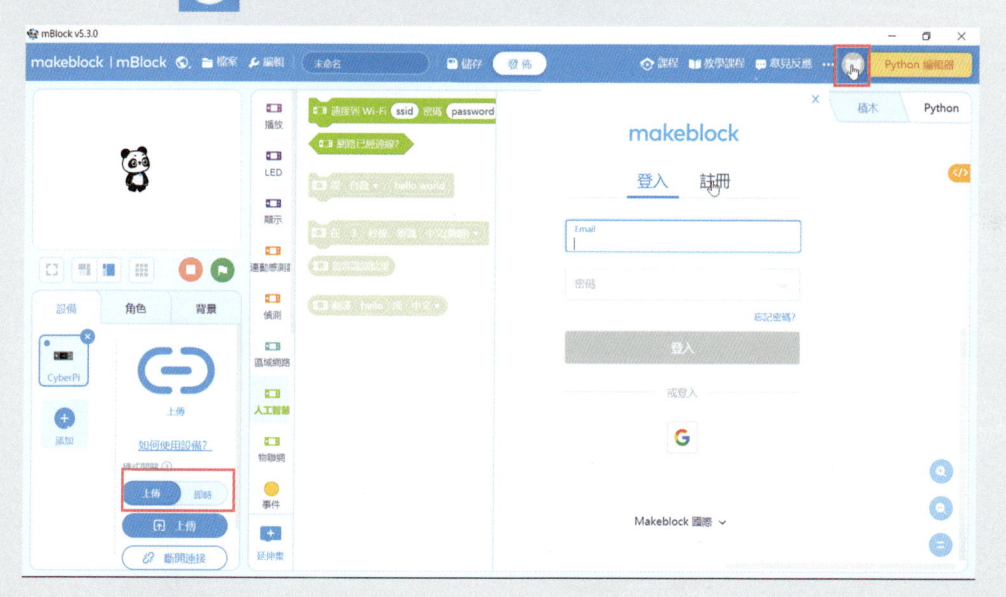

3 輸入【電子郵件】，並點擊【我已經 16 歲以上】，接著點擊【同意並繼續】。

4 設定【密碼】，並點擊【取得驗證碼】。

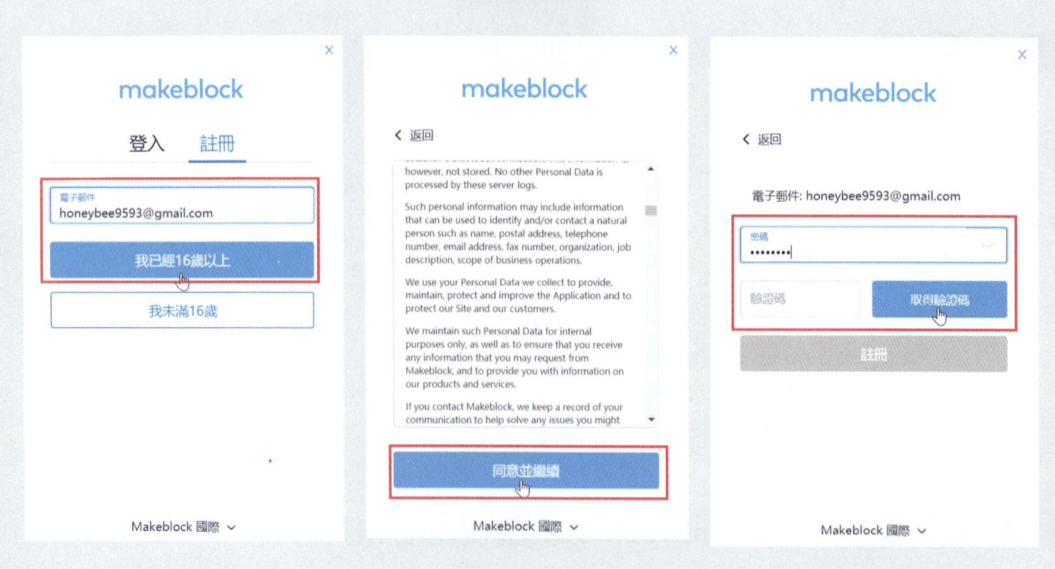

5 登入電子郵件，取得驗證碼。

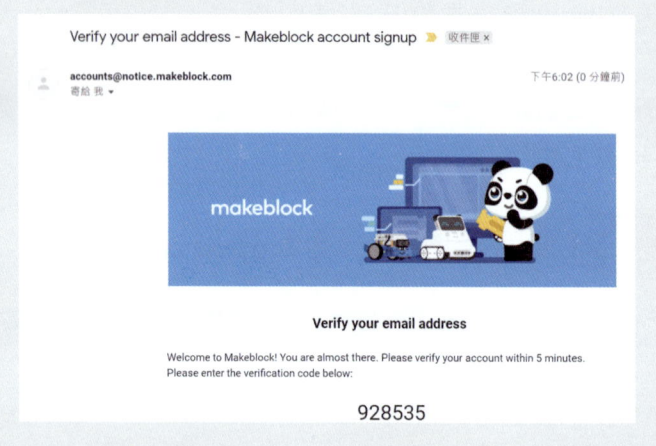

6 回到 mBlock 5 輸入【驗證碼】，點擊【註冊】，顯示註冊成功，並自動登入。

實作範例 ch8-3 CyberPi 連接 Wi-Fi

請設計 CyberPi 連接無線網路，並在螢幕顯示連線成功的訊息。

1 點選 事件 與 人工智慧，輸入無線網路的【網路名稱】與【密碼】。

2 點選 事件、人工智慧 與 顯示，拖曳下圖積木，當網路連線成功時，在螢幕顯示【連線成功】。

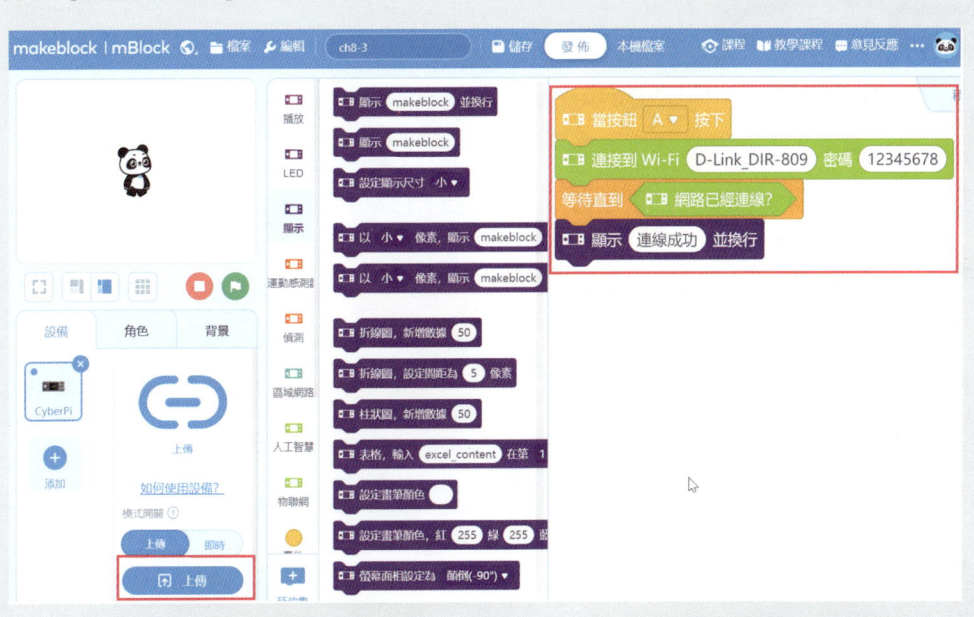

3 點擊 上傳，上傳程式到 CyberPi。再按下按鈕 A，檢查網路連線成功時，螢幕顯示「連線成功」。

實作範例 ch8-4 人工智慧語音辨識

請設計 CyberPi 連接無線網路,當網路連線成功之後進行英文語音辨識,並在螢幕顯示辨識結果。

1 點選 ●事件、●控制、■人工智慧 與 ■顯示,拖曳下圖積木,當網路連線成功時,在螢幕顯示【連線成功】。

```
當按鈕 A 按下
連接到 Wi-Fi  D-Link_DIR-809  密碼 12345678
等待直到  網路已經連線?
顯示 連線成功 並換行
```

2 點擊 ■人工智慧,拖曳 「在 3 秒後,辨識 中文(簡體)」,並點選【英文】,當網路連線成功時,在 3 秒內進行英文語音辨識。。

(積木面板截圖,顯示人工智慧類別中選擇【英文】選項)

3 點選 ●控制 與 ●運算,拖曳下圖積木,等待直到語音辨識結果包含【on】或【off】。

```
等待直到 ◆ 或 ◆
```

4 點選 ●運算 拖曳 2 個 「清單 蘋果 包含 一個 ?」 到「或」的兩側。

5 點選 人工智慧，拖曳 2 個 語音識別結果 到「蘋果」的位置，在「一個」位置輸入【on】與【off】，等待直到語音辨識結果包含【on】或【off】。

6 點選 人工智慧 與 顯示，拖曳下圖積木，等待直到語音辨識結果包含【on】或【off】時，在螢幕顯示語音辨識結果。

7 點擊 上傳，上傳程式到 CyberPi。再按下按鈕 A，網路連線成功時，在 3 秒內對著麥克風說：「on」或「off」，檢查螢幕顯示連線成功之後是否顯示「on」或「off」。

---

mBlock 5 概念說明 ｜ 字串 語音識別結果 包含 on ？ 判斷「語音識別結果」的字串中是否包含「on」，只要語音識別結果中包含「on」兩個字，就會傳回 true（真），例如：「on off on off」或「on on on」。

8-3　上傳執行 mBot2 聽話機器人

在上傳模式執行 mBot2 聽話機器人，依據人工智慧語音辨識結果執行動作。

一、連接無線網路

當按下 CyberPi 的按鈕 A，mBot2 開始連接無線網路。

1 點擊 上傳 即時 ，將 CyberPi 設定為【上傳】模式。

2 點選 事件 、控制 、人工智慧 、LED 與 顯示 ，拖曳下圖積木，當按下按鈕 A，連接網路時顯示【連結中⋯】，當網路連線成功時點亮 LED，並且在螢幕顯示【Wi-Fi 已連接】。

```
當按鈕 A 按下
清空畫面
連接到 Wi-Fi  D-Link_DIR-809  密碼 12345678
顯示 連結中... 並換行         連接網路時顯示連結中…
等待直到 網路已經連線?         網路連線成功
顯示 ▇▇▇▇▇             點亮LED
顯示 Wi-Fi 已連接 並換行        顯示Wi-Fi已連接
```

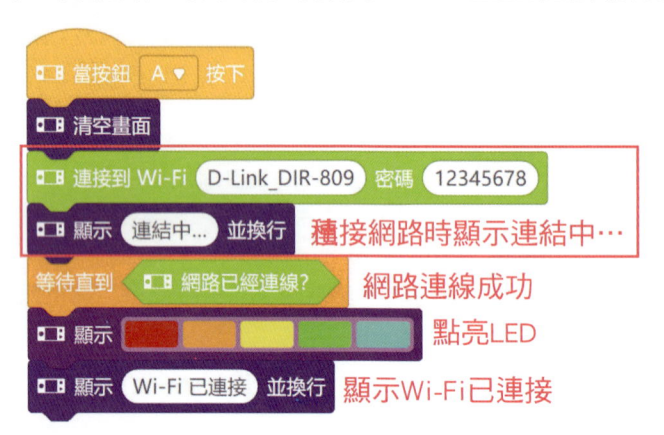

二、mBot2 聽話機器人

當網路連線成功，按下按鈕 B，進行英文語音識別，當語音識別結果為前進 (forward) 時，mBot2 前進、當語音識別結果為後退 (backward) 時，mBot2 後退、當語音識別結果為停止 (stop) 時，mBot2 停止。

1 點選 事件 、人工智慧 與 顯示 ，拖曳下圖積木，當螢幕顯示 Wi-Fi 已連接，當按下按鈕 B，在 3 秒內以英文說出：「forward」(前進)、「backward」(後退) 或「stop」(停止)，並在螢幕顯示【辨識中⋯】。

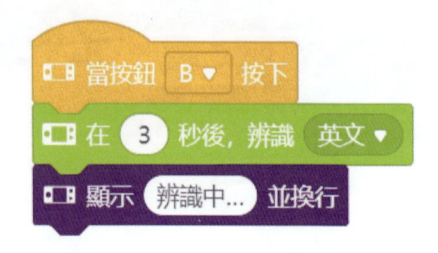

```
當按鈕 B 按下
在 3 秒後，辨識 英文
顯示 辨識中... 並換行
```

8-3 上傳執行 mBot2 聽話機器人

2 點選 控制 與 運算，拖曳 2 個 ⬡或⬡ ，等待直到語音辨識結果包含【forward】、【backward】或【stop】。

等待直到 ⬡ 或 ⬡ 或 ⬡

3 點選 運算 拖曳 3 個 ⟨清單 蘋果 包含 一個 ?⟩ 到「或」的兩側。

4 點選 人工智慧，拖曳 2 個 ⟨語音識別結果⟩ 到「蘋果」的位置，在「一個」位置輸入【forward】、【backward】或【stop】，等待直到語音辨識結果包含前進、後退或停止。

等待直到 字串 語音識別結果 包含 forward ? 或 字串 語音識別結果 包含 backword ? 或 字串 語音識別結果 包含 stop ?

5 點選 人工智慧 與 顯示，拖曳下圖積木，在螢幕顯示語音辨識的結果。

顯示 語音識別結果 並換行

6 點選 控制、人工智慧、運算 與 mBot2車架，拖曳下圖積木，當語音識別結果為前進 (forward) 時，mBot2 前進、當語音識別結果為後退 (backward) 時，mBot2 後退、當語音識別結果為停止 (stop) 時，mBot2 停止。

當按鈕 B 按下
在 3 秒後, 辨識 英文
顯示 辨識中... 並換行
等待直到 字串 語音識別結果 包含 forward ? 或 字串 語音識別結果 包含 backword ? 或 字串 語音識別結果 包含 stop ?
顯示 語音識別結果 並換行
如果 字串 語音識別結果 包含 forward ? 那麼
　前進 以 50 轉速 (RPM), 持續 1 秒
如果 字串 語音識別結果 包含 backward ? 那麼
　後退 以 50 轉速 (RPM), 持續 1 秒
如果 字串 語音識別結果 包含 stop ? 那麼
　停止編碼馬達 全部

Chapter 8 mBot2 聽話機器人

7 點擊 上傳 ，將程式上傳到 CyberPi。按下按鈕 A，網路連線成功時，按下按鈕 B，在 3 秒內對著麥克風說：【forward】、【backward】或【stop】，檢查螢幕是否顯示「forward」、「backward」或「stop」、mBot2 依據語音辨識的結果執行動作。

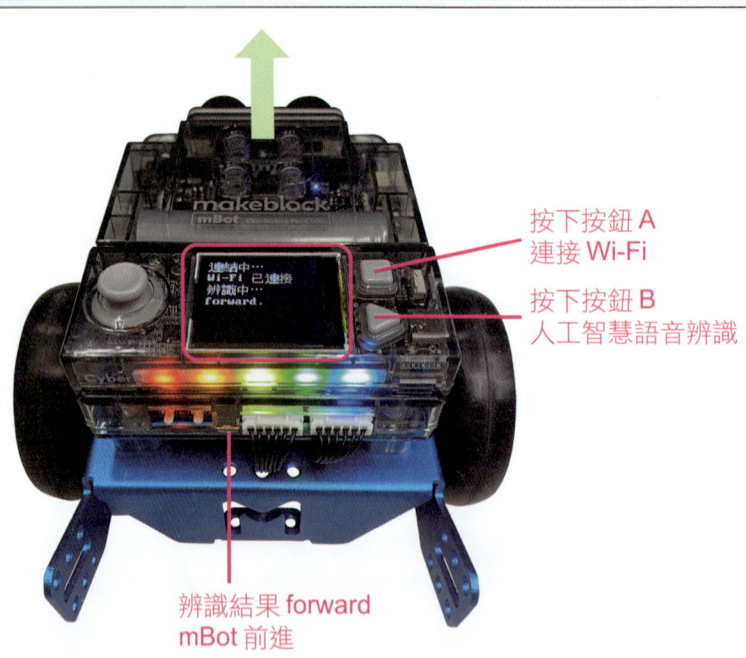

按下按鈕 A
連接 Wi-Fi

按下按鈕 B
人工智慧語音辨識

辨識結果 forward
mBot 前進

mBlock 5 概念說明 人工智慧語音辨識時，需利用無線網路連接到 mBlock 5 後端資料庫進行語音辨識的功能，因此，語音辨識的時間受到網路連線速度的影響。建議以英文語音辨識速度較快。

實力評量 8

一、單選題

(　　) 1. 下列哪一類積木，能夠讓 mBot2 進行人工智慧語音辨識？
　　　　(A) 物聯網　(B) 區域網路　(C) 人工智慧　(D) 人工智慧。

(　　) 2. 下列關於無線網路與語音辨識相關積木功能的敘述，何者錯誤？
　　　　(A) 網路已經連線? 判斷網路是否已經連線
　　　　(B) 無線網路與語音辨識必須設定上傳模式才能執行
　　　　(C) 在 3 秒後，辨識 中文(繁體) 在 3 秒後以無線網路進行中文繁體語音辨識。
　　　　(D) 連接到 Wi-Fi ssid 密碼 password 連接到 5G 的無線網路。

(　　) 3. 關於圖一，如果 mBot2 的 LED 亮紅燈，代表下列何種訊息？
　　　　(A) 無網網路連線成功　(B) 語音辨識中
　　　　(C) 無線網路連線中　　(D) 語音辨識成功。

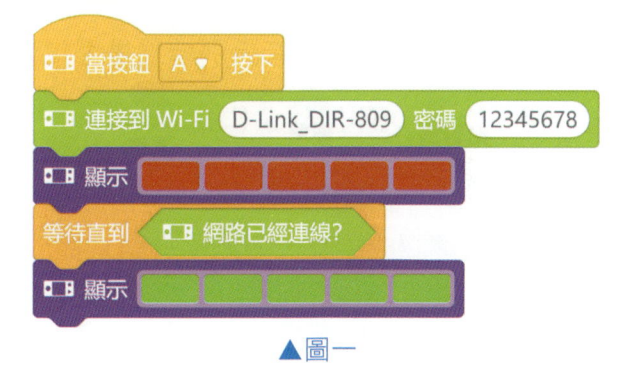

▲圖一

(　　) 4. 關於圖二程式的敘述，何者錯誤？
　　　　(A) CyberPi 螢幕顯示「off」表示語音辨識失敗
　　　　(B) CyberPi 螢幕顯示「on」表示語音辨識成功
　　　　(C) CyberPi 螢幕顯示「off」表示語音辨識成功
　　　　(D) CyberPi 螢幕沒有顯示表示語音辨識中。

▲圖二

(　　) 5. 如果圖三積木傳回的值為 true（真），下列選項中哪些是可能的語音輸入？
　　　　(A) on off on off　(B) on on on　(C) on off　(D) 以上皆可。

▲圖三

實力評量 8

( ) 6. 關於圖四，語音辨識結果為「stop turn left」，試問 mBot2 的執行動作為何？
(A) 前進　(B) 停止　(C) 後退　(D) 停止左轉。

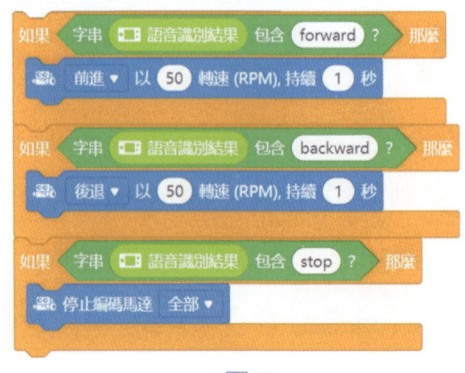

▲圖四

( ) 7. 如果想設計讓 mBot2 以語音說出語音識別結果的內容，應該使用下列哪一個積木？
(A) 語音識別結果
(B) 翻譯 hello 成 中文▼
(C) 在 3 秒後，辨識 中文(簡體)▼
(D) 說 自動▼ 語音識別結果 。

( ) 8. 下列哪一類積木能夠用來判斷語音識別結果是否包含特定字串？
(A) 四路顏色感測器　(B) 物聯網　(C) 運算　(D) mBot2 車架。

( ) 9. 關於圖五的程式敘述，何者正確？
(A) 將語音識別結果翻譯成中文，並以中文語音播放
(B) 以英文說出，英文語音的識別結果
(C) CyberPi 螢幕顯示中文的語音識別結果
(D) mBot2 進行中文語音辨識。

▲圖五

( )10. 下列何者是人工智慧語音辨識能夠執行的模式？
(A) 即時模式　(B) 上傳模式　(C) 上傳模式或即時模式皆可　(D) 藍牙模式。

二、實作題

1. 請改寫程式，讓 mBot2 執行完前進、後退或停止的動作之後，以語音播放語音識別結果。

2. 續接上題，請利用翻譯積木，將語音識別結果翻譯成中文，再以中文語音播放語音識別結果。

Chapter 9

mBot2 播氣象

　　mBot2 明星選拔賽最終回—IoT 大賽。進入人工智慧 IQ180 的機器人，除了能夠聽話之外，還能以物聯網播氣象，判斷空氣品質。現在讓我們利用物聯網設計 mBot2 播報氣象。

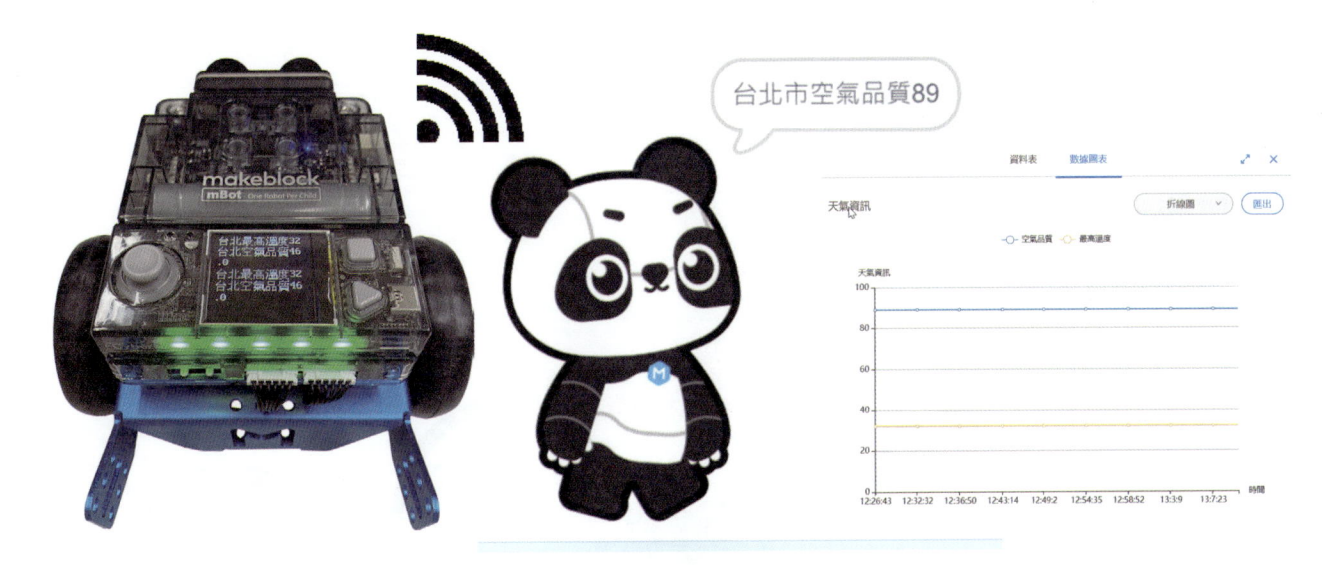

本章節次

9-1　mBot2 播氣象專題規劃
9-2　物聯網、天氣資訊與資料圖表
9-3　上傳執行 mBot2 播氣象
9-4　角色 Panda 同步播氣象
9-5　物聯網寫入大數據
9-6　下載與分析數據圖表

學習目標

1　能夠理解物聯網的概念。
2　能夠設計 mBot2 連接物聯網，搜尋資料。
3　能夠設計 mBot2 LED 顯示空氣品質指標。
4　能夠應用角色 Panda 顯示天氣資訊。
5　能夠應用雲端資料圖表儲存大數據。

Chapter 9 mBot2 播氣象

9-1　mBot2 播氣象專題規劃

　　本章將認識物聯網，實作物聯網連接網路。首先 mBot2 連接網路，存取即時天氣資訊、判斷即時空氣品質，以 LED 顏色顯示空氣品質。同時角色 Panda 也同步播氣象，並將天氣資訊輸入雲端資料圖表。

創客題目編號：A005062

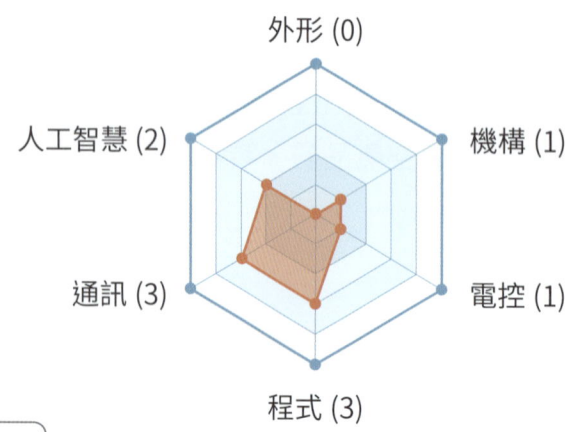

・創客指標・

外形	0
機構	1
電控	1
程式	3
通訊	3
人工智慧	2
創客總數	**10**

雷達圖：
- 外形 (0)
- 機構 (1)
- 電控 (1)
- 程式 (3)
- 通訊 (3)
- 人工智慧 (2)

20 mins

一、mBot2 播氣象互動方式

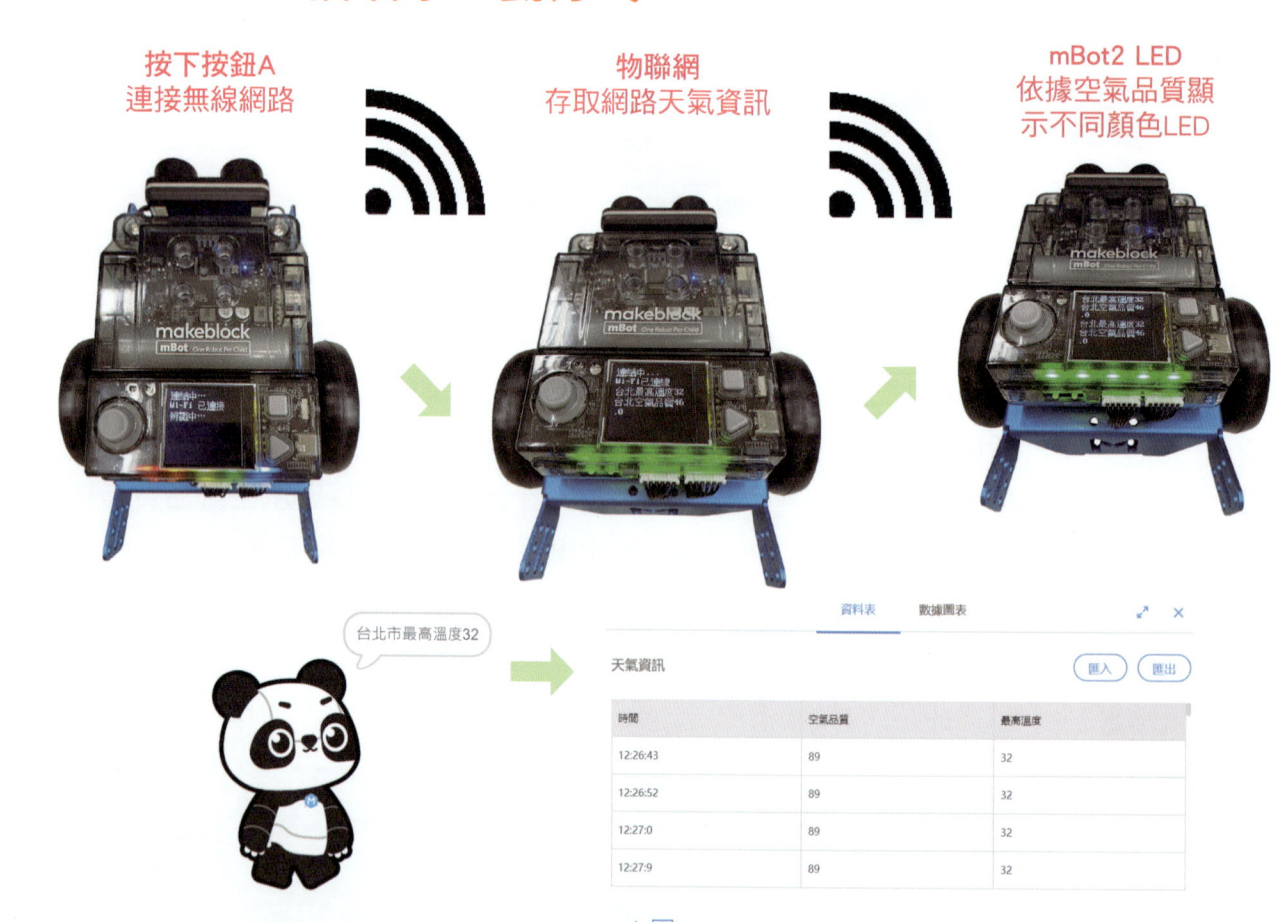

按下按鈕A
連接無線網路

物聯網
存取網路天氣資訊

mBot2 LED
依據空氣品質顯示不同顏色LED

台北市最高溫度32

天氣資訊

時間	空氣品質	最高溫度
12:26:43	89	32
12:26:52	89	32
12:27:0	89	32
12:27:9	89	32

▲圖 1

二、mBot2 播氣象元件規劃

mBot2 播氣象使用的元件包括：按鈕、無線網路、LED 燈條、全彩螢幕，每個元件的位置與功能如圖 2 所示。

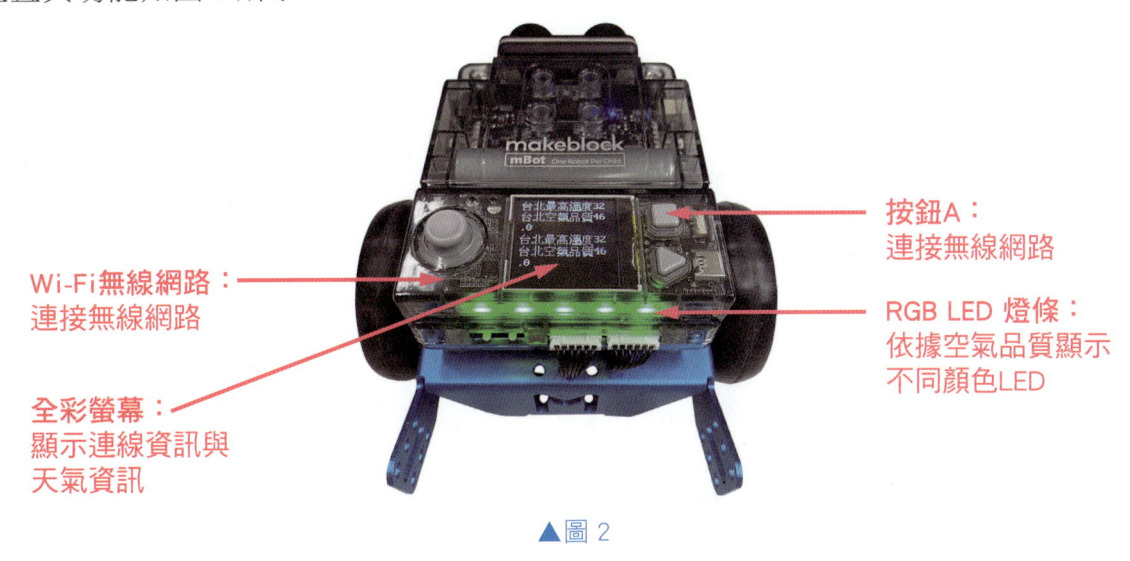

Wi-Fi無線網路：
連接無線網路

全彩螢幕：
顯示連線資訊與
天氣資訊

按鈕A：
連接無線網路

RGB LED 燈條：
依據空氣品質顯示
不同顏色LED

▲圖 2

三、mBot2 播氣象執行流程

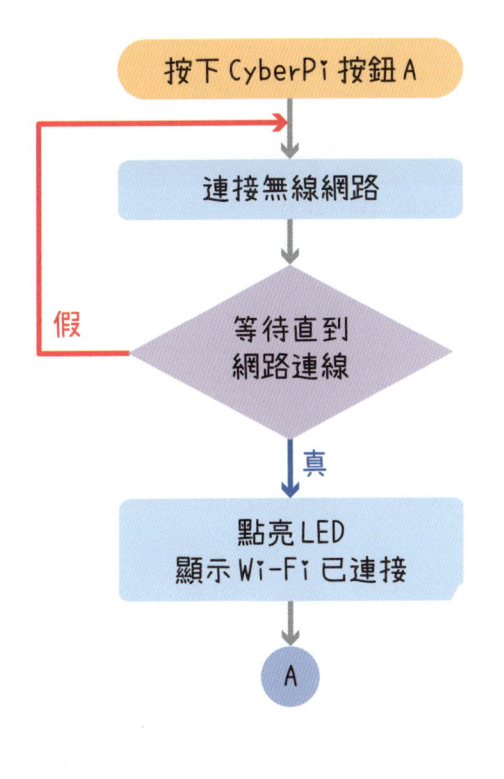

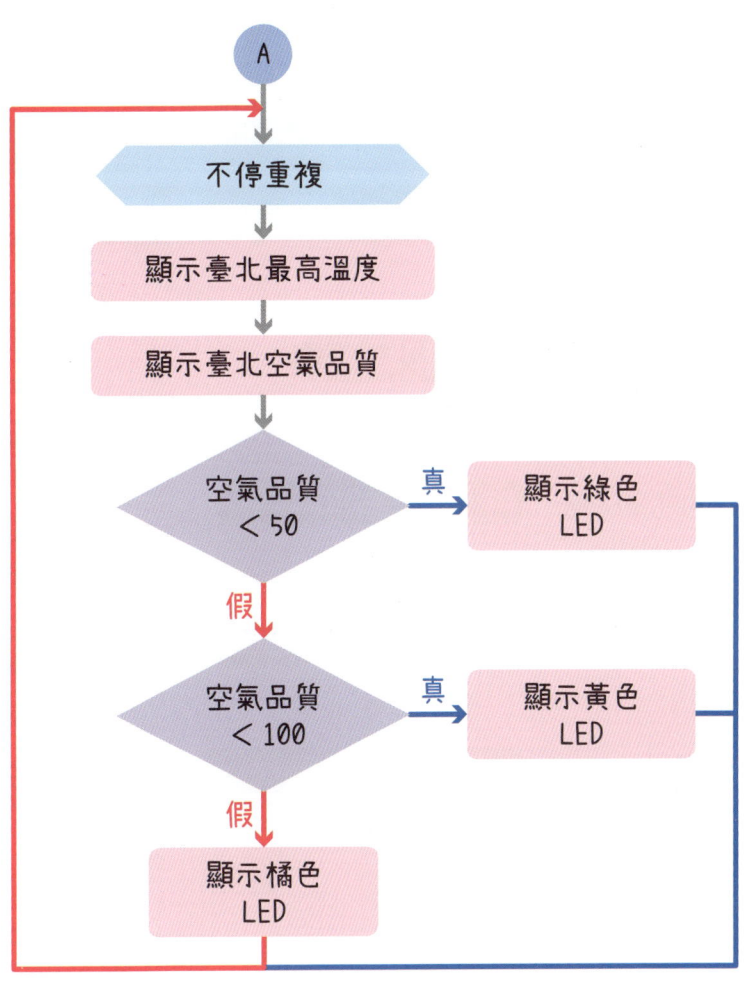

按下 CyberPi 按鈕 A
↓
連接無線網路
↓
等待直到網路連線 —假→ (回連接無線網路)
↓真
點亮 LED 顯示 Wi-Fi 已連接
↓
A

A
↓
不停重複
↓
顯示臺北最高溫度
↓
顯示臺北空氣品質
↓
空氣品質 <50 —真→ 顯示綠色 LED
↓假
空氣品質 <100 —真→ 顯示黃色 LED
↓假
顯示橘色 LED

▲圖 3

9-2　物聯網、天氣資訊與資料圖表

一、物聯網

物聯網 (Internet of Things，IoT) 就是將物體透過無線網路互相連接傳遞資訊，例如：mBot2 透過無線網路連結氣象局，顯示天氣資訊或者 mBot2 利用無線網路遙控另一台 mBot2。利用 mBot2 連接物聯網時，以 CyberPi 主控板的無線模組連接無線網路（Wi-Fi），同時在 mBlock5 註冊使用者帳戶，並設定為上傳模式。

二、天氣資訊

mBlock 5 與物聯網相關的積木包括：在「設備」的 物聯網 積木與「角色」延伸集中 天氣資訊 積木。相關積木功能如下。

● 在「設備」的 物聯網

功能	積木	說明
連接 Wi-Fi	連接到 Wi-Fi ssid 密碼 password	連接無線網路 (Wi-Fi)，其中 ssid 為網路名稱、password 為密碼。
判斷 Wi-Fi	網路已經連線?	判斷網路是否已經連線，判斷結果為真或假。 true（真）：網路已連線；false（假）：網路未連線。
傳回溫度值	地區 最高溫度 (°C) ▼	傳回城市最高 (或最低) 攝氏或華氏溫度值。
傳回空氣品質	空氣品質 地區 空氣品質指標值 ▼	傳回地區的空氣品質，包括：細懸浮微粒（PM2.5）、懸浮微粒（PM10）、一氧化碳（CO）、二氧化硫（SO2）、二氧化氮（NO2）。
傳回日出資訊	地區 日出 ▼ 時間 ▼	傳回地區日出或日落的時間。

9-2 物聯網、天氣資訊與資料圖表

● 在「角色」的 天氣資訊

功能	積木	說明
傳回溫度值	1. 城市 最高溫度 (°C) 2. 城市 最低溫度 (°C) 3. 城市 最高溫度 (°F) 4. 城市 最低溫度 (°F)	1. 傳回城市最高攝氏溫度值。 2. 傳回城市最低攝氏溫度值。 3. 傳回城市最高華氏溫度值。 4. 傳回城市最低華氏溫度值。
傳回溼度	城市 濕度 (%)	傳回城市濕度百分比。
傳回天氣值	城市 天氣	傳回城市天氣。
傳回日落或日出時間	1. 城市 日落時間 小時 2. 城市 日出時間 小時	1. 傳回城市日落的時間。 2. 傳回城市日出的時間。
傳回空氣品質	地區 空氣品質 空氣品質指數 指數 （下拉選單：空氣品質指數、PM2.5、PM10、CO、SO2、NO2）	傳回地區的空氣品質，包括：細懸浮微粒（PM2.5）、懸浮微粒（PM10）、一氧化碳（CO）、二氧化硫（SO2）、二氧化氮（NO2）。

三、資料圖表

「角色」延伸集中 資料圖表 能夠將資料輸入雲端表格、畫出折線圖或將資料下載成試算表格式。相關積木功能如下。

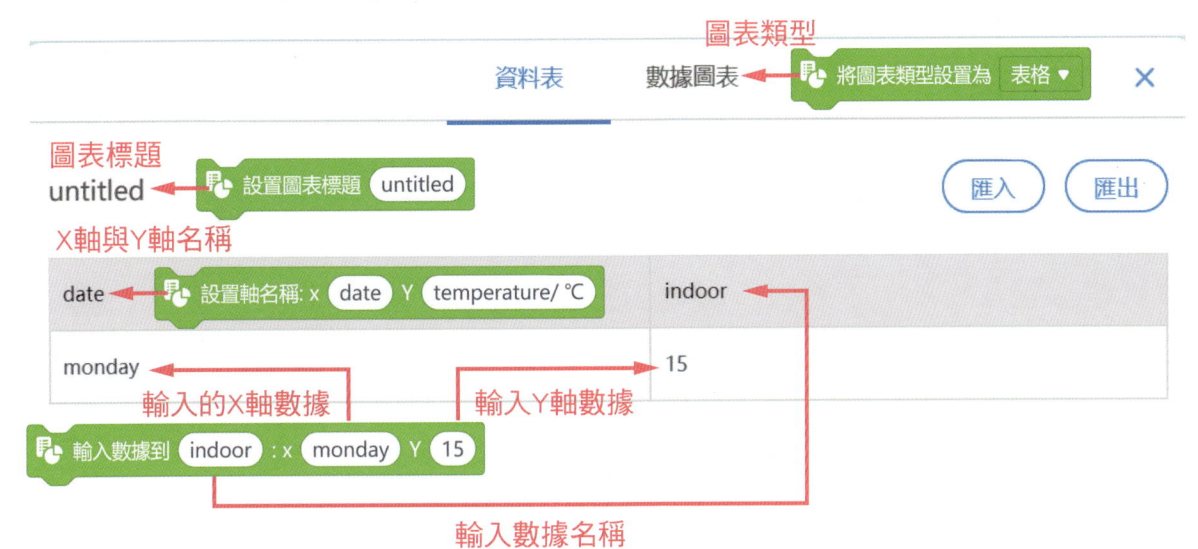

圖表類型

資料表　　數據圖表 ← 將圖表類型設置為 表格 ▼　　×

圖表標題
untitled ← 設置圖表標題 untitled　　　匯入　匯出

X軸與Y軸名稱
date ← 設置軸名稱: x date Y temperature/ °C　　indoor ←

monday ←　　　　　　　　　　　　　　15

輸入的X軸數據　　輸入Y軸數據

輸入數據到 indoor : x monday Y 15

輸入數據名稱

實作範例　ch9-1 mBot2 播報日出時間

請設計 CyberPi 連接無線網路，並利用物聯網在螢幕顯示日出與日落相關的訊息。

1 在「設備」的 CyberPi，點按【連接 > COM 值 > 連接】，並選擇【上傳】模式。

2 點選 **事件**、**物聯網** 與 **顯示**，輸入無線網路的【網路名稱】與【密碼】，並在螢幕顯示【連結中…】。

3 點選 **事件**、**控制**、**物聯網** 與 **顯示**，拖曳下圖積木，當網路連線成功時，在螢幕顯示【Wi-Fi 已連線】。

9-2 物聯網、天氣資訊與資料圖表

4 點選 控制、物聯網 與 顯示，拖曳下圖積木，在地區輸入「台北市」，當網路連線成功時，不停重複顯示日出與日落時間。

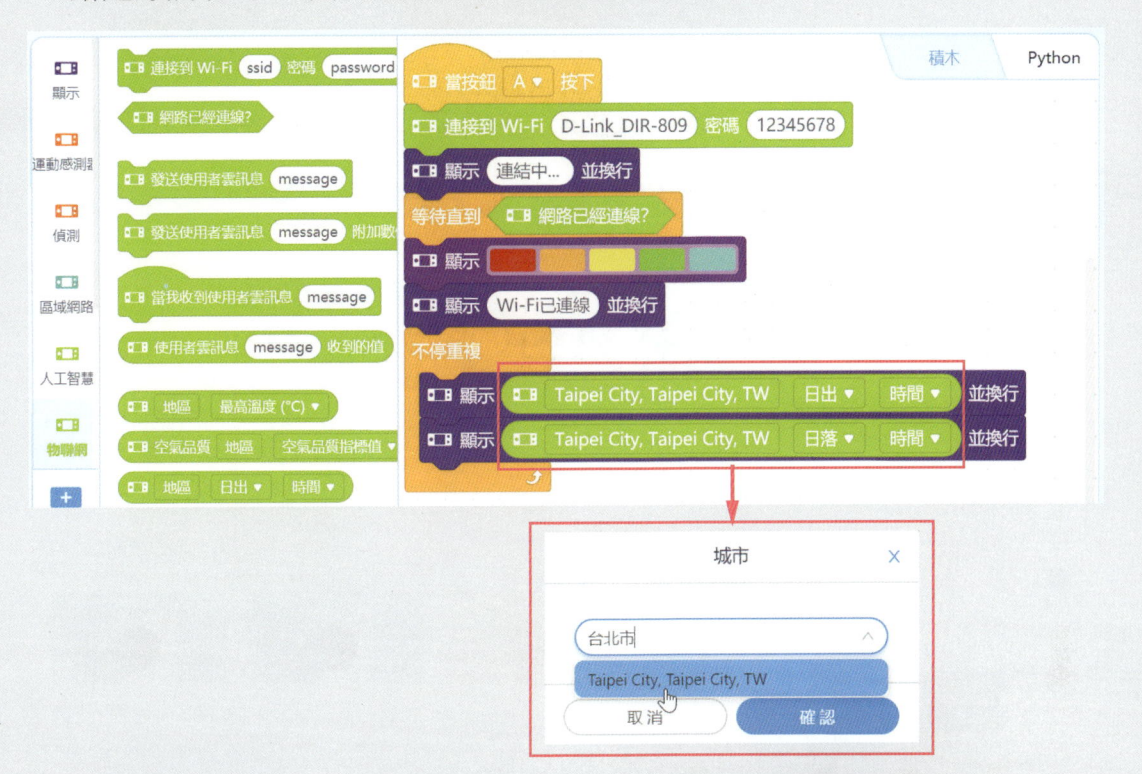

5 點擊 上傳，上傳程式到 CyberPi。再按下按鈕 A，檢查網路連線成功時，螢幕重複顯示日出時間與日落時間。

實作範例　ch9-2 Panda 播報日出時間

請利用電腦連接網際網路，讓角色 Panda 在舞台顯示日出與日落相關的訊息。

1 點選【角色】與 **延伸集**，在天氣資訊按【+添加】，新增「天氣資訊」積木。

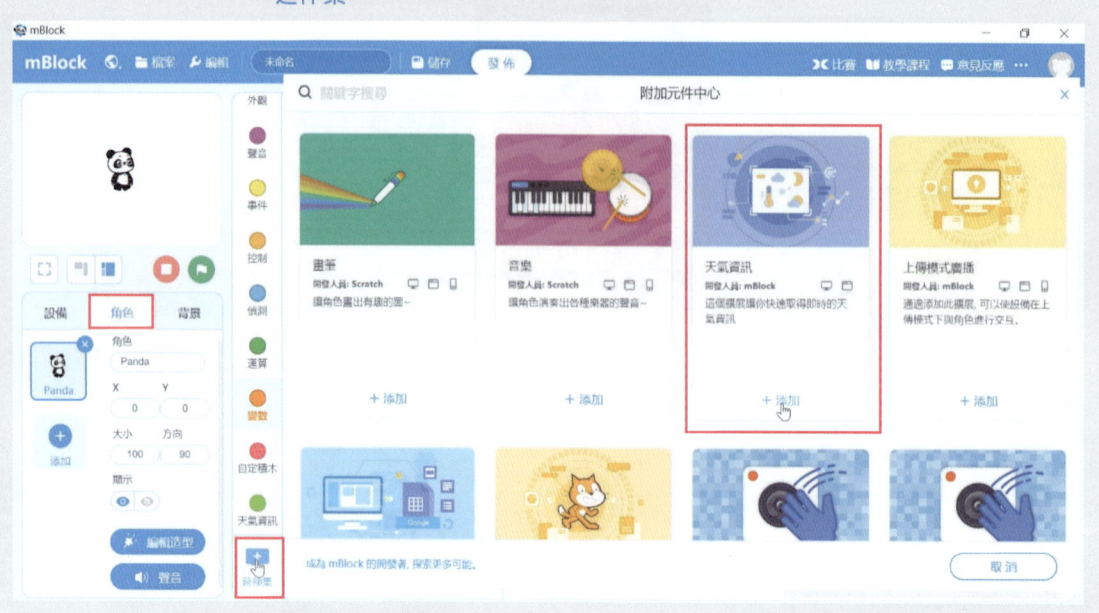

2 按 **事件**、**控制**、**外觀** 與 **天氣資訊**，拖曳下圖積木，在【城市】輸入「台北」，顯示台北日出與日落的小時。

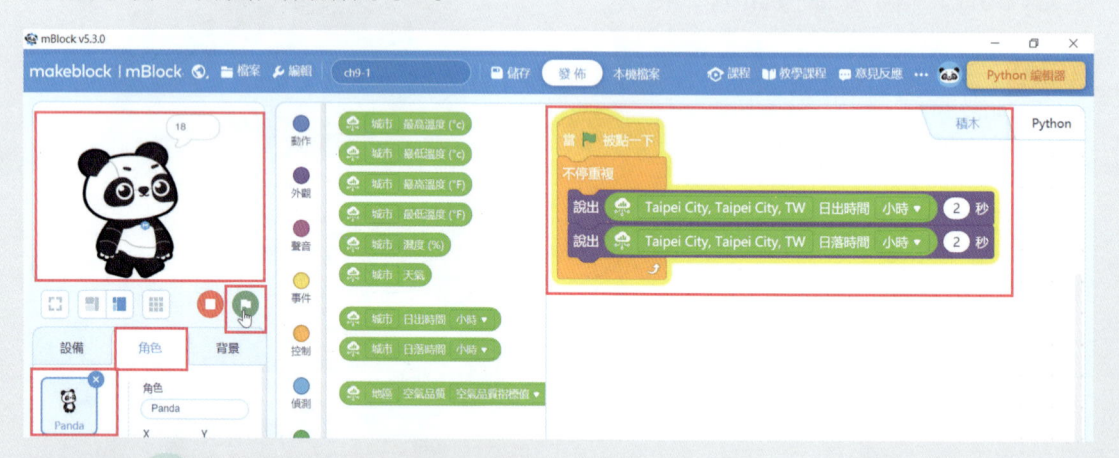

3 點擊 ▶，檢查舞台的角色 Panda 是否每 2 秒就說出：「日出時間」與「日落時間」。

9-3　上傳執行 mBot2 播氣象

　　在上傳模式執行 mBot2 播氣象，利用物聯網連接網路，存取即時天氣資訊，讓 mBot2 播氣象，顯示台北最高溫度與空氣品質。同時判斷空氣品質，顯示不同顏色 LED。如果空氣品質小於 50，顯示綠色 LED、如果空氣品質小於 100，顯示黃色 LED、否則顯示橘色 LED。

1 將「設備」的 CyberPi 設定為【上傳】模式。

2 點選 **控制**、**物聯網**、**LED** 與 **顯示**，拖曳下圖積木，輸入無線網路的【網路名稱】與【密碼】，並在螢幕顯示【連結中…】。當網路連線成功時，在螢幕顯示【Wi-Fi 已連線】。

3 點選 **控制**、**顯示** 與 **運算**，拖曳 2 個 組合字串 蘋果 和 香蕉，在「蘋果」位置分別輸入【台北最高溫度】與【台北空氣品質】。

4 點選 **物聯網**，拖曳下圖積木，在地區輸入「台北」，不停重複顯示台北的最高溫度與空氣品質。

5. 點選 控制、物聯網、運算 與 LED，拖曳下圖積木，如果空氣品質小於 50，顯示綠色 LED、如果空氣品質小於 100，顯示黃色 LED、否則顯示橘色 LED。

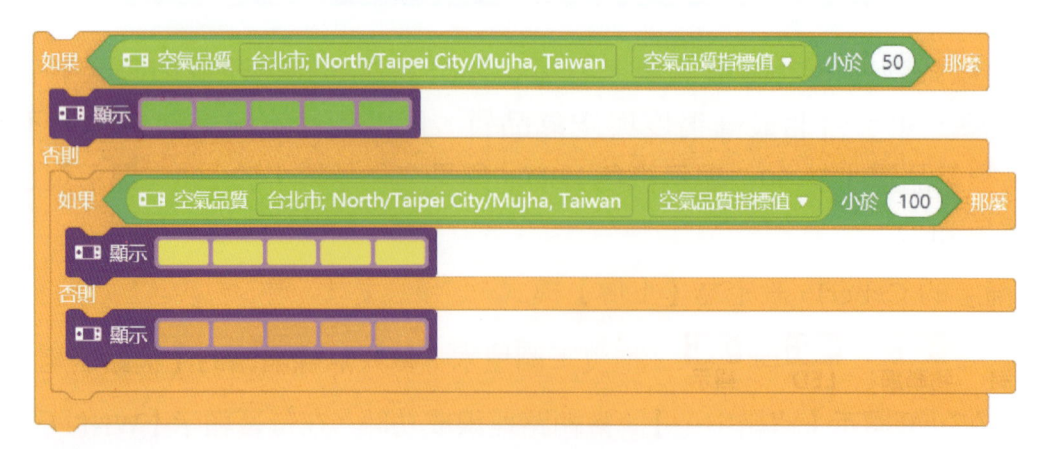

6. 點擊 上傳，上傳程式到 CyberPi。再按下按鈕 A，檢查網路連線成功時，螢幕重複顯示台北最高溫度、台北空氣品質與不同顏色 LED。

mBlock 5 概念說明　字串組合 組合字串 蘋果 和 香蕉 將第一組字串「蘋果」與第二組字串「香蕉」組合成「蘋果香蕉」。例如：組合字串 台北最高溫度 和 Taipei City, Taipei City, TW 最高溫度 (°C) 將「台北最高溫度」與「30」組合成「台北最高溫度 30」。

9-4　角色 Panda 同步播氣象

　　mBot2 播氣象時，角色 Panda 同步播放氣象資訊。

1 點選【角色】，按 **事件**、**控制**、**運算**、**外觀** 與 **天氣資訊**，拖曳下圖積木，在【城市】輸入「台北市」，顯示台北市的最高溫度與空氣品質。

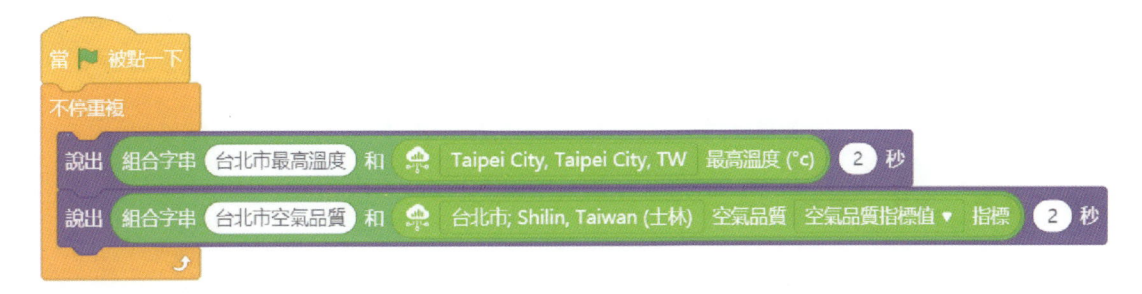

```
當 ▶ 被點一下
不停重複
    說出 組合字串 台北市最高溫度 和 Taipei City, Taipei City, TW 最高溫度 (°c)   2 秒
    說出 組合字串 台北市空氣品質 和 台北市; Shilin, Taiwan (士林) 空氣品質 空氣品質指標值 ▼ 指標   2 秒
```

2 點擊 ▶，檢查舞台的角色 Panda 是否每 2 秒就說出：「台北市最高溫度 32」與「台北市空氣品質 89」。

9-5 物聯網寫入大數據

角色 Panda 將天氣資訊輸入雲端資料圖表。輸入資料圖表時需顯示目前的日期或時間，利用變數存取目前電腦系統的日期與時間，再依據時間單位將資料輸入雲端資料圖表中。

一、顯示目前電腦系統日期與時間

1. 點選【角色】，按 **變數**，建立變數，輸入【日期】。

2. 按 **事件**、**變數**、**運算** 與 **偵測**，將日期變數設定為電腦日期，例如：2021/05/14。

3. 按 **外觀** 與 **變數**，拖曳下圖積木，讓角色說出：「目前電腦顯示的日期」，2 秒。

mBlock 5 概念說明

1. 在 **偵測** 的 `目前時間的 年▼` 能夠傳回目前電腦作業系統的年、月、日、週、小時、分鐘、秒等資訊。

2. 在 **運算** 的 `組合字串 蘋果 和 香蕉` 能夠將多個組合字串堆疊，能夠顯示長字串組合，例如將 4 個組合字串堆疊顯示「西元年 / 月 / 日」的堆疊方式如下：

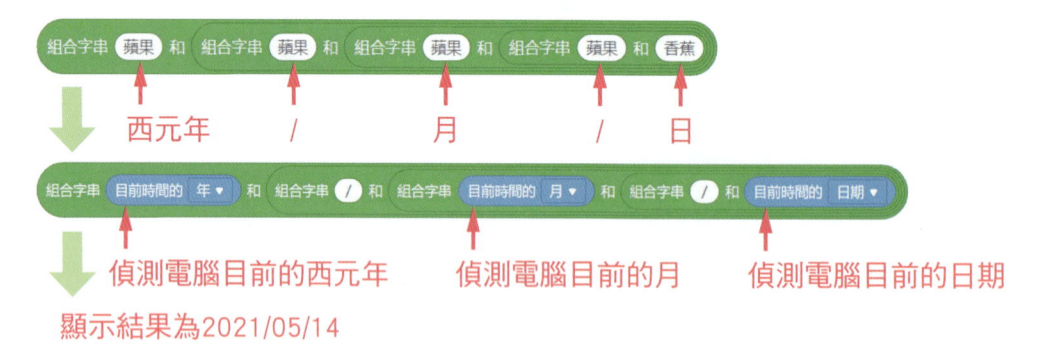

   西元年 / 月 / 日

   偵測電腦目前的西元年　偵測電腦目前的月　偵測電腦目前的日期

   顯示結果為 2021/05/14

4 重複步驟 4~6，建立變數「時間」，拖曳下圖積木，讓角色說出：「目前電腦顯示的時間」，2 秒。

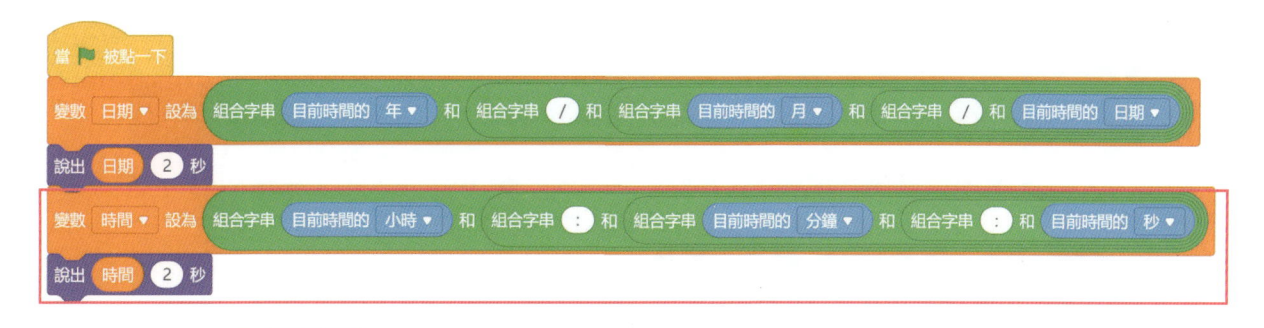

5 按 控制，拖曳 不停重複 ，讓角色重複說出日期、時間與天氣資訊。

6 點擊 🏁，，檢查 Panda 是否說出目前電腦日期「西元年 / 月 / 日」、「小時：分：秒」、「台北市最高溫度 xx」與「台北市空氣品質」各 2 秒。

二、物聯網寫入大數據

1 在角色點選 `延伸集`，在資料圖表按【+ 添加】，新增「資料圖表」積木。

2 按 `事件` 與 `資料圖表`，拖曳下圖積木，按空白鍵清除數據，點擊綠旗時，設定數據圖表的標題與格式。

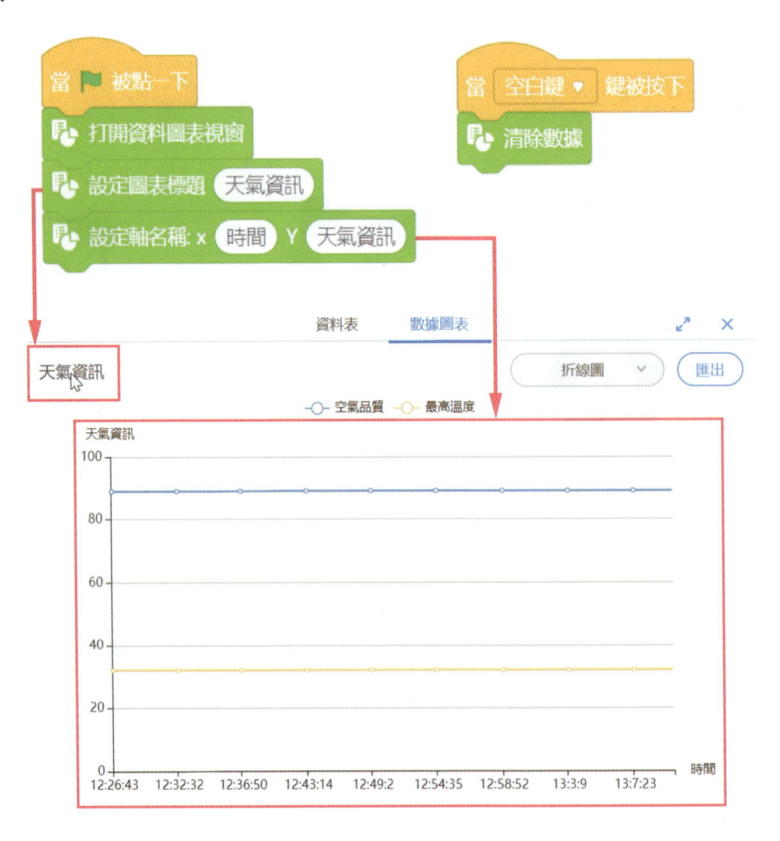

9-5 物聯網寫入大數據

3 按 事件、資料圖表 與 變數，拖曳下圖積木，重複將最高溫度與空氣品質數據，依據時間輸入到資料圖表。

4 點擊 ▶，檢查最高溫度與空氣品質數據是否寫入資料表或數據圖表中。

以秒為單位，依據程式執行的時間寫入數據。

天氣資訊

時間	空氣品質	最高溫度
12:26:43	89	32
12:26:52	89	32
12:27:0	89	32
12:27:9	89	32

mBlock 5 概念說明

1. 寫入數據時間　積木中，寫入數據的「時間」(時：分：秒)中，以秒為單位，依據程式執行的時間寫入；如果時間為分(時：分)則以分鐘為單位寫入…依據類推，如果以小時為單位，每一小時寫入一筆數據，或以日期為單位，則每天寫入一筆數據。
2. 寫入數據的量最多 500 筆。

9-6　下載與分析數據圖表

　　空氣品質隨著時間、天氣與污染物的變化而改變，下載資料表，以試算表分析空氣品質與最高溫度，並檢核空氣品質是否符標準。

1 在資料表或數據圖表中，點選【匯出】，下載試算表。

時間	空氣品質	最高溫度
12:26:43	89	32
12:26:52	89	32
12:27:0	89	32
12:27:9	89	32

2 點選儲存路徑與檔案名稱，再按【存檔】。

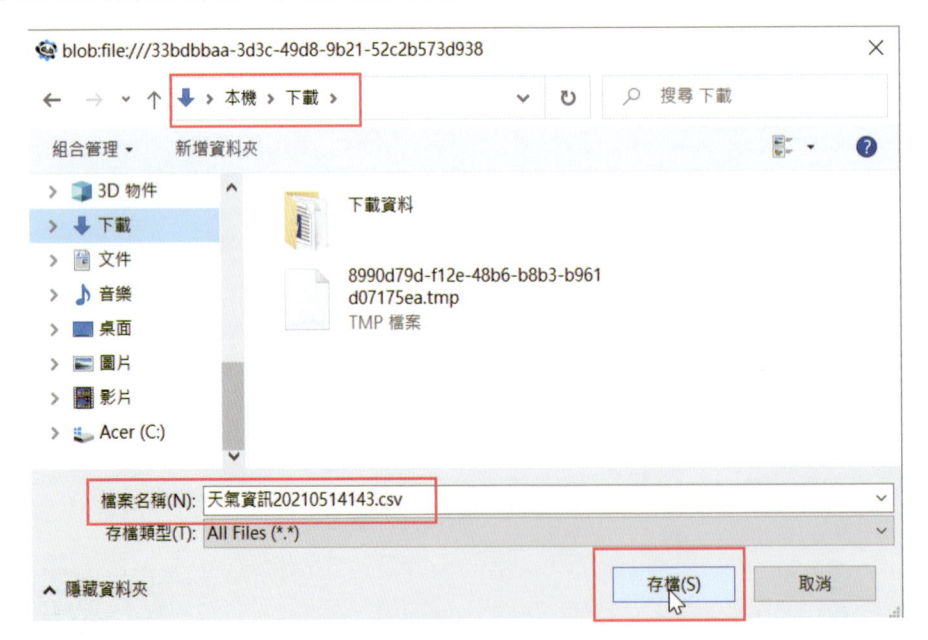

9-6 下載與分析數據圖表

3 開啟試算表，以空氣品質與最高溫度的平均值、最小值與最大值。

	A	B	C
1	時間	空氣品質	最高溫度
2	12:26:43	46	29
3	12:26:52	47	29
4	12:27:00	48	29
5	12:27:09	49	29
6	12:27:18	50	32
7	12:27:27	51	32
8	12:27:37	52	32
9	12:27:51	53	32
10	12:28:03	54	32
11	12:28:17	55	30
12	12:28:31	56	31
13	12:28:45	56	31
14	12:28:59	89	31
15	12:29:12	89	31
16	12:29:26	89	31
17	12:29:39	89	32
18	平均值		
19	最小值		
20	最大值		

▼空氣品質與最高溫度函數計算公式

	空氣品質	最高溫度
平均值	=average(b2：b17)	=average(c2：c17)
最小值	=min(b2：b17)	=min(c2：c17)
最大值	=max(b2：b17)	=max(c2：c17)

4 開啟行政院環保署空氣品質標準網站，檢查空氣品質大數據分析結果是否符合標準。mBot2 則是依據行政院環保署空氣品質標準顯示綠色、黃色或橘色 LED。

日空氣品質指標 (日 AQI)

將當日空氣中臭氧 (O_3)、細懸浮微粒 ($PM_{2.5}$)、懸浮微粒 (PM_{10})、一氧化碳 (CO)、二氧化硫 (SO_2) 及二氧化氮 (NO_2) 濃度等數值，以其對人體健康的影響程度，分別換算出不同污染物之副指標值，再以當日各副指標之最大值為該測站當日之空氣品質指標值 (AQI)。

空氣品質指標 (AQI)

AQI 指標	O_3 (ppm) 8小時平均值	O_3 (ppm) 小時平均值[1]	$PM_{2.5}$ (µg/m³) 24小時平均值	PM_{10} (µg/m³) 24小時平均值	CO (ppm) 8小時平均值	SO_2 (ppb) 小時平均值	NO_2 (ppb) 小時平均值
良好 0～50	0.000 - 0.054	-	0.0 - 15.4	0-54	0-4.4	0-35	0-53
普通 51～100	0.055 - 0.070	-	15.5 - 35.4	55-125	4.5-9.4	36-75	54-100
對敏感族群不健康 101～150	0.071 - 0.085	0.125 - 0.164	35.5-54.4	126-254	9.5-12.4	76-185	101-360
對所有族群不健康 151～200	0.086 - 0.105	0.165 - 0.204	54.5 - 150.4	255-354	12.5-15.4	186-304[3]	361-649
非常不健康 201～300	0.106 - 0.200	0.205 - 0.404	150.5 - 250.4	355 - 424	15.5 - 30.4	305-604[3]	650-1249
危害 301～400	(2)	0.405 - 0.504	250.5 - 350.4	425 - 504	30.5 - 40.4	605-804[3]	1250-1649

註：行政院環保署空氣品質指標網址：
https://airtw.epa.gov.tw/CHT/Information/Standard/AirQualityIndicator.aspx

實力評量 9

一、單選題

( ) 1. 如果在設備想要利用網路存取即時天氣資訊，應該使用下列哪一類積木？
(A) 天氣資訊 (B) 人工智慧 (C) 區域網路 (D) 物聯網。

( ) 2. 如果在角色想要將天氣資訊寫入雲端的表格，應該使用下列哪一類積木？
(A) 資料圖表 (B) 天氣資訊 (C) 物聯網 (D) 變數。

( ) 3. 如果想設計設備的 CyberPi 利用網路存取日出或日落時間，應該使用下列哪一類積木？
(A) 空氣品質 地區 空氣品質指標值
(B) 地區 日出 時間
(C) 城市 日出時間 小時
(D) 城市 日落時間 小時。

( ) 4. 如圖一，如果台北市傳回的空氣品質數值為 80，則 LED 會如何顯示？
(A) 關閉 LED
(B) 點亮綠色 LED
(C) 點亮黃色 LED
(D) 點亮橘色 LED。

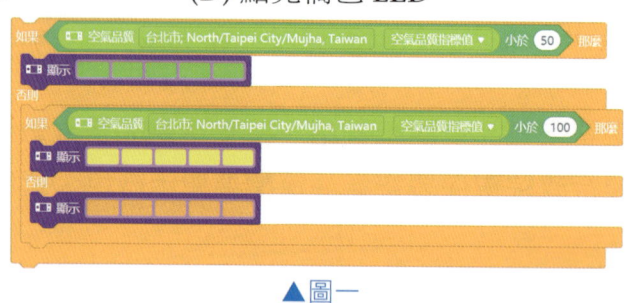

▲圖一

( ) 5. 下列關於匯出的數據資料，以試算表處理相關的敘述，何者錯誤？
(A) average 計算最小值
(B) max 計算最大值
(C) min 計算最小值
(D) average 計算平均值。

( ) 6. 關於圖二屬於哪一種資料圖表的類型？
(A) 表格
(B) 折線圖
(C) 橫條圖
(D) 雙軸圖。

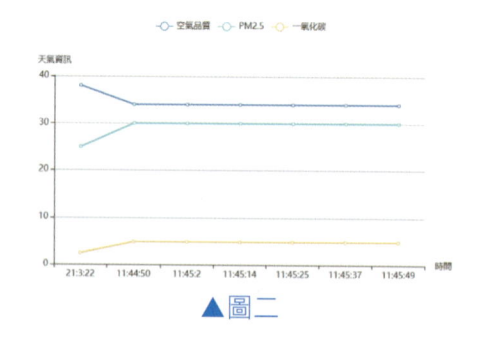

▲圖二

( ) 7. 如果想要存取電腦的目前日期或時間，應該使用下列哪一個積木？
(A) 目前時間的 年
(B) 組合字串 蘋果 和 香蕉
(C) 地區 日出 時間
(D) 將圖表類型設置為 表格。

實力評量 9

( ) 8. 如果台北市士林一氧化碳 (CO) 傳回值為 10，則圖三程式的執行結果為何？
(A) 說出：「10」
(B) 說出：「台北一氧化碳為」
(C) 說出：「台北一氧化碳為 10」
(D) 說出：「台北一氧化碳為台北空氣品質指標」。

▲圖三

( ) 9. 關於圖四資料圖表的敘述，何者錯誤？
(A) 圖表類型屬於表格
(B) 寫入數據的時間以秒為單位
(C) 利用 [設置圖表標題 untitled] 積木設定表格的標題
(D) 利用 [設置軸名稱: x date Y temperature/ ℃] 積木，將數據寫入表格。

▲圖四

( )10. 如果目前的日期為 2022 年 05 月 28 日，關於圖五程式的執行結果為何？
(A) 角色說出：「年 / 月 / 日」
(B) 角色說出：「2022/05/28」
(C) 角色以語音說出：「2022/05/28」
(D) 角色說出：「日期」。

▲圖五

二、實作題

1. 請在角色的延伸集新增文字轉語音 (Text to speech) 功能，讓角色以中文語音播放台北市的空氣品質。

2. 請在角色的延伸集新增翻譯 (Translate) 功能，讓角色以英文、中文或韓文等三種不同的語言翻譯台北市的空氣品質，再以語音播放。

Chapter 10 mBot2 碰碰車

　　mBot2 除了具備明星選拔賽的功能之外，還能夠利用 CyberPi 控制虛擬的角色。本章將設計角色 mBot A 與 mBot B 碰碰車遊戲，利用 mBot2 CyberPi 的搖桿控制角色 mBot A 移動，當 mBot A 碰到 mBot B 時，得分加 1，同時播放音效並閃爍 LED。

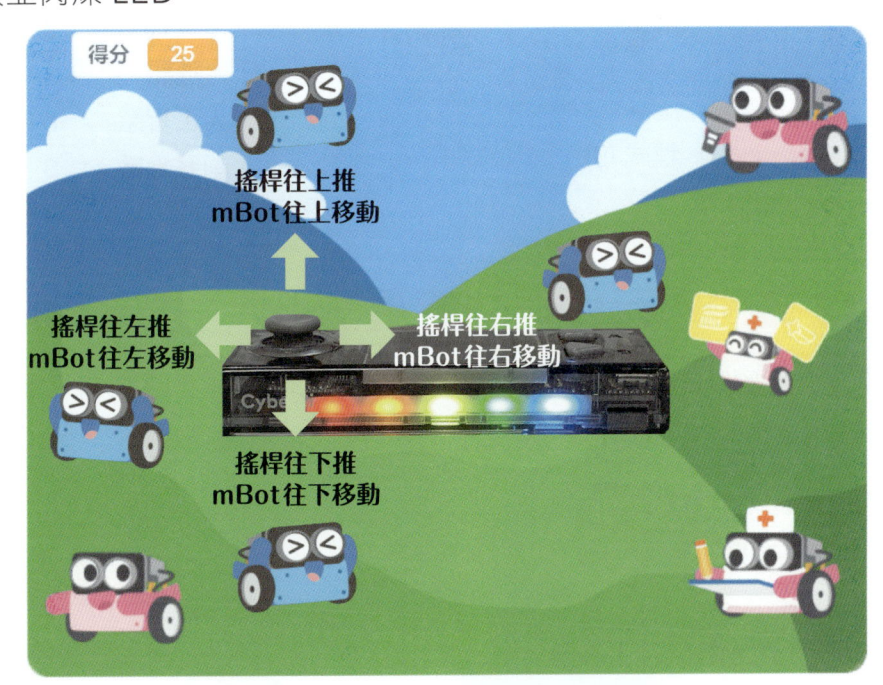

本章節次

10-1 mBot2 碰碰車遊戲規劃
10-2 搖桿、陀螺儀或加速度感測器
10-3 CyberPi 控制角色移動
10-4 mBot B 重複往左移動
10-5 mBot A 與 mBot B 碰碰車
10-6 遊戲特效

學習目標

1. 能夠應用 CyberPi 的搖桿控制角色移動。
2. 能夠整合設備與角色設計互動遊戲。
3. 能夠應用變數記錄遊戲歷程。
4. 能夠設計角色與角色之間互動的方式。
5. 能夠設計遊戲特效。

10-1　mBot2 碰碰車遊戲規劃

本章將設計 mBot A 與 mBot B 碰碰車遊戲，利用 CyberPi 的搖桿控制 mBot A 移動。當 mBot A 碰到 mBot B 時，得分加 1，同時播放音效並閃爍 LED，mBot B 再重複從舞台右邊往左邊移動。

創客題目編號：A005063

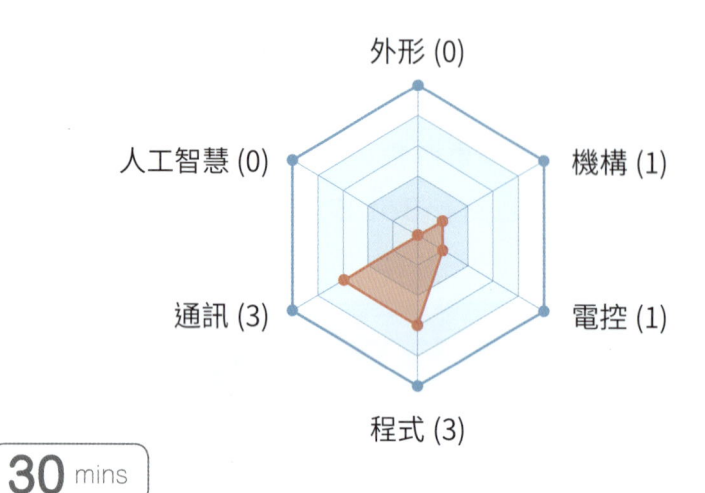

創客指標	
外形	0
機構	1
電控	1
程式	3
通訊	3
人工智慧	0
創客總數	8

30 mins

一、mBot2 碰碰車元件與功能規劃

mBot2 碰碰車將應用的元件包括：搖桿、陀螺儀或加速度感測器、全彩螢幕、RGB LED 燈條與喇叭相關的位置與功能，如圖 1 所示。

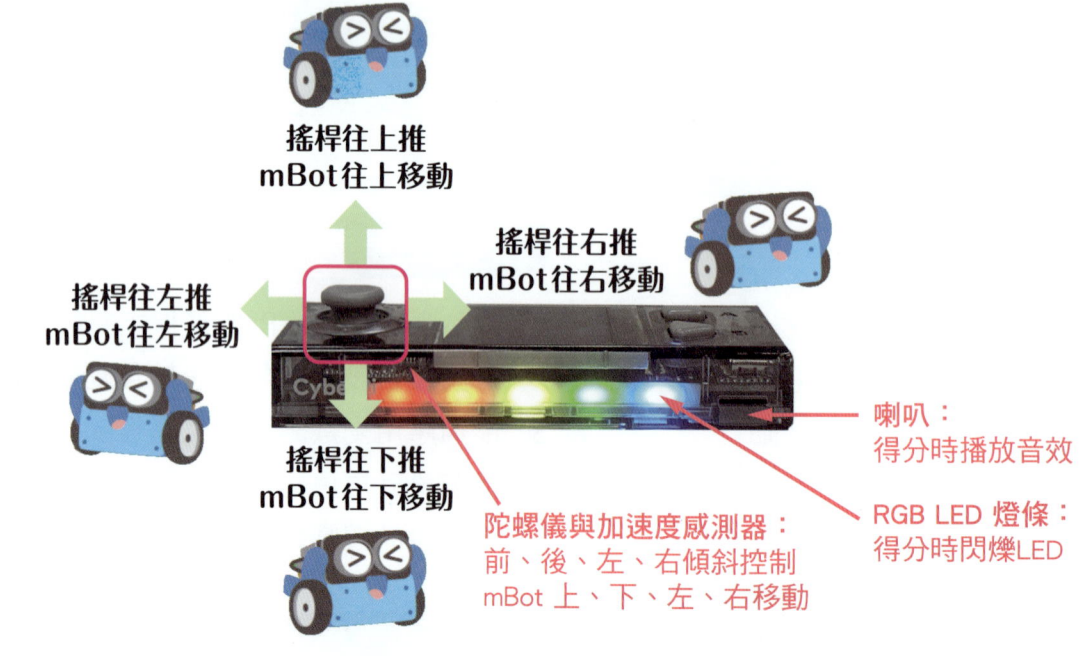

搖桿往上推 mBot往上移動
搖桿往右推 mBot往右移動
搖桿往左推 mBot往左移動
搖桿往下推 mBot往下移動

陀螺儀與加速度感測器：前、後、左、右傾斜控制 mBot 上、下、左、右移動

喇叭：得分時播放音效

RGB LED 燈條：得分時閃爍LED

▲圖 1

二、mBot2 碰碰車遊戲規劃

mBot2 碰碰車遊戲的互動方式包括：
(1) 設備 CyberPi 搖桿與角色 mBot A 互動；
(2) 角色 mBot A 與 mBot B 互動。

▲圖 2

10-2 搖桿、陀螺儀或加速度感測器

CyberPi 內建搖桿、陀螺儀與加速度感測器。主要功能與積木分述如下。

一、搖桿

搖桿主要用來傳回按壓、向上推、向下推、向左推或向右推等資訊。在 偵測 類別積木中，相關積木主要的功能如下。

功能	積木	說明
判斷搖桿動作	搖桿 中間按壓▼ ?	判斷搖桿是否按壓中間或向上推、向下推、向左推、向右推，判斷結果為真或假。 true（真）：按壓搖桿中間；false（假）：未按壓搖桿中間。
傳回數值	搖桿 中間按壓▼ 的次數	傳回按壓搖桿中間或向上推、向下推、向左推、向右推的次數。
歸零	歸零搖桿 中間按壓▼ 的次數	將按壓搖桿中間或向上推、向下推、向左推、向右推的次數歸零。

實作範例　ch10-1　判斷搖桿狀態

請測試設備 CyberPi 搖桿的狀態。將搖桿向上推、向下推、向左推或向右推，檢查積木判斷的結果。

1 在「設備」的 CyberPi，點按【連接 > COM 值 > 連接】，並選擇【即時】模式。

2 點選 偵測，拖曳 搖桿 中間按壓▼ ? ，點選【向上推】。

3 將搖桿往上推，再點擊積木，檢查積木顯示的執行結果為何？

　　執行結果：☐ true（真）　☐ false（假）

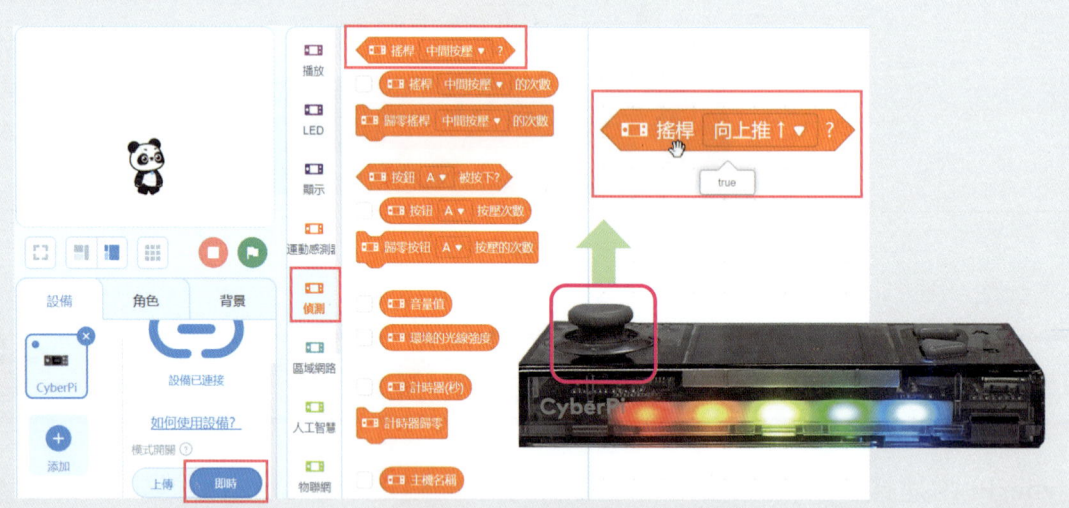

4 放開搖桿，再點擊積木，檢查積木顯示的執行結果為何？

　　執行結果：☐ true（真）　☐ false（假）

二、陀螺儀或加速度感測器

陀螺儀或加速度感測器主要用來傳回 CyberPi 前、後、左、右、上下傾斜或搖晃等運動的程度。在 **運動感測器** 類別積木中，相關積木主要的功能如下。

功能	積木	說明
控制角色	控制 Panda 跟著 Cyber Pi 的敏感度為 (0.2) low 控制舞台的角色 (Panda) 跟著 CyberPi 傾斜的方向移動。	
判斷動作	1. 向前傾斜 ? 2. 偵測到 向上揮動 ?	1. 判斷 CyberPi 是否向上傾斜、向下傾斜、向左傾斜、向右傾斜、正面朝上或正面朝下，判斷結果為 true（真）或 false（假）。 2. 判斷 CyberPi 是否向上揮動、向下揮動、向左揮動、向右揮動、順時針旋轉、逆時針旋轉或自由掉落等運動。
傳回運動值	1. 搖晃力道 2. 揮動方向 (°) 3. 揮動速度 4. 向前傾斜 角度(°) 5. 運動感測器 x 軸的加速度 (m/s²) 6. x 軸的角速度(°/s) 7. x 軸旋轉的角度 (°)	1. 傳回 CyberPi 搖晃的力道，搖晃力道範圍從 0～100。 2. 傳回 CyberPi 上下或左右方向揮動的角度，角度範圍從 −179 度～180 度。 3. 傳回 CyberPi 揮動的速度值，範圍從 0～100。 4. 傳回 CyberPi 向前、向後、向左、向右傾斜或順時針旋轉、逆時針旋轉的角度。 5. 傳回 CyberPi X 軸、Y 軸或 Z 軸的加速度。 6. 傳回 CyberPi X 軸、Y 軸或 Z 軸的角速度。 7. 傳回 CyberPi X 軸、Y 軸或 Z 軸的旋轉角度。
歸零	1. 將偏航角度歸零 2. 所有 軸的旋轉角度歸零	1. 將 CyberPi 的偏航角度歸零。 2. 將 CyberPi 的 X 軸、Y 軸或 Z 軸的旋轉角度歸零。

實作範例　ch10-2 CyberPi 前俯後仰左傾右斜

請設計 CyberPi 前俯後仰左傾右斜的傾斜角度。

1 請將 CyberPi，設定為【即時】模式。

2 點選 運動感測器，勾選 ☑ 向前傾斜 角度(°)。

向前傾斜

向後傾斜

3 將 CyberPi 向前傾斜，檢查積木顯示的執行結果為何？

　　執行結果：☐ 正數最大值為 90　　☐ 負數最大值為 −90

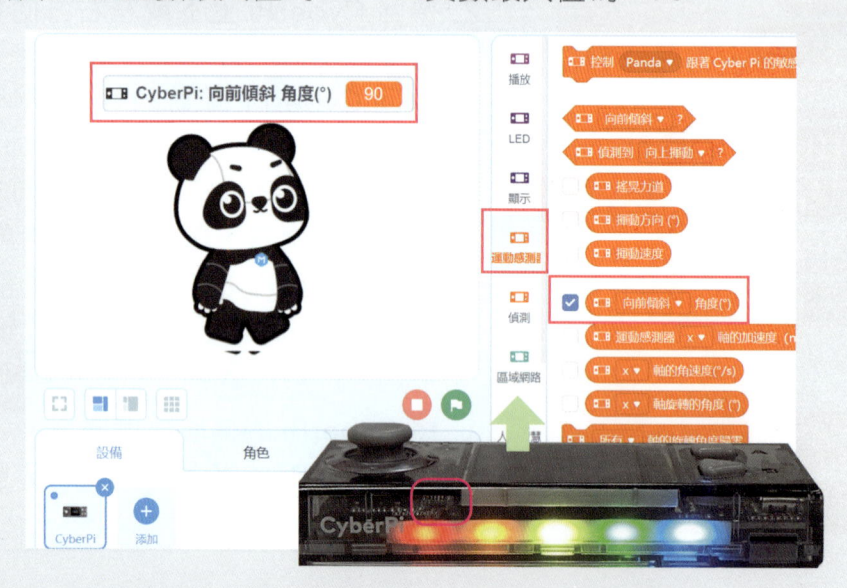

4 將 CyberPi 向後傾斜，檢查積木顯示的執行結果為何？

　　執行結果：☐ 正數最大值為 90　　☐ 負數最大值為 −90

實作範例　ch10-3 Panda 跟著 CyberPi 移動

請設計利用 CyberPi 控制 Panda 移動。

1 請將 CyberPi，設定為【即時】模式。

2 點選 控制、事件 與 運動感測器，拖曳下圖積木，Panda 重複跟著 CyberPi 移動。

3 將 CyberPi 向前、向後、向左、或向右隨機移動，檢查舞台的 Panda 是否隨著 CyberPi 的方向移動。

10-3　CyberPi 控制角色移動

當設備 CyberPi 的搖桿往上推時，角色 mBot A 往上移動、搖桿往下推時，角色 mBot A 往下移動、搖桿往左推時，角色 mBot A 往左移動、搖桿往右推時，角色 mBot A 往右移動。建立 4 個變數「往上移動」、「往下移動」、「往左移動」、「往右移動」重複偵測搖桿的狀態，角色 mBot A 再利用變數值，設定移動的方向。

一、設備傳遞感測器數值給角色

設備 CyberPi 的搖桿利用變數，將搖桿的狀態傳遞給角色 mBot A。mBot A 再依據變數設定移動的方向。首先建立變數「往上移動」、「往下移動」、「往左移動」、「往右移動」，做為 CyberPi 與 mBot A 溝通的橋樑。

1 點選 變數 的【建立變數】，輸入「往上移動」，再按【確認】。

2 重複相同步驟，建立變數「往下移動」、「往左移動」與「往右移動」。

3 點選 事件、控制 與 變數，拖曳 4 個 變數 往上移動▼ 設為 0 ，分別點選【往上移動】、【往下移動】、【往左移動】、【往右移動】。

4 點選 偵測，拖曳 4 個 搖桿 中間按壓▼ ? ，分別點選【搖桿向上推↑】、【搖桿向下推↓】、【搖桿向左推←】與【搖桿向右推→】。設定變數搖桿「往上移動」的值為「搖桿向上推↑」、變數「往下移動」的值為「搖桿向下推↓」、變數「往左移動」的值為「搖桿向左推←」、變數「往右移動」的值為「搖桿向右推→」。

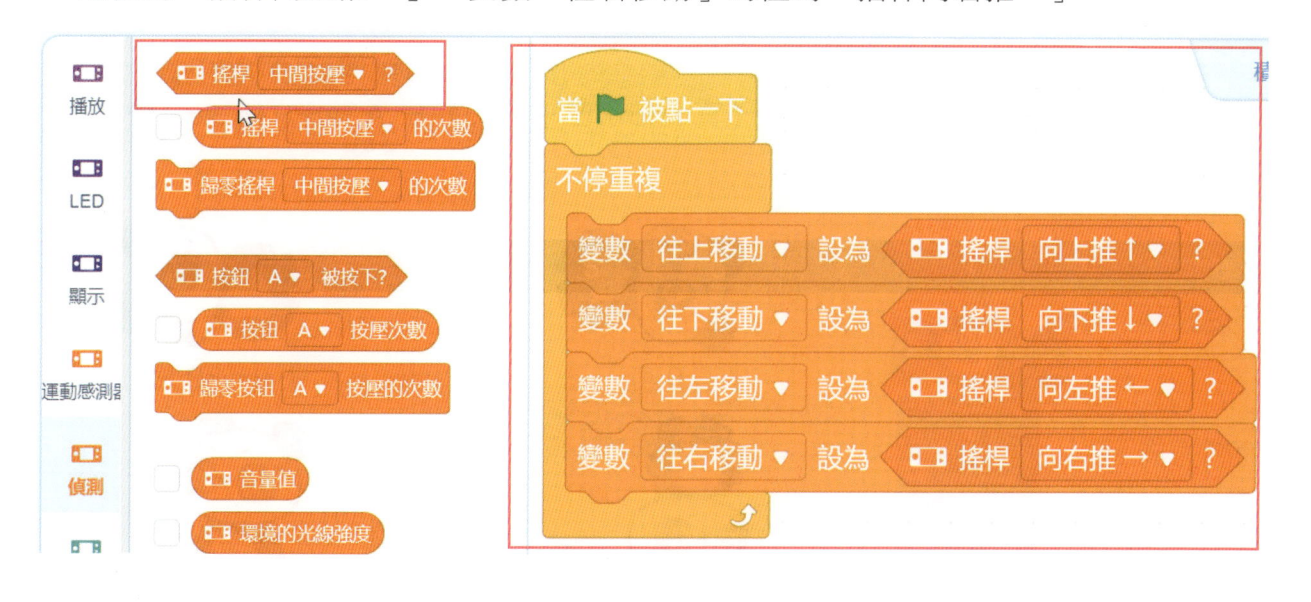

Chapter 10 mBot2 碰碰車

mBot2 概念說明

1. 設備 mBot2 設定為 【即時】模式，才能夠連線傳遞搖桿狀態給角色 mBot A。

2. 利用 CyberPi 的感測器控制角色的方法除了搖桿，也能夠使用加速度感測器或使用積木 `控制 Panda 跟著 Cyber Pi 的敏感度為 (0.2) low`，以 CyberPi 控制角色移動。

3. 取消勾選變數「往上移動」，變數在舞台隱藏。

4. 重複上述步驟，取消勾選變數「往下移動」、「往左移動」、「往右移動」，四個變數在舞台隱藏。

二、角色面朝方向與移動

舞台的角色隨著搖桿的方向移動時，需要考量角色面朝的方向與移動的方式，相關積木如下。

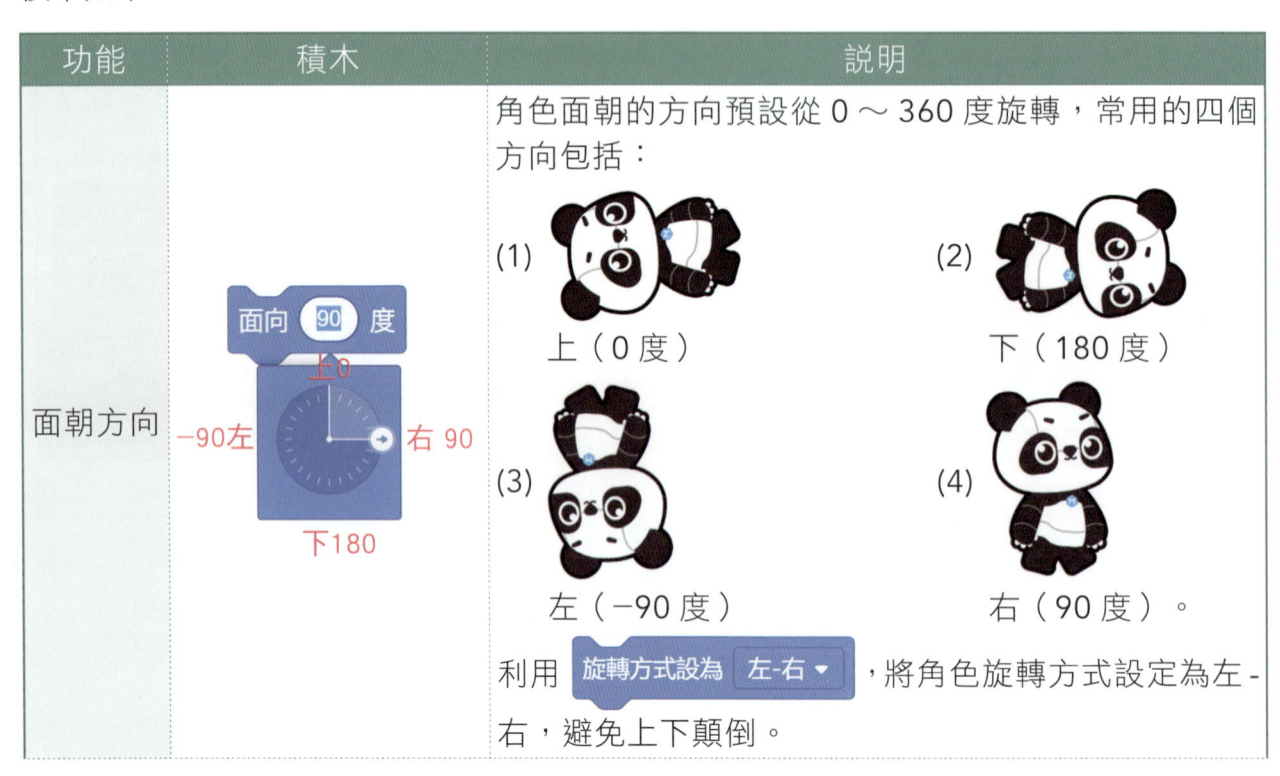

功能	積木	說明
面朝方向	`面向 90 度` 上 0 −90 左　右 90 下 180	角色面朝的方向預設從 0～360 度旋轉，常用的四個方向包括： (1) 上（0 度）　(2) 下（180 度） (3) 左（−90 度）　(4) 右（90 度）。 利用 `旋轉方式設為 左-右`，將角色旋轉方式設定為左-右，避免上下顛倒。

功能	積木	說明
移動	移動 10 步	角色往面朝方向移動 10 步,預設往右移動,負數往左。
左右移動	將x座標改變 10	角色往右移動 10 步,負數往左移動。
上下移動	將y座標改變 10	角色往上移動 10 步,負數往下移動。

mBlock 概念說明 背景舞台高度為 y 坐標,最上方 180、最下方 -180,高度為 360。寬度為 x 坐標,最左邊 -240、最右邊 240,寬度為 480。因此,角色往上移動時 Y 坐標為正數、往下移動 Y 為負數、往左移動時 X 為負數、往右移動時 X 為正數。

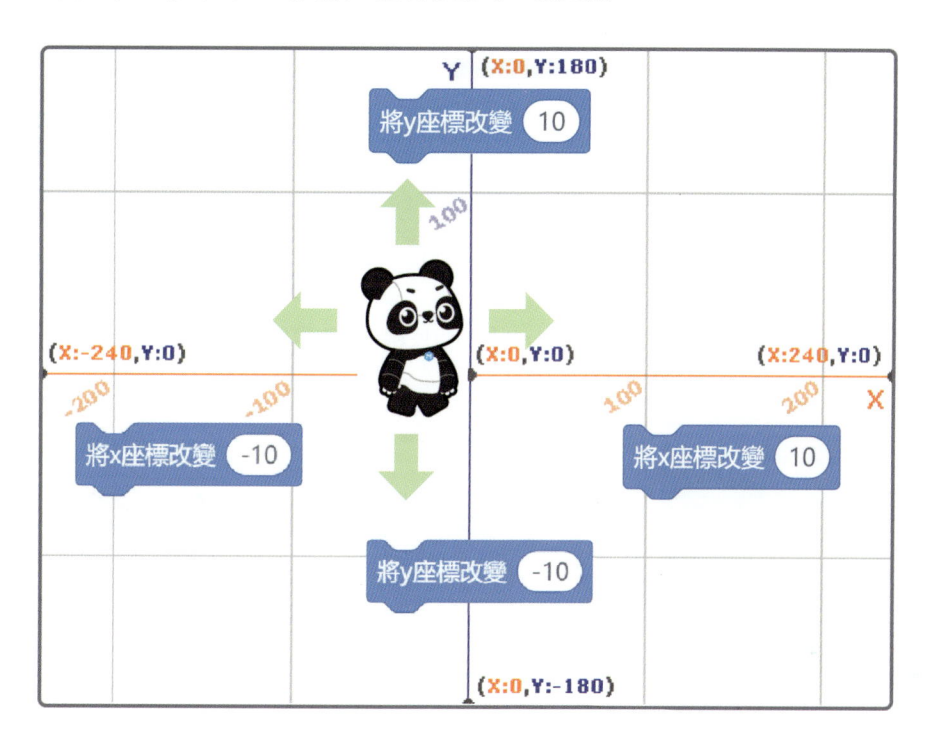

三、CyberPi 控制角色移動

　　當設備 CyberPi 的搖桿往上推時,角色 mBot A 往上移動、搖桿往下推時,角色 mBot A 往下移動、搖桿往左推時,角色 mBot A 往左移動、搖桿往右推時,角色 mBot A 往右移動。

Chapter 10 mBot2 碰碰車

1 點選【背景】，按背景數量的 ➕，點選背景【Grassland2】，再按【確認】新增背景。

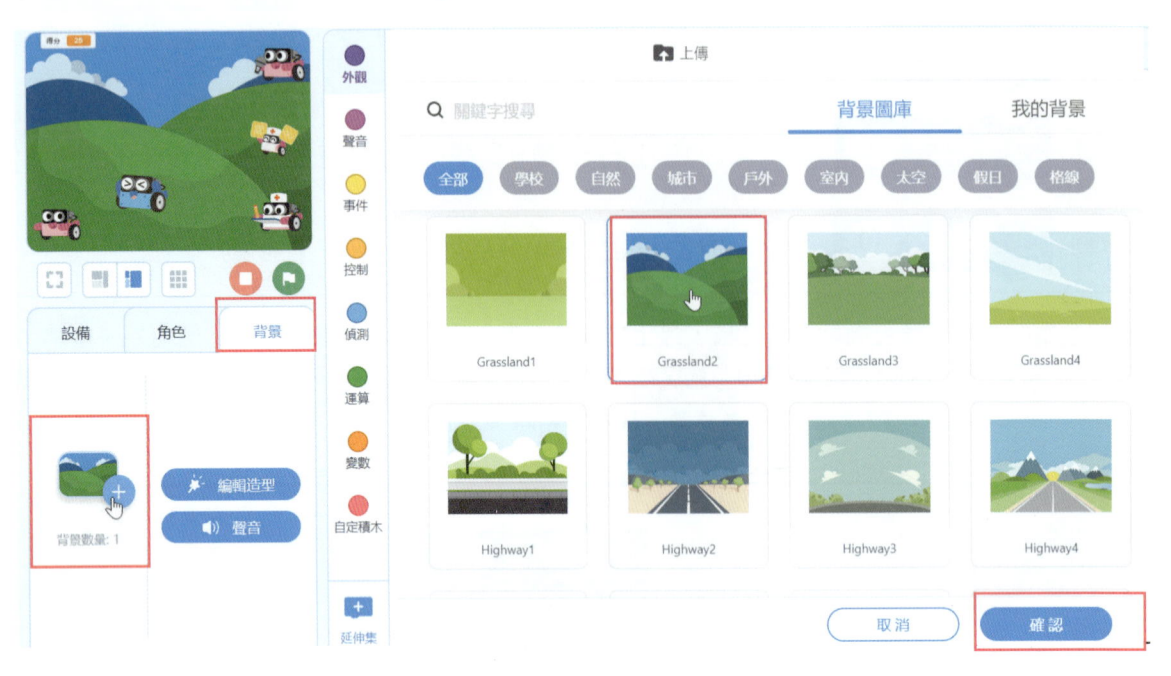

2 點選角色【Panda】，按右上方的 ✕，刪除角色。

3 按 ➕ 添加，點選【魔幻】的【c-mbot7】，再按【確認】，新增角色。

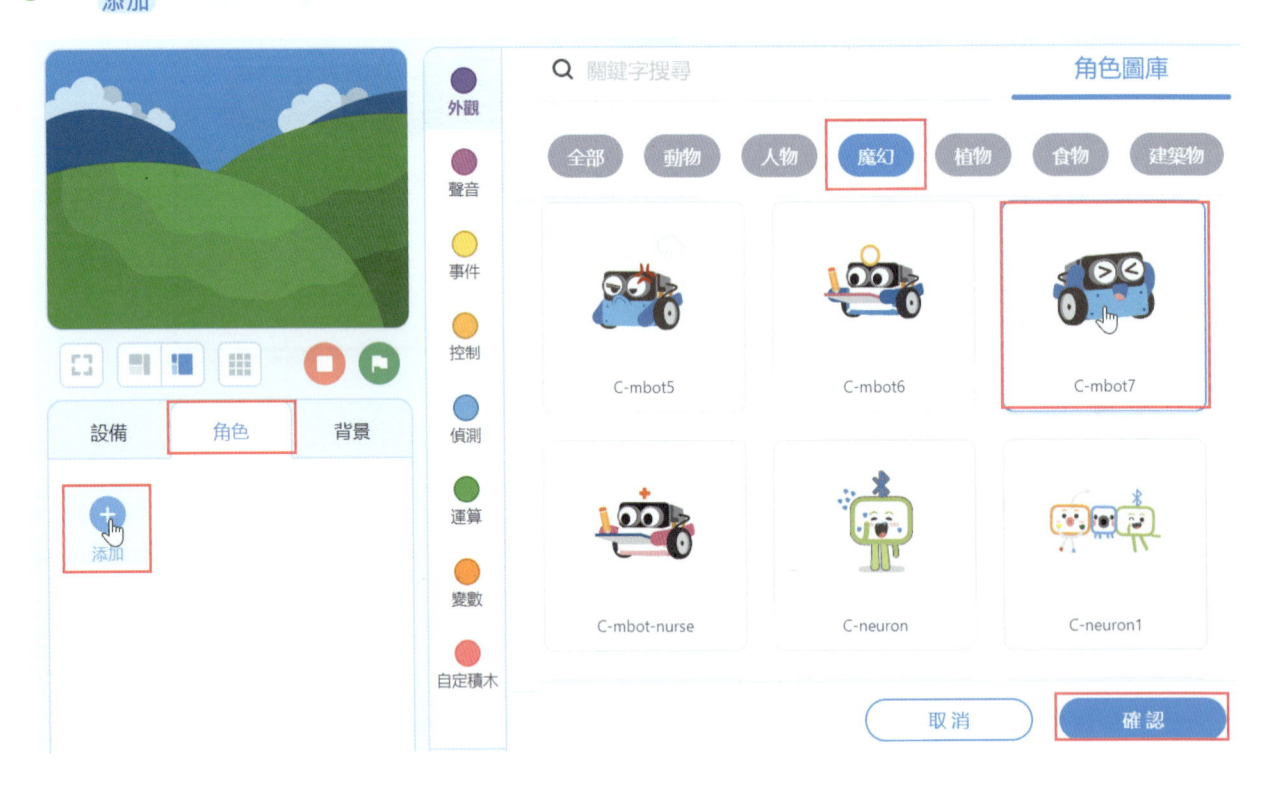

4 調整角色名稱為「mBot A」、尺寸「100」、在舞台中央的位置 X「0」、Y「0」。

- 角色名稱
- 角色在舞台的位置
- 更改角色的大小與方向
- 角色在舞台顯示或隱藏
- 更改或新增角色造型
- 新增角色音效

5 點選 ●事件 與 ●動作，拖曳下圖積木，設定角色 mBot A 在舞台中央位置，面向右邊。

- 設定角色左右旋轉
- 面向右邊
- 定位起始位置

6 按 ●事件 與 ●控制，拖曳四個 積木，mBot A 移動四方向包括上、下、左、右或靜止不動，五種可能狀況。

7 按 ●運算、●變數 與 ●動作，拖曳下圖積木的五種狀況：

(1) 搖桿往上推時，角色 mBot A 往上移動 (Y 改變 10)。

(2) 搖桿往下推時，角色 mBot A 往下移動 (Y 改變 -10)。

(3) 搖桿往左推時，角色 mBot A 往左移動 (X 改變 -10)。

(4) 搖桿往右推時，角色 mBot A 往右移動 (X 改變 10)。

(5) 角色 mBot A 面向右靜止不動。

Chapter 10 mBot2 碰碰車

```
當 ▶ 被點一下
不停重複
    如果 ⟨往上移動 = true⟩ 那麼
        面向 0 度        往上移動
        將y座標改變 10
    否則
        如果 ⟨往下移動 = true⟩ 那麼
            面向 180 度    往下移動
            將y座標改變 -10
        否則
            如果 ⟨往左移動 = true⟩ 那麼
                面向 -90 度    往左移動
                將x座標改變 -10
            否則
                如果 ⟨往右移動 = true⟩ 那麼
                    面向 90 度    往右移動
                    將x座標改變 10
                否則
                    面向 90 度    面向右不動
```

8 點擊 ▶ ，向上、下、左、右推動搖桿，檢查 mBot A 是否隨著搖桿方向移動。

10-4　mBot B 重複往左移動

角色 mBot B 重複從右往左移動。

1 按 ![添加]，點選【魔幻】的【C-mbot-nurse】，再按【確認】，新增 mBot B 角色。

2 調整角色名稱為「mBot B」、尺寸「100」、在舞台最右邊的位置 X「240」、Y「0」。

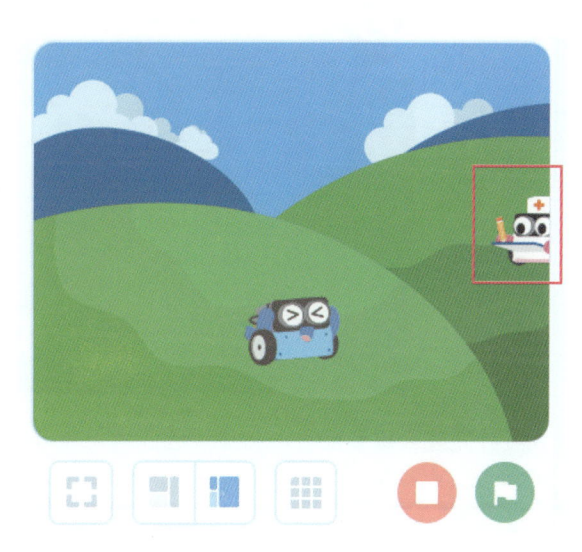

3 按 ![事件]、![控制]、![動作]、![運算] 與 ![外觀]，拖曳下圖積木，讓角色 mBot B 重複從舞台最右邊 (X:240) 往左 (X:-240) 移動。

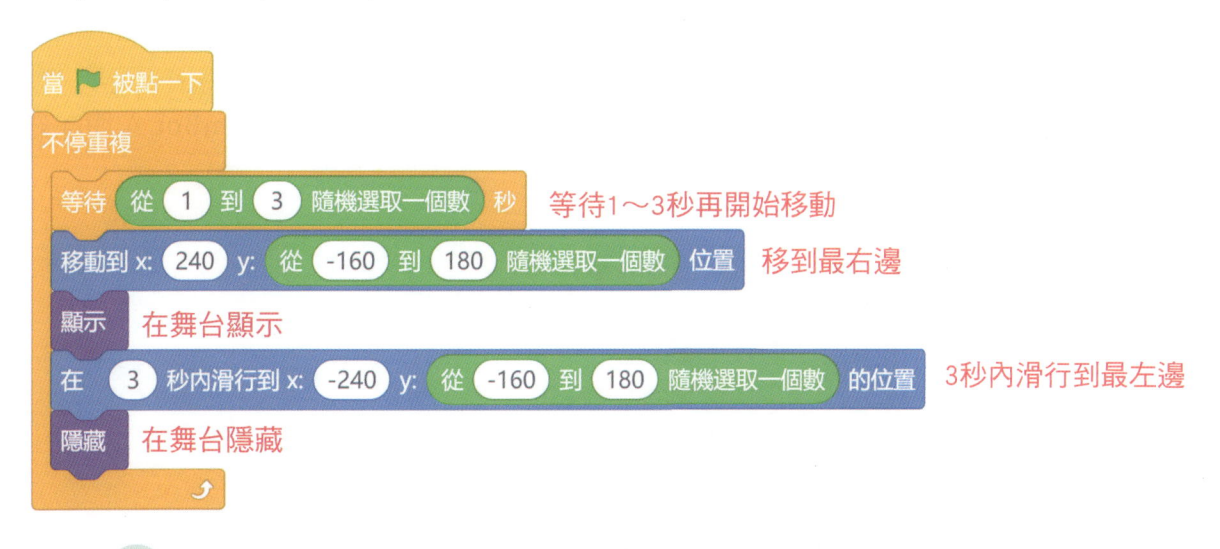

```
當 ▶ 被點一下
不停重複
    等待 從 1 到 3 隨機選取一個數 秒        等待1～3秒再開始移動
    移動到 x: 240 y: 從 -160 到 180 隨機選取一個數 位置    移到最右邊
    顯示                                    在舞台顯示
    在 3 秒內滑行到 x: -240 y: 從 -160 到 180 隨機選取一個數 的位置    3秒內滑行到最左邊
    隱藏                                    在舞台隱藏
```

4 點擊 ![▶]，檢查 mBot B 是否從舞台最右邊隨機往左邊移動。

Chapter 10 mBot2 碰碰車

mBlock 概念說明 mBot B 移動方式

1. mBot B 從最右邊 (X:240)，往最左邊 (X:-240) 移動，mBot B 出現在舞台的高度可以是隨機，避免每次出現在相同高度，所以高度從最上方 (Y:180) 或最下方 (Y:-180) 隨機一個高度出現，避免太高或太低，參數可以設定 160 或 -160。

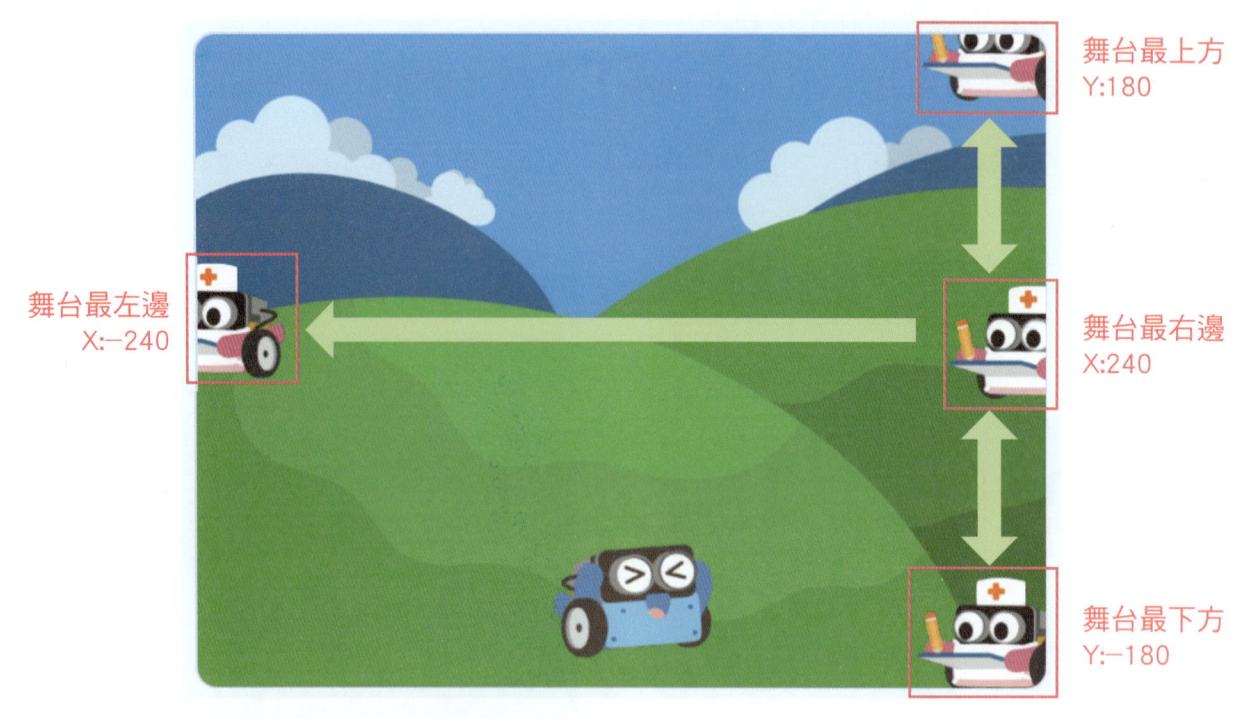

舞台最上方 Y:180

舞台最左邊 X:-240

舞台最右邊 X:240

舞台最下方 Y:-180

2. 程式設計完成，複製多個 mBot B，因此角色先等待 1～3 秒再顯示，避免多個角色同時出現並移動。

10-5　mBot A 與 mBot B 碰碰車

當 mBot A 碰到 mBot B 時，得分加 1。

1 點選 **變數** 的【建立變數】，輸入「得分」，再按【確認】。

2 按 **事件**、**控制**、**變數**、**偵測** 與 **外觀**，拖曳下圖積木，當 mBot B 碰到 mBot A 時，得分改變 1。

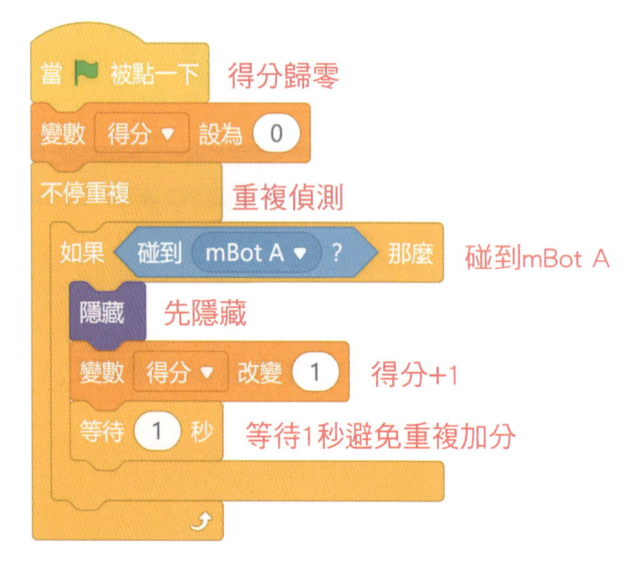

當 ▶ 被點一下　　得分歸零
變數 得分 ▼ 設為 0
不停重複　　重複偵測
　如果 碰到 mBot A ▼ ? 那麼　　碰到 mBot A
　　隱藏　　先隱藏
　　變數 得分 ▼ 改變 1　　得分+1
　　等待 1 秒　　等待1秒避免重複加分

10-6　遊戲特效

當 mBot A 碰到 mBot B 得分加 1 時，CyberPi 播放音效並閃爍 LED。

一、角色廣播訊息

角色 mBot B 廣播特效訊息給 CyberPi 執行特效。

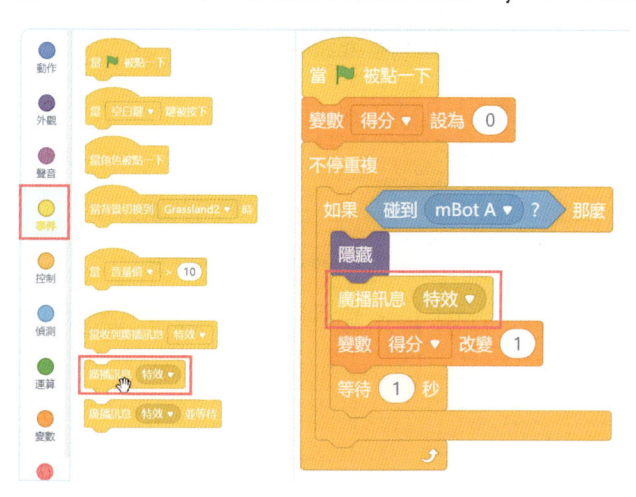

1. 在角色【mBot B】，按 事件，拖曳 廣播訊息 訊息1▼ 並等待，點擊「訊息 1」輸入【特效】。當 mBot A 碰到 mBot B 時，廣播特效訊息給 CyberPi 播放特效。

二、設備接收廣播訊息

當 CyberPi 收到特效的廣播訊息時，播放音效並閃爍 LED。

1. 點擊【設備】，在 CyberPi，按 事件，拖曳 當收到廣播訊息 訊息1▼，點選【特效】。
2. 點選 播放、LED，拖曳下圖積木，當 CyberPi 收到特效的廣播訊息時，播放音效並閃爍 LED。

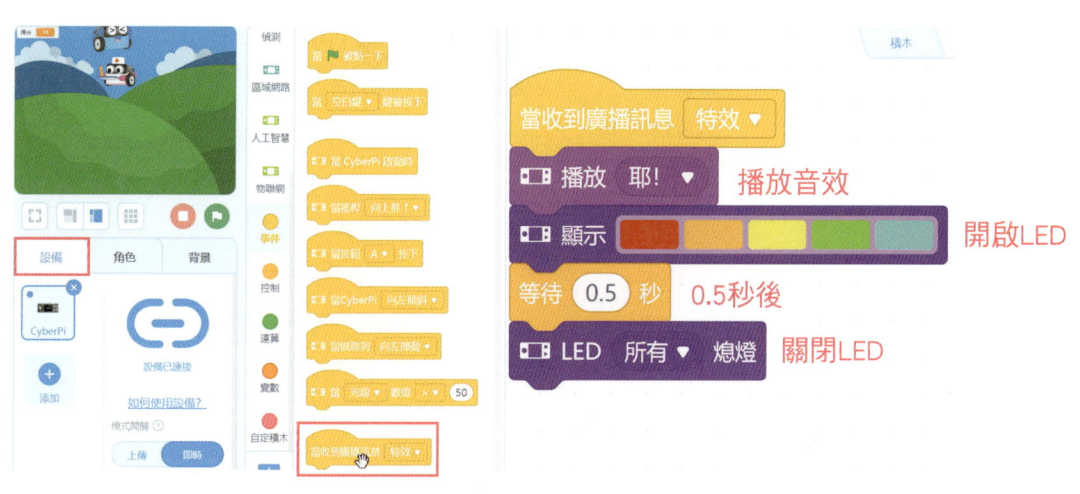

播放音效
開啟LED
0.5秒後
關閉LED

三、複製角色與程式

複製多個 mBot B 角色與程式。

1 點擊【角色】，重複 mBot B 角色按右鍵，點選【複製】，複製 3 個 mBot B 角色與程式。

2 在 mBot B2 角色點選【編輯造型】，點選 mBot B2 的造型，或點選【新增造型】，新增每個 mBot B 的造型。

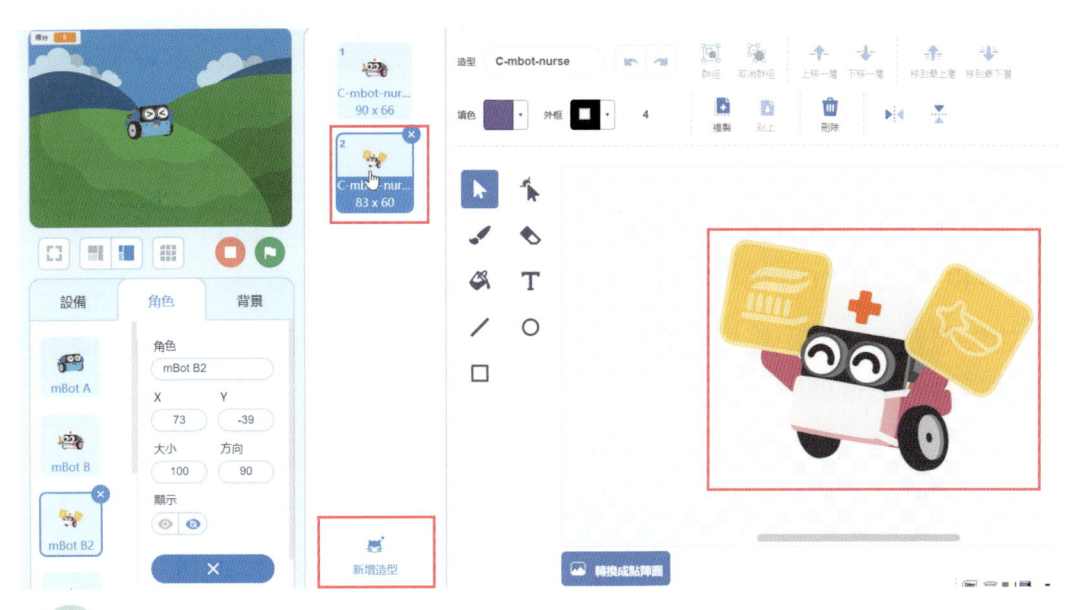

3 點擊 🏁，檢查「設備」搖桿是否為「即時」模式，以搖桿控制 mBot A 移動，再檢查多個 mBot B 是否重複從舞台右邊往左移動。當 mBot A 碰到 mBot B 時，得分加 1，同時 CyberPi 播放音效並閃爍 LED。

實力評量 ⑩

一、單選題

(　　) 1. 下列哪一個 CyberPi 的元件無法控制角色 mBot A 在舞台移動？
(A) RGB LED　(B) 搖桿　(C) 陀螺儀　(D) 加速度感測器。

(　　) 2. 如果想要設計利用搖桿控制舞台的角色 mBot A，能夠利用下列哪一個積木判斷搖桿是否向上推或向下推？
(A) 搖桿 中間按壓 的次數
(B) 偵測到 向上揮動 ?
(C) 搖桿 中間按壓 ?
(D) 向前傾斜 ?

(　　) 3. 下列哪一類積木，能夠讓「設備」的 CyberPi 與「角色」mBot A 之間，以「即時模式」傳遞感測器的數值？
(A) 運動感測器　(B) 偵測　(C) 自定積木　(D) 變數

(　　) 4. 關於圖一，角色 Panda 的方向為何？
(A) 面向下（180 度）
(B) 面向上（0 度）
(C) 面向左（-90 度）
(D) 面向右（90 度）。

▲圖一

(　　) 5. 下列哪一個積木無法讓角色 Panda 移動？
(A) 將y座標改變 10
(B) 移動 10 步
(C) 面朝 滑鼠游標 方向
(D) 將x座標改變 10。

(　　) 6. 關於圖二，如果搖桿按壓中間，角色 mBot A 將如何移動？
(A) 面向上移動
(B) 面向右靜止不動
(C) 面向下移動
(D) 面向左移動。

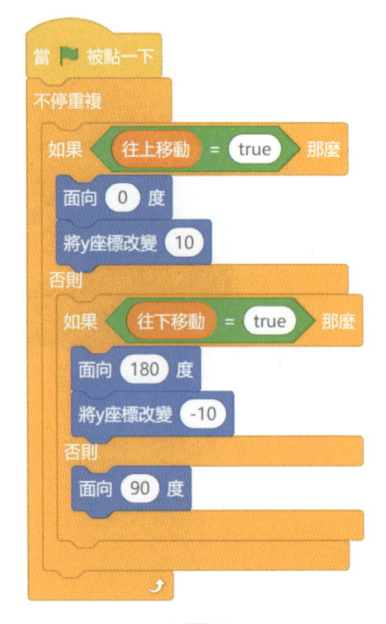

▲圖二

實力評量 ⑩

(　　) 7. 關於圖三程式的敘述，何者錯誤？
(A) 角色先定位在 (-10,-21) 的位置
(B) 角色會往滑鼠游標方向移動
(C) 角色會往下 (y：-100) 的方向移動
(D) 角色碰到 Panda 才會往滑鼠游標方向移動。

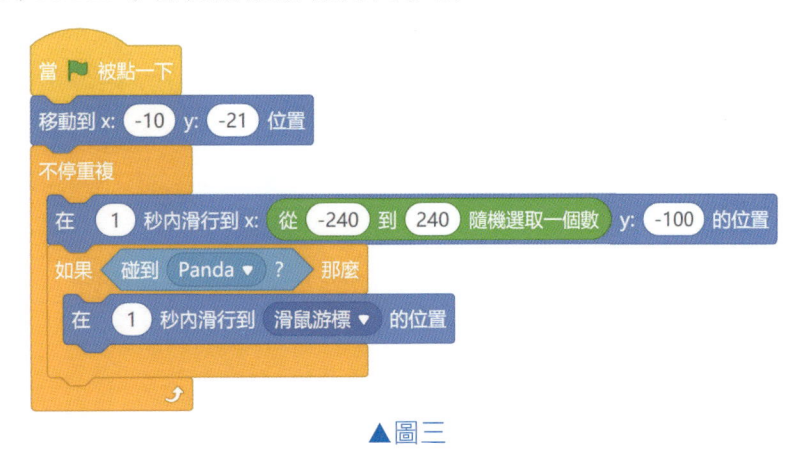

▲圖三

(　　) 8. 當 mBot A 碰到 mBot B 得分增加時，可以使用下列哪一類積木計算得分？
(A) 動作　(B) 控制　(C) 偵測　(D) 變數。

(　　) 9. 下列關於 mBot 碰碰車在舞台移動相關的敘述，何者錯誤？
(A) 舞台的高度為 480，從 -240 ～ 240
(B) 舞台的最右邊 X 座標為 240
(C) 將x座標改變 10 讓角色往右移動
(D) 舞台的最上方 Y 座標為 180。

(　　)10. CyberPi 內建哪一個元件，能夠偵測傾斜或是移動的速度？
(A) 光線感測器　　　　　　(B) 搖桿
(C) 陀螺儀及加速度感測器　(D) 四路顏色感測器。

二、實作題

1. 請改寫程式，以 向前傾斜 角度(°) 積木，向前傾斜與向後傾斜的角度，控制角色 mBot A 上下移動。

2. 請改寫程式，以 控制 Panda 跟著 Cyber Pi 的敏感度為 (0.2) low 積木，控制角色 mBot A 跟著 CyberPi 傾斜的方向移動。

附錄

一、習題參考解答

二、mBot2 教育機器人明星選拔賽

三、四路顏色感測：辨黑白

四、四路顏色感測：辨顏色

一、習題參考解答

Chapter 1　認識 mBot2 教育機器人

【實力評量】單選題

1	2	3	4	5	6	7	8	9	10
B	D	C	A	B	C	A	D	B	A

Chapter 2　mBot2 歌唱大賽

【實作範例】

- ch2-1　mBot2 喇叭播放音符

  3. 執行結果：Re

  4. 執行結果：播放音階小蜂蜜

【實力評量】單選題

1	2	3	4	5	6	7	8	9	10
D	C	B	D	A	B	C	A	D	B

Chapter 3　mBot2 跳恰恰

【實力評量】單選題

1	2	3	4	5	6	7	8	9	10
A	A	D	A	B	C	D	B	B	A

Chapter 4　mBot2 趨光車

【實作範例】

- ch4-1　音控 LED 燈亮度

  2. 執行結果：介於 0~100 之間

- ch4-2　光控馬達轉速

  3. 執行結果：介於 0~100 之間

  4. 執行結果：0

- ch4-3　全彩螢幕顯示偵測值

  2. 執行結果：介於 0~100 之間

【實力評量】單選題

1	2	3	4	5	6	7	8	9	10
A	C	D	C	B	C	C	B	C	A

Chapter 5　mBot2 智走車

【實作範例】

- ch5-2　倒車雷達
  2. 執行結果：距離偵測值：<u>介於 3~300 之間</u>

- ch5-3　按下按扭直線競速
  2. 執行結果：☐ true（真）　　☐ false（假）
  3. 執行結果：☑ true（真）　　☐ false（假）

【實力評量】單選題

1	2	3	4	5	6	7	8	9	10
C	D	A	C	C	D	B	C	A	C

Chapter 6　mBot2 智能循線

【實作範例】

- ch6-3　mBot2 判斷循線狀態
  1. 判斷結果：(1)~(4) A、B、C. 皆為 ☑ true（真）

【實力評量】單選題

1	2	3	4	5	6	7	8	9	10
C	B	B	D	B	D	C	A	B	B

Chapter 7　mBot2 智能辨色

【實作範例】

- ch7-3　mBot2 說色值

5.

色值＼顏色	紅色	黃色	白色
物件 R（紅色）	255	255	255

【實力評量】單選題

1	2	3	4	5	6	7	8	9	10
C	B	C	A	B	C	A	B	D	D

Chapter 8　mBot2 聽話機器人

【實力評量】單選題

1	2	3	4	5	6	7	8	9	10
C	D	C	A	D	B	D	C	A	B

Chapter 9　mBot2 播氣象

【實力評量】單選題

1	2	3	4	5	6	7	8	9	10
D	A	B	C	A	B	A	C	D	B

Chapter 10　mBot2 碰碰車

【實作範例】

- ch10-1　判斷搖桿狀態
  3. 執行結果：☑ true（真）　☐ false（假）
  4. 執行結果：☐ true（真）　☑ false（假）

- ch10-2　CyberPi 前府後仰左傾右斜
  3. 執行結果：☑ 正數最大值為 90　☐ 負數最大值為 -90
  4. 執行結果：☐ 正數最大值為 90　☑ 負數最大值為 -90

【實力評量】單選題

1	2	3	4	5	6	7	8	9	10
A	C	D	B	C	B	B	D	A	C

二、mBot2 教育機器人明星選拔賽

選拔賽項目	認證內容	我的 mBot2 參賽項目
首部曲 - 歌唱大賽	世界名曲 - 快樂頌	
第二部曲 - 熱舞大賽	恰恰舞	
第三部曲 - 技能大賽	十八般武藝 - 趨光車	
第四部曲 - 智能大賽 第一回合	IQ 180 - 智走車	
第五部曲 - 智能大賽 第二回合	IQ 180 - 智能循線	
第六部曲 - 智能大賽 第三回合	IQ 180 - 智能辨色	
第七部曲 - AI 大賽	IQ 180 - 聽話機器人	
第八部曲 - IoT 大賽	IQ 180 - 播氣象機器人	

附錄

三、四路顏色感測：辨黑白

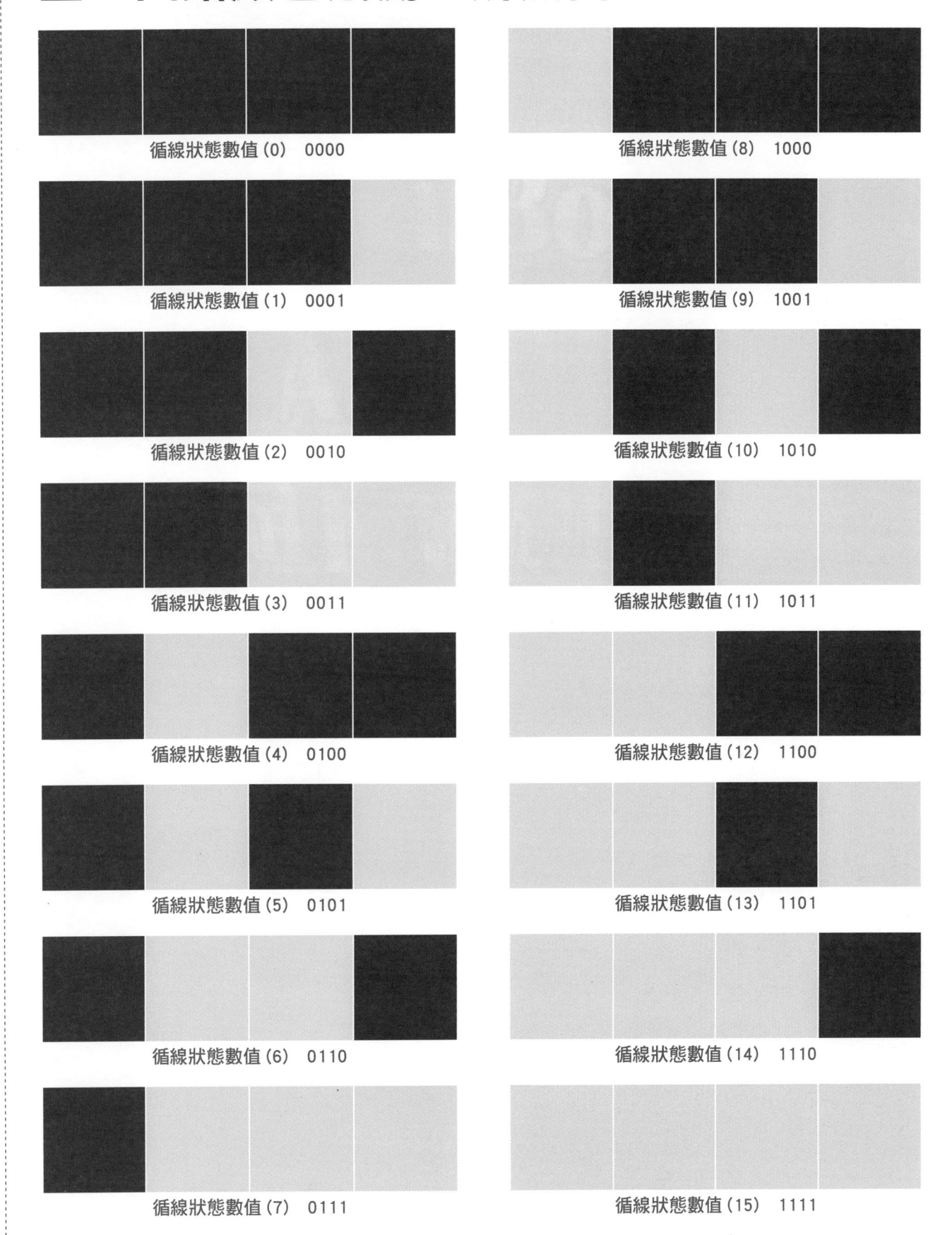

循線狀態數值(0)　0000

循線狀態數值(1)　0001

循線狀態數值(2)　0010

循線狀態數值(3)　0011

循線狀態數值(4)　0100

循線狀態數值(5)　0101

循線狀態數值(6)　0110

循線狀態數值(7)　0111

循線狀態數值(8)　1000

循線狀態數值(9)　1001

循線狀態數值(10)　1010

循線狀態數值(11)　1011

循線狀態數值(12)　1100

循線狀態數值(13)　1101

循線狀態數值(14)　1110

循線狀態數值(15)　1111

四、四路顏色感測：辨顏色

1. 白色

2. 紅色

3. 黃色

4. 綠色

5. 青色

6. 藍色

7. 紫色

8. 黑色

書　　　名	用mBot2玩AI人工智慧與IoT物聯網 使用Scratch3.0(mBlock 5)
書　　　號	PN093
版　　　次	2021年12月初版
編　著　者	王麗君
總　編　輯	張忠成
責任編輯	兩兩文化 郭瀞文
校對次數	8次
版面構成	楊蕙慈
封面設計	楊蕙慈
出　版　者	台科大圖書股份有限公司
門市地址	24257新北市新莊區中正路649-8號8樓
電　　　話	02-2908-0313
傳　　　真	02-2908-0112
網　　　址	tkdbooks.com
電子郵件	service@jyic.net
版權宣告	**有著作權　侵害必究** 本書受著作權法保護。未經本公司事前書面授權，不得以任何方式（包括儲存於資料庫或任何存取系統內）作全部或局部之翻印、仿製或轉載。 書內圖片、資料的來源已盡查明之責，若有疏漏致著作權遭侵犯，我們在此致歉，並請有關人士致函本公司，我們將作出適當的修訂和安排。
郵購帳號	19133960
戶　　　名	台科大圖書股份有限公司 ※郵撥訂購未滿1500元者，請付郵資，本島地區100元 / 外島地區200元
客服專線	0800-000-599
網路購書	PChome商店街 JY國際學院 博客來網路書店 台科大圖書專區
各服務中心	總　公　司　02-2908-5945　　台中服務中心　04-2263-5882 台北服務中心　02-2908-5945　　高雄服務中心　07-555-7947

國家圖書館出版品預行編目資料

用mBot2玩AI人工智慧與IoT物聯網-使用Scratch3.0(mBlock 5) / 王麗君
-- 初版. -- 新北市：台科大圖書, 2021.12
　　面；　公分
ISBN 978-986-523-368-6（平裝）

1.機器人　　2.電腦程式設計

448.992029　　　　　　110019528

線上讀者回函
歡迎給予鼓勵及建議
tkdbooks.com/PN093

mBot2 Edu 智慧機器人教育套裝

**硬體全面升級
加量不加價**

開箱分享　　影片介紹

產品編號：5001800
建議售價：~~5,400~~
教育優惠價：$4,500

8.3折

買 mBot2 智慧機器人

建議售價：$4,500

\# 生活科技　　\# 玩機器人

推薦教材

帶鋰電池的擴展板
可擴充伺服馬達、燈帶、Arduino 模組。

CyberPi 主控板
具備 1.44 吋彩色螢幕，支援語音辨識，且可儲存 8 支程式。

金屬車架
M4 孔洞兼容金屬或拼砌類積木

超音波感測器
新增 8 顆氛圍燈，提升了機器人在情緒表達上的潛力。

智慧編碼馬達
轉速 200RPM，扭矩 1.5kg·cm，檢測精度 1°，支援低轉速啟動、角度控制和轉速控制。

四路顏色感測器
使用可見光進行補光，抑制環境光干擾，並可同步進行顏色辨識。

書號：PN093
作者：王麗君
建議售價：$400

書號：PN095
近期出版

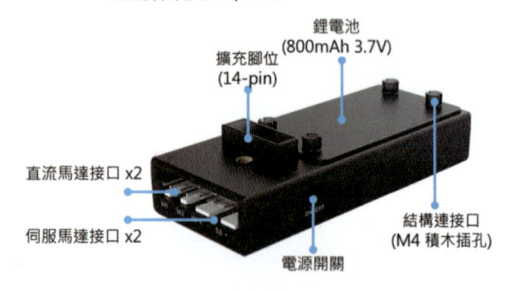

送 CyberPi 鋰電池擴展板

建議售價：$900

\# 資訊科技　　\# 學程式設計

推薦教材

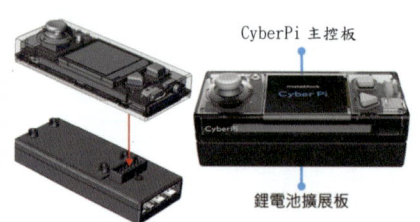

- 擴充腳位 (14-pin)
- 鋰電池 (800mAh 3.7V)
- CyberPi 主控板
- 直流馬達接口 x2
- 伺服馬達接口 x2
- 結構連接口 (M4 積木插孔)
- 電源開關
- 鋰電池擴展板

組合方式

將 CyberPi 主控板與鋰電池擴展板結合，是程式設計教學利器，亦可作為遊戲機組，增進學習樂趣。

書號：PN101
作者：Makeblock 編著
　　　黃重景 編譯
　　　趙珩宇．李宗翰 校閱
建議售價：$350

選配

mBot 六足機器人擴展包
產品編號：5001011
建議售價：$890

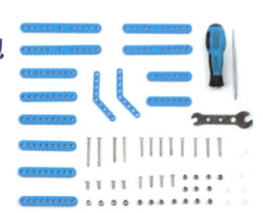

mBuild AI 視覺擴展包
產品編號：5001476
建議售價：$2,950

※ 價格．規格僅供參考　依實際報價為準

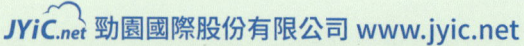

JYiC.net 勁園國際股份有限公司 www.jyic.net ｜ 諮詢專線：02-2908-5945 或洽轄區業務
歡迎辦理師資研習課程

控制板比較

比較	mBot - mCore	mBot2 - CyberPi
處理器晶片	ATmage328P	ESP32（Xtensa 32-bit LX6）
時脈速率	20MHz	240MHz
唯讀記憶體/快取記憶體	1KB/2KB	448KB/520KB
擴展空間	/	8MB
電池容量	1800 mAh	2500 mAh
編碼馬達介面	0	2
直流馬達介面	2	2
伺服馬達介面	支援外接 1 個	4（燈帶、Arduino 相容）
專用腳位	4（RJ25）	1（mBuild）

CyberPi + mBot2 擴展板

馬達比較

比較	mBot - TT 減速馬達	mBot2 - 智慧編碼馬達
轉速區間	47~118 RPM	1~200 RPM
轉動精度	無	≤ 5°
檢測精度	無	1°
轉動扭矩	≥ 672 g·cm	1500 g·cm
輸出軸材質	塑膠	金屬
轉彎	不支援	精準轉向
直線前進	只支援前進 XX 秒	≤ 2% 的前進誤差 支援前進 XXmm 的指令
作為伺服馬達使用	不支援	支援 ≤ 5°的角度控制
作為旋鈕使用	不支援	支援 1°的檢測精度讀取

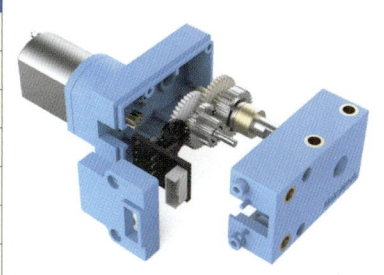

智慧編碼馬達

循跡模組比較

比較	mBot – 二路循跡模組	mBot2- 四路顏色循跡模組
塑膠保護外殼	無	有
循線感測器	2 個	4 個
顏色感測器	無	4 個（與循跡模組共用）
光線感測器	無	4 個（與循跡模組共用）
補光燈	紅外補光燈	可見光補光燈
抑制環境光干擾	無	有

四路顏色循跡模組

mBot2 產品規格

搭配程式語言	mBlock5： 圖形化積木（基於Scratch 3.0） 文字式：文字式：可一鍵轉Python或直接使用Python編輯器
處理器	Xtensa® 32-bit LX6 雙核處理器
電控模組	1.44 吋彩色螢幕、喇叭、RGB 彩燈 ×5、光線感測器、麥克風、陀螺儀、加速度計、五向搖杆及按鍵、超音波感測器、四路顏色感測器
擴充腳位	編碼馬達腳位 ×2、直流馬達腳位 ×2、伺服馬達腳位（燈帶及 Arduino 相容腳位）×4 mBuild 專用腳位（支援 mBuild 模組串連 10 個）×1
動力來源	智慧編碼馬達 ×2
電源供應	2500mAh 鋰電池
連線方式	藍牙、WiFi

※ 價格 · 規格僅供參考　依實際報價為準

JYiC.net 勁園國際股份有限公司 www.jyic.net ｜ 諮詢專線：02-2908-5945 或洽轄區業務
歡迎辦理師資研習課程

MLC 創客學習力認證
Maker Learning Credential Certification

創客學習力認證精神

以創客指標 6 向度：外形 (專業)、機構、電控、程式、通訊、AI 難易度變化進行命題，以培養學生邏輯思考與動手做的學習能力，認證強調有沒有實際動手做的精神。

MLC 創客學習力證書，累積學習歷程

學員每次實作，經由創客師核可，可獲得單張證書，多次實作可以累積成歷程證書。藉由證書可以展現學習歷程，並能透過雷達圖及數據值呈現學習成果。

創客師 → 核發 Maker Learning Credential Certification 創客學習力認證 → 學員

學員收穫：
1. 讓學習有目標
2. 診斷學習成果
3. 累積學習歷程

單張證書

歷程證書
正面 / 反面 Portfolio

雷達圖診斷
1. 興趣所在與職探方向
2. 不足之處

向度：外形 (專業) Shape、機構 Structure、電控 Electronic、程式 Program、通訊 Communication、人工智慧 AI

數據值診斷
1. 學習能量累積
2. 多元性 (廣度) 學習或專注性 (深度) 學習

100 — 10 — 10
創客指標總數 — 創客項目數 — 實作次數

100 — 1 — 10
創客指標總數 — 創客項目數 — 實作次數

平台售價

專案平台

產品編號	產品名稱	細項	年限	建議售價	備註
PS351	MLC 創客學習力歷程平台 高中職與中小學版	含創客師管理系統、開課管理系統、發證管理系統	一年	$100,000	須提供創客學習力歷程系統申購書
PS352	MLC 創客學習力歷程平台 大專院校版	含創客師管理系統、開課管理系統、發證管理系統	一年	$200,000	
PS350	MLC 創客學習力歷程平台 建置費用	建置費與監評訓練費用 (首次購買須加購)	一次	$50,000	

IPOE 艾葆國際學院
Intelligent · Public · Open · Easy-learning International Academy

諮詢專線：02-2908-5945 # 132
聯絡信箱：oscerti@jyic.net